시스템
다이내믹스
모델링과
시뮬레이션

Vensim®의 활용

시스템 다이내믹스 모델링과 시뮬레이션

Vensim®의 활용

2016년 8월 30일 초판1쇄 발행
2020년 7월 10일 수정판1쇄 발행

지은이 곽상만 · 유재국
펴낸이 이찬규
펴낸곳 북코리아
등록번호 제03-01240호
주소 13209 경기도 성남시 중원구 사기막골로 45번길 14
우림라이온스밸리2차 A동 1007호
전화 02-704-7840
팩스 02-704-7848
이메일 sunhaksa@korea.com
홈페이지 www.북코리아.kr
ISBN 978-89-6324-495-2 93500

값 23,000원

* 이 도서의 국립중앙도서관 출판예정도서목록(CIP)은 서지정보유통지원시스템 홈페이지(http://seoji.nl.go.kr)와 국가자료공동목록시스템(http://www.nl.go.kr/kolisnet)에서 이용하실 수 있습니다. (CIP제어번호 : CIP2016020553)

시스템 다이내믹스 모델링과 시뮬레이션

Vensim®의 활용

곽상만 · 유재국

북코리아

일러두기

- 이 책의 모델은 Vensim® DSS 6.2에 의해서 작성되었으며, Vensim® DSS 6.2의 인터페이스 등은 미국 벤타나(Ventana) 사의 허락하에 저술되었음을 밝혀 둡니다.

- QR코드 또는 주소를 통해 본문의 이해를 돕기 위한 참고자료를 내려받으실 수 있습니다. (117, 133, 138, 162, 179, 182, 202, 205, 209, 213, 218, 220, 222, 225, 228, 232, 235, 239, 242, 244, 252, 257, 258, 261, 262, 269, 272, 278, 282, 315, 327, 330, 344, 355, 359, 391, 406, 415쪽)

http://blog.naver.com/ibookorea/220800382648

파일 비밀번호: **7840**

PROLOGUE
프롤로그

본 저자가 시스템 다이내믹스system dynamics를 처음으로 접한 것은 20여 년 전의 박사 과정 중일 때인 것으로 기억된다. 그때 MIT의 핵공학과 학생들이 공동으로 사용하는 컴퓨터실에서 시스템 다이내믹스 관련 소프트웨어인 스텔라Stella(ithink의 초창기 버전)를 우연히 보았다. 당시에는 스텔라가 시스템 다이내믹스 모델링 소프트웨어인지 몰랐다. 단순히 방사선 천이遷移 문제를 수치해석으로 쉽게 풀 수 있는 소프트웨어 정도로 이를 취급했다. 학과에서 내 준 숙제 중 하나를 스텔라로 풀어서 제출한 것이 기회가 되어 나는 시스템 다이내믹스라는 학문을 처음으로 접하게 된 것이다.

처음으로 시작한 시스템 다이내믹스 모델링과 시뮬레이션이 전통적인 시스템 다이내믹스 문제가 아닌 공학적 문제이어서 그런지는 몰라도, 나는 아직도 시스템 다이내믹스를 별도의 학문이 아닌 문제 해결을 위한 프로그램 기법 정도로 생각하고 있다. 나의 이 견해에 대해 다른 사람이 어떻게 생각하고 판단하는지에 대해서는 나는 관심이 없다. 다만, 나와 이 책의 공저자인 유재국 박사는 시스템 다이내믹스를 특정한 틀에 묶어서 정의 내리지 않았으며 지금도 그러한 자세를 유지하고 있기에 지식인들이 흔히 범하기 쉬운 '전문성으로 인한 스스로의 제한'에 빠지지 않고 항상 새로운 문제에 대해 시스템 다이내믹스를 새롭게 응용할 수 있지 않았을까 조심스럽게 생각해 본다.

학회나 시스템 다이내믹스 관련 동료들을 만나면 시스템 다이내믹스라는 단어에 피드백feedback이라는 어휘가 너무 많이 따라다니는 느낌을 받는다. 나는 그러한 의견에 반대할 의사는 없으나, 내가 한 모델링 작업에서 피드백을 굳이 찾으라는 요구를 받으면 간혹 당황스러울 때가 있다.

여러 사람들로부터 많이 받는 질문 중에 한 가지는 "당신들은 어떻게 그렇게 큰 모델을 만들 수 있느냐?"이다. 물론 문제를 풀려다 보니 모델이 커지는 것인데, 어떤 특별한 공식을 두고서 모델링하는 것은 아니다. 문제를 알고 나면 어떻게 모델링을 해야겠다는 영감이 온다고 하는 것이 솔직한 표현일 것이다. 숫자와 변수 덩어리인 딱딱한 모델이 사실은 예술적 영감에 의해서 탄생한다고 보면 된다. 저자들은 이 영감에 숫자를 입힐 뿐이다.

이러한 영감을 얻기 위해서는 생각의 수련이 필요하다. 그래서인지 시스템 다이내믹스 모델링은 도제徒弟의 성격이 강한 것 같다.

이 책 내용 중 시스템 이론이나, 난수 발생 등과 관련된 이론은 유재국 박사의 박사학위논문(2007)에서 재인용한 부분이 있으며 이를 본문에 표시해 두었다. 나머지 대부분은 저자들의 경험과 머릿속에서 나온 것들이다. 그래서 참고문헌이 많지 않다. 참고문헌은 적지만 이 책을 읽는 독자들은 오히려 생각하는 방법에 대한 수련에 도움이 될 것이라고 확신한다. 좋은 모델을 만들기 위해서는 책을 읽고 따라하는 것뿐만 아니라 '이렇게 되면 그래프 결과가 어떻게 나올까?' 또는 '이런 그래프 패턴을 만들려면 어떻게 모델링을 해야 할까?' 등의 생각을 지속시켜야 한다.

물론 이러한 생각은 자료와 결합되어 현실성 있는 모델로 바뀌어야만 한다. 어떤 모델이든 그 모델은 자료가 뒷받침될 때에 현실적인 대안을 찾아 준다. 현실의 자료를 간과하고 모델링 자체에만 너무 초점을 맞추다 보면 비현실적인 모델이 만들어진다는 점을 명심해야 한다. 따라서 논리성만 있고 모델의 현실성을 검증할 수 없는 인과지도causal loop diagram만을 그리는 것에서 벗어나 시스템 다이내믹스의 진면목인 현실 데이터 기반의 시뮬레이션simulation을 수행해야만 한다. 이 책을 읽고 계속 학습을 한다면 모든 독자들은 시뮬레이션의 수준까지 오를 것이라 저자들은 확신한다.

시스템 다이내믹스 기법은 모델링 과정이 전체 공정의 절반도 되지 않는다. 모델링 과정에서 가정한 사항을 점검하고, 상수들에 대한 값을 결정해 가면서 또 다른 학습이 이루어지고, 이에 따라 모델을 다시 수정하는 과정이 실제 모델링 과정보다 더 큰 비중을 차지한다. 모델링 과정에서 시뮬레이션을 수행하고 이것이 반복되면서 문제가 제대로 정의되었는가 등에 대한 학습을 하고 문제가 발견되면 모델을 수정한다. 이러한 과정이 몇 번 반복된다. 처음부터 모든 것들을 예상하고 완벽한 모델을 만들 수는 없다. 심지어 이 책에 있는 모델들도 이 책을 집필하고 발간하는 과정에서 저자들이 다시 한 번 학습을 한 것들이다. 그리고 모델링 과정에서 모델을 변경할 때마다 시뮬레이션 결과도 달라진다는 점을 염두에 두기를 바란다.

모델링의 대상이 되는 현상에 대하여 정해진 피드백이 존재하는 것이 아니라, 문제에 대한 개념을 잡고, 이를 모델링하고, 시뮬레이션을 수행하면서, 마지막으로 피드백이 추가적으로 인식되면서 문제를 모델에서 재현하고 해결책을 찾는 것이다. 처음부터 확정적으로 인식된 피드백 구조는 없으며, 이는 지속적으로 변화함을 명심하기를 바란다.

시스템 다이내믹스를 처음으로 시작한 이래로 시스템 다이내믹스 모델링을 직업으로 삼고 즐기면서 일했다. 그래서 모델링 작업을 하는 동안 나름대로 축적된 것이 많을 것으로 생각했으나 막상 이를 정리하고자 하니 떠오르는 것이 별로 없다. 그래서 우선 기본 모델이라도 정리하고자 이 책을 구상하게 된 것이다. 그리고 여기에 유재국 박사가 여러 사람들로부터 많은 질문을 받았던 모델의 연결, 외부 자료 이식, 룩업lookup 함수, 그리고 캘리브레이션calibration 등과 같이 대중적으로 알려지지 않은 기능에 대한 설명을 추가해 이 책을 펴내게 되었다.

시스템 다이내믹스에 대한 궁금증과 호기심을 갖고 있는 이가 많다는 것도 알고 있었음에도 불구하고 적절한 안내서를 내지 못했는데 이제서라도 이 책을 발간하게 되어서 다행이라는 안도감도 든다. 이 책은 어떤 현상과 구조를 모델링하고 싶지만 이를 모델링하기 위해 소프트웨어의 어떤 아이콘부터 눌러야 하는지조차 모르는 초심자부터, 최적화 및 첨자를 능수능란하게 다루고 싶은 고급 사용자까지 볼 수 있도록 구성되었다.

20여 년 동안 참으로 많은 모델을 만들어 왔다. 모델을 개발할 때마다 매번 느끼는 것은 모델을 컴퓨터 안에 꼭꼭 감추어 놓는 것보다는 다른 사람들과 이를 공유하는 것이 나 자신뿐만 아니라 학문 세계에도 도움이 된다는 점이다. 그래서 이 책에 나오는 모델의 식은 모두 책에 옮겨 적어 놓았다. 모델을 파일로 내려받아서 시뮬레이션하는 것보다는 독자들이 직접 일일이 그려 보고 수식과 값을 입력하는 것이 모델링 실력 향상에 도움이 된다. 시스템 다이내믹스 모델링이라는 것이 어려운 것은 사실이지만, 일단 시도할 만한 작업이라는 자신감을 이 책을 통해서 확인했으면 한다.

2016년 6월
한강을 사이에 두고
곽상만이 쓰고, 유재국이 첨필하다

CONTENTS

차 례

1

시스템 다이내믹스에 대한 소개

주요 개념의 이해 1.1

시스템 1.1.1

시스템systems이란 몇 개의 구성요소로 분해 가능하나 분해된 요소는 전체의 특징을 갖지 못하며 그 전체 또한 구성요소 없이는 스스로의 기능을 수행할 수 없는 개체를 의미한다. 구성요소 상호 간에는 물질, 에너지, 그리고 정보가 교환된다. 만약 어떤 시스템이 물질 · 에너지 · 정보를 다른 시스템과 교환하지 않는다면 우리는 이 시스템을 폐쇄 시스템closed system이라고 부른다.

사람들은 의식하건 의식하지 않건 간에 어떤 시스템 안에서 생활하고 있으며, 따라서 시스템에 의한 영향을 받고 있다. 우리가 각자 속한 시스템을 잘 이해하고 향후 시스템의 거동systems behavior★을 예측할 수 있다면 우리는 삶의 질을 높일 수 있을 뿐만 아니라 보다 균형 잡힌 삶을 영위할 수 있을 것이다. 그래서 사람들은 시스템을 이해하려 노력하고, 시스템 구조를 검토하며, 이를 모델로 만들어 시스템의 미래를 예측하는 것이다.

★ 시스템의 거동(systems behavior)이란 시스템 구성요소들의 시간에 따른 값의 변화를 의미하며, 그래프로 시각화해 관찰할 수 있다.

시스템은 다양한 기준으로 분류할 수 있다. 1950년대에 이미 보울딩Kenneth Boulding•은 9개 계층의 시스템

• Boulding, Kenneth E. (1956), "General Systems Theory: The Skeleton of Science," *Management Science*, Vol. 2, pp. 197-208; Scott, W. Richard (1998), *Organizations: Rational, Natural, and Open Systems*, Prentice Hall, pp. 83-84에서 재인용; 유재국(2007), pp. 42-43 참고.

을 정의했는데, 그 내용을 살펴보면 다음과 같다.

1. 프레임워크framework: 수정의 원자 배열과 같이 정적인 구조로 구성된 시스템
2. 시계 장치clockwork: 시계나 태양계같이 사전에 정해진 운동을 하는 간단한 동적 시스템
3. 사이버네틱스cybernetic system•: 자동 온도 조절기처럼 외부에서 정해 준 목표의 조건 속에서 자기 통제 능력을 지닌 시스템
4. 개방 시스템open system: 살아 있는 세포처럼 환경으로부터 자원을 받아들여 전환하는 자기 유지 능력을 지닌 시스템
5. 복제 성장 시스템blueprinted-growth system: 복제나 씨앗 · 알에 의해서 재생산하는 시스템
6. 내부적 상상 가능 시스템internal-image system: 동물처럼 전체로서의 환경 구조에 대한 이미지나 지식을 받아들이고 이를 조직화해 정보로 만들어 환경에 대한 자세한 지각을 할 수 있는 능력을 지닌 시스템
7. 상징 처리 시스템symbol-processing system: 인간처럼 언어를 사용할 수 있으며 자기의식을 지닌 시스템
8. 사회 시스템social system: 사회 질서나 문화를 공유하는 인간들로 구성된 다원적인 시스템
9. 초월 시스템transcendental system: '절대적이며 알 수 없는' 것으로 구성된 시스템

조직학자인 스캇Scott•• 은 1에서 3까지는 물리적 시

• 더 자세한 것은 노버트 위너(2011),《인간의 인간적 활용: 사이버네틱스와 사회》(*The Human Use of Human Beings: Cybernetics and Society*)(이희은 · 김재영 옮김, 텍스트)를 참고하기 바란다.

•• Scott, *op. cit.*, p. 84.

스템, 4에서 6까지는 생물 시스템, 7과 8은 인간 및 사회 시스템으로 분류했다. 1에서 8로 올라갈수록 시스템은 보다 복잡하고 느슨하게 연결되어 있으며, 정보에 의존적이고 자기 유지self-maintenance를 하며, 성장과 변화 그리고 외부 환경에 개방되어 있다.

시스템을 모델링할 때 그 대상의 경계가 명확하다면 모델러modeler도 상대적으로 쉽게 모델링을 할 수 있다. 그러나 사회 시스템의 경우에는 그 경계를 명확히 하는 것이 용이하지 않다. 〈그림 1.1〉은 시스템의 경계를 그림으로 표현한 것이지만, 일반적으로 사람들이 접하는 시스템은 대부분 개방되어 있고 하나의 시스템 내·외부에는 또 다른 시스템이 존재하므로 경계가 모호하다. 특히 시스템을 인식하려는 사람이 해당 시스템의 내부에 있을 때에는 시스템의 경계가 어디까지이며, 시스템의 구조가 어떻게 생겼는지를 파악하기 어렵다는 점에 유의해야 한다.★

★ 어쩌면 시스템의 경계는 사람들이 있다고 믿기에 존재할지도 모르며, 시스템에 대한 모델 개발의 편의를 위해 발생한 개념일 수도 있다.

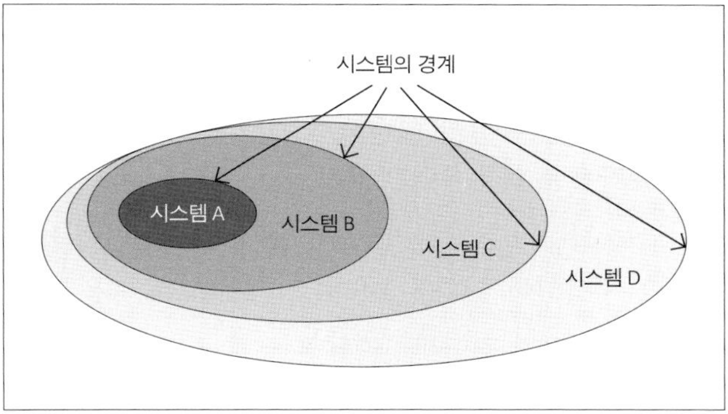

그림 1.1
계층적 시스템에서의 경계

그림 1.2

다차원 시스템의 구조

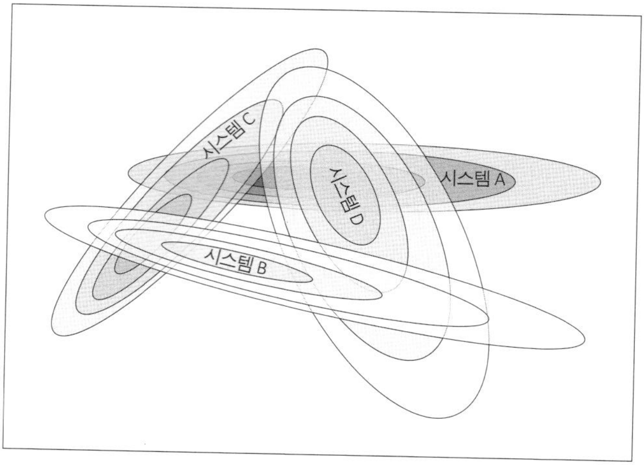

시스템의 경계를 다른 차원에서 검토해 보도록 하겠다. 〈그림 1.1〉은 시스템을 계층적으로 분석한 것이다. 시스템에 계층이 존재하는 것은 사실이지만 모든 시스템이 어떤 시스템 내부의 하위 시스템subsystem이 될 것이라는 보장은 없다. 〈그림 1.2〉에서와 같이 시스템이 존재하지만, 이 시스템은 시스템 영역에 중복되기도 하고 독립적이기도 한 여러 차원을 갖는 다차원 시스템multi dimension system이다. 이런 시스템은 경계를 구분하는 것보다는 시스템과 시스템이 어디에서 중복되며 어떤 상호작용을 하는가에 주목해야 한다. 시스템이 계층적이라는 시각의 한계를 벗어나, 차원이 다른 여러 시스템으로 구성되어 있다는 시각은 피드백feedback을 보다 용이하게 생각하도록 해 줄 것이다.

모델러가 좋은 시스템 다이내믹스 모델을 개발하기 위해서는 시스템이 어떤 구조인가를 우선 고민해야 하며, 계층적 구조인지 아니면 다차원 구조인지의 여부도 함께 파악해야 한다. 사실 시스템 다이내믹스가 모델링하는 대상은 다차원 시스템인 경우에 더 적합하다.

모델링

1.1.2

모델링modeling이란 모델model*을 만드는 일련의 과정을 지칭한다. 모델은 현실에 존재하는 실체, 관념 또는 절차 등에 대한 상징이다. '사과'라는 과일의 실체를 원으로 모델링할 수 있으며, 원 안에 빨간색을 칠해 상징화할 수 있다. 인지의 과정은 순서도flow chart를 통해서 모델화할 수 있다. 인지 과정을 모델링하는 구조방정식** 모델이 대표적인 예이다.

모델은 인간의 인식 영역 밖의 세계를 이해하는 과정이다. 따라서 모델은 모델링의 대상인 객체를 어떤 상징체계로 변환시키는 방법이며, 변환의 방법이 그림, 텍스트 또는 수식이냐에 따라 모델의 형태와 모델링의 방법이 결정된다.

일반적으로 모델의 대상이 되는 객체가 '시간'의 변화(흐름)에 따라 어떻게 변화하는가를 살펴보는 것이 동역학dynamics이다. 시스템 다이내믹스로 모델링하는 대상에는 인간들의 상호작용의 집합체인 사회 시스템이 다수 포함된다. 그런데 사회 시스템은 복잡 시스템complex system***으로, 복잡 시스템이란 개별 요소의 속성으로부터는 분명한 전체 속성을 파악하기 어렵고 전

★ 모델은 예술(art)과 기술(technique)의 결합체이다.

★★ 12.3.3에서 구조방정식을 시스템 다이내믹스로 모델링하는 방법을 기술하고 있다.

★★★ 복잡 시스템(complex system)이란 개별 요소의 속성으로부터는 분명한 전체 속성을 보이지 않고 전체로서 하나 또는 그 이상의 속성을 보이는 상호 연결된 요소들로 구성된 그 어떤 무엇을 말한다.

체로서 하나 또는 그 이상의 속성을 보이는 상호 연결된 요소들로 구성된 시스템을 말한다.•

복잡 시스템은 앞에서 언급한 다차원 시스템으로 매우 복잡한 구조를 지닌다. 더구나 모델이라는 것이 인간 인식의 상징이라고 본다면, 하나의 모델에 실제의 복잡 시스템에서 나타나는 모든 현상과 관련된 요인을 모델화하기는 사실상 불가능하다. 더구나 시스템 간의 경계가 모호하고 시스템 간에 어디에서 어떤 정보를 주고받으며 연결되는지 알기 어려운 복잡한 시스템에 관련된 모든 변수를 포함해 모델링하기는 더욱 어렵다. 따라서 모델링 대상인 객체의 어느 부분을 어떻게 결정할 것인가를 결정해야 하는데, 대중과학자인 필립 볼Phillip Ball은 모델링에 대해 다음과 같이 말하고 있다.

> *현상의 과학적인 기술이 실제를 다 포착할 수 없다. 그리고 모든 걸 다 포착하는 것을 지향하지도 않는다. 그것이 모델이다. 이는 과학의 결점이 아니라 강점이다. 왜냐하면 이러한 모델은 과학자들이 난해한 세부사항에 집착하지 않고 유용한 예측을 할 수 있도록 허용하기 때문이다. 과학자의 기술art은 상당 부분이 한 모델 안에 무엇을 넣거나 빼는 것을 알아내는 데 있다.*••

• wikipedia, "Complex systems," https://en.wikipedia.org/wiki/Complex_systems(2016년 8월 10일 검색) 참조.

•• 필립 볼(2014), 《모양: 무질서가 스스로 만드는 규칙》, 조민웅 옮김, 사이언스북스, pp. 52-53.

볼의 글이 의미하는 것은 모델러가 모델링하는 대상이 무엇인가를 이야기한 것으로, 모델링은 현상과 동일한 또 다른 세계를 복제하는 것이 아니라 문제를 볼 수 있는 핵심 요소를 선별해 이것들에 대한 관계를 짓는다는 것이다. 모델러는 시스템의 속성 중에서 시스템을 가장 잘 표현하는 것들을 결정해야 한다. 따라서 모델을 만들 때에는* 모델러는 시스템의 문제가 무엇인가를 명확하게 정의하고 이것을 잘 표현하는 변수를 결정해야 한다. 모델을 만들 때에 어떤 변수를 넣을지 또는 생략할지에 대한 판단은 모델러의 실력과 관련되어 있다. 이 부분은 모델링의 예술art 영역이다. 시스템의 어느 부분이 문제이며, 시스템의 경계가 어디까지인지, 그리고 무엇에 의해서 문제가 발생하는지를 판단하는 것은 어디까지나 모델러의 예술적 영역이다.

★ 모델을 만들 때에 어떤 변수를 넣을지 또는 생략할지에 대한 판단은 모델러의 실력과 관련되어 있다. 이 부분은 모델링의 예술(art) 영역이다.

시스템 변수의 거동은 지수함수**의 모양일 수도 있고 파동의 모양일 수도 있는데 이 모양 또는 거동trend은 이 책에서 설명할 모델을 응용하면 충분히 만들 수 있을 것이다. 이 부분은 모델의 기술technique 영역이다.

★★ $y=a^x$의 형태를 갖는 함수이며, 이때 a는 1이 아닌 양의 실수이다.

그러나 예술적 감각을 얻기 위해서는 개인별 숙련이 필요하다. 따라서 열심히 생각하고 때로는 다른 사람의 감정을 읽어야만 이 감각이 생긴다. 이것은 강의를 듣고 책을 읽는 다고 해서 생기는 것이 아니며, 개인의 수련이 필요한 영역이다. 시스템 다이내믹스뿐만 아니라 C 언어나 자바Java와 같은 프로그래밍 언어도 어떤 대상을 프로그래밍하는 절차나 방법은 상당 부분 영감에 의존한다.***

★★★ 이러한 의미에서 문과와 이과의 구분은 무의미하다.

반면에 기술 분야는 책을 보고 따라 하면 개인의 능력 개발이 가능한 영역이다. 이 책에서는 주로 기술과 관련된 부분을 정리할 것이다. 이 책에서 설명할 모델은 마치 바둑의 정석定石이나 포석布石과 같은 역할을 하게 될 것이다.

1.1.3 피드백

★
동적(動的)이라는 것은 '시간에 따라 변화하는'이라는 말이다. 눈으로 보이는 현상은 시간을 따라서 변화하기 때문에 '동적'이라는 단어가 갖는 의미가 오히려 어렵게 느껴질 수 있다. 여론 조사나 통계 자료는 어떤 시점에서 계측되었다는 것을 가정하므로 통계 분석은 동적이지 않은 것들이 많다. 여론 조사나 통계 분석은 정적(靜的)인 분석인 경우가 대부분이다.

★★
피드백은 시스템의 행태를 계속 변하게(확산, diverge) 하는 양의 피드백과 시스템을 안정시키게 하거나 진동 확산하게 하는 음의 피드백으로 구분된다.

시스템의 동적★ 특성dynamic characteristics을 결정하는 요인은 크게 외부적 요인과 내부적 요인으로 구분할 수 있다. 외부적 요인, 가령 시장 모델에서 경제성장률, 물가지수 등은 그 자체가 동적 특성을 갖기 때문에 그 변수가 영향을 주는 변수들은 자연스럽게 동적 특성을 갖게 된다. 그러나 이러한 외부적 요인 외에도 내부적 요인으로 시스템 자체가 동적 특성을 가질 수도 있으며, 사실 이러한 이유로 시스템이 복잡하게 행동하게 되어 시스템 다이내믹스 모델링이 필요하게 된다.

시스템의 동적 특성을 결정하는 내부적 요인은 피드백에 의해 형성된다. 피드백feedback★★은 시스템의 행태를 계속 변하게(확산, diverge) 하는 양의 피드백과 시스템을 안정시키게 하거나(수렴, converge) 진동 확산하게 하는 음의 피드백으로 구분된다. 사회 시스템은 진동 확산하는 경우가 거의 없어 음의 피드백은 대부분 시스템의 안정성을 주게 된다. 양의 피드백은 다른 모든 변수가 상수일 때 기하급수적으로 증가 또는 감소시키며 특별한 경우에 정상 상태steady state를 만들 수도 있다.

이에 반해 음의 피드백일 경우는 대부분 어느 한 점으로 수렴하게 된다. 시뮬레이션의 타임스텝time step에 따라서 진동이 발생하기도 한다. 즉 음의 피드백으로 변화하는 변화량이 정상 상태에 이르는 해의 값보다 크면 진동이 발생하기도 한다.

시뮬레이션 1.1.4

시뮬레이션simulation은 모델을 통해서 수행되는 동작이다. 시뮬레이션을 위해서는 앞에서 말한 모델링을 통한 모델이 필요하다. 그런데 시뮬레이션의 방법에 따라서 모델이 상이하므로 시뮬레이션의 형태에 따라서 모델도 달라질 수 있다는 점에 유의해야 한다. 예를 들면, 컴퓨터 시뮬레이션을 수행하기 위해서는 컴퓨터로 프로그램화된 모델이 필요한 것이지 물리적으로 축소된 모델이 필요한 것은 아니다.

시뮬레이션을 수행하는 목적은 다양하겠지만 시스템 다이내믹스는 주로 훈련 및 학습 그리고 전략(대안) 개발을 목적으로 사용된다. 훈련 및 학습 용도로 사용되는 시스템 다이내믹스 모델은 사용자가 아직 경험하지 못한 세상을 임의적으로 만들어 사용자의 선택이 어떤 결과를 낳는지를 보여 준다. 원자력 발전소 운영 모델이 대표적이다. 이러한 모델은 원자력 발전소에 취업하지 않은 사람이나 아직 관리자가 되지 않은 원자력 발전소

종사자가 어떻게 하면 발전소의 안전도를 유지하면서 경영 목표를 효율적으로 달성할 수 있는가에 대한 대안을 찾도록 도와준다. 메도즈Donella Meadows 등이 《성장의 한계》*Limits to Growth*라는 책을 만들면서 사용했던 시스템 다이내믹스 모델 역시 지속 가능한 지구 개발을 위해 인류가 어떤 선택을 해야 하는지에 대한 전략 또는 대안을 개발하는 데에 도움을 준다.

와이스버그Michael Weisberg는 모델을 다음과 같이 크게 세 가지로 구분했다.•

- ▷ 구체적 모델concrete model: 샌프란시스코의 금문교golden bridge의 축소 모델로, 구체적인 물리적 형태를 지닌 모델
- ▷ 수리 모델mathematical model: 로트카 볼테라 모델Lotka-Volterra Model처럼 어떤 현상을 수학의 식을 이용하여 재현한 모델
- ▷ 계산 모델computational model: 셸링Schelling의 《미시동기와 거시행동》*Micromotive and Macrobehavior segregation model*••이라는 책에서 제시한 ABM 모델

시뮬레이션은 모델을 매개로 이루어지기 때문에 시뮬레이션의 종류도 크게 세 가지의 형태로 구분할 수 있을 것이다.

한편 워게임war game을 중심으로 연구한 최상영(2010)

• Weisberg, Michael (2013), *Simulation and similarity: using models to understand the world*, Oxford University Press, pp. 7-14.

•• Schelling, T. C. (1978), *Micromotive and Macrobehavior segregation model*, Norton; 토머스 셸링(2009), 《미시동기와 거시행동》, 이한중 옮김, 21세기북스.

은 시뮬레이션을 수행하는 주체가 무엇이며 시뮬레이션의 대상이 무엇인가에 따라 다음과 같은 네 가지 형태의 시뮬레이션 기법을 제시한다.•

- ▷ 가상virtual 시뮬레이션 : 인간이 운용하고 장비가 시뮬레이션(비행 시뮬레이터)
- ▷ 구성constructive 시뮬레이션: 인간과 장비가 시뮬레이션(워게임)됨
- ▷ 실live 시뮬레이션: 실제의 물리적 환경 속에서 운용됨
- ▷ 스마트smart 시뮬레이션: 장비는 실제이고 인간이 이 장비를 조작하는 시뮬레이션

시뮬레이션을 나누는 방법에는 여러 가지가 있지만 결국 시뮬레이션의 매개체인 모델이 물리적으로 존재하느냐(구체적 모델) 아니면 인간의 내면에 있는가(추상적 모델)에 따라 나눌 수 있을 것이다.

외형적으로 가시적이고 손에 잡히는 구체적인 모델이 있다면 구체적 시뮬레이션이라고 할 수 있다.

추상적 모델도 수학식의 일반화 여부로 세 가지로 나눌 수 있다. 첫째는 수학식으로 일반화가 가능한 수리모델 기반 시뮬레이션(시간종속 미분방정식) 또는 경제수학에서의 일반 균형 모델 등이다. 둘째는 일반적인 수학식으로 표현하기는 어렵지만 프로그래밍 언어로 일정한 규칙을 표현해 이를 컴퓨터 속에서 계속 계산해 어떤 결

• 최상영(2010), 《국방 모델링 및 시뮬레이션 총론》, 북코리아, pp. 14-17.

과가 나오는가를 계산해 보는 프로그래밍 시뮬레이션이다. 마지막은 수식으로 나타낼 수도 없고 어떤 규칙으로도 표현하기 어렵지만 개개인의 경험 등으로 머릿속에서 수행해 보는 멘탈 모델 시뮬레이션이다.

여기에서는 이를 종합하여 시뮬레이션을 크게 네 가지 모델로 나누고 각각에 대한 특징을 살펴보기로 하겠다.

첫째, 구체적 시뮬레이션은 토목 분야에서 자주 이용된다. 구조 해석에서는 어떤 구조물의 축소판이 하중을 버티는지, 아니면 축소된 도시의 지하시설 모델에 강우降雨와 유사한 효과가 발생했을 때 침수로 인해 어떤 문제가 발생하는지 등을 해석하기 위해 실제와 유사한 모델과 상황을 만들어 시뮬레이션을 수행한다. 〈그림 1.3〉은 이러한 실험을 하기 위한 실제 모델이다.

새로 지을 아파트를 분양할 때의 모델하우스model house도 시뮬레이션의 하나로 볼 수도 있다. 모델하우스를 통해서 집 안에 들어가 보고 머릿속에서 자기 나름대로 상상하며 아파트를 구매할 것인지 결정할 수 있다.

그림 1.3
교토 대학 방재연구소 내의 지하시설물 시뮬레이션 모델

둘째, 수리 모델 기반 시뮬레이션이다. 이러한 시뮬레이션은 시간의 흐름에 따라 진행되기 때문에 '시간'이라는 요인이 매우 중요하다. 시뮬레이션에 따라 시간이 축약될 수도 있고 늘어날 수도 있으며, 실시간과 같을 수도 있다.

시간 단위를 정하는 것은 시뮬레이션이 수행해야 할 목적과 긴밀한 관계가 있다. 예를 들면 몇백 년 후의 기후변화의 효과를 살펴보기 위해서는 시간 단위가 분기 정도 되겠지만, 내일의 일기예보를 수행하기 위해서는 분 단위 수준에서 시간이 설정되어야 할 것이다. 물리적인 실시간의 1분이 컴퓨터에서는 1년이 될 수도 있고 30초가 될 수도 있다.

수리 모델 시뮬레이션에서 일반인들에게 가장 혼돈스러운 용어는 일반 균형 모델general equilibrium model일 것이다. 이것은 수리 모델에서 주로 사용하는 용어이다. 수리 모델은 일반적으로 시간 변수, 미지수, 그리고 이들 간의 관계식(연립방정식)으로 구성된다. 일반 균형 모델이란 매 시간마다 변수의 값이 균형을 이루도록 연립방정식을 풀어서 미지수를 찾는 모델을 말한다. 그렇지 않고 주어진 개별 관계식의 순서대로 계산하는 방법도 있다. 이러한 방법을 부분 균형 모델partial equilibrium model이라고 지칭한다.

균형 모델을 이용한 시뮬레이션과 부분 균형 모델을 이용한 시뮬레이션 중 어느 것이 더 효과적인지는 결정하기 어렵다. 균형 모델은 연립방정식을 계속해서 풀어가야 하므로 시간 주기를 짧게 하면 연산 시간이 길어질 수 있다는 단점이 있다. 부분 균형 모델은 시간 주기가 짧아도 계산이 쉽게 이루어지므로 오히려 복잡한 모델을 만들기에 용이하다. 시스템 다이내믹스*는 부분 균형 모델에 속한다.

★
다양한 시나리오를 시뮬레이션할 수 있어야 왓이프(What-If) 형태로 문제를 해결해 나갈 수 있다.

셋째, 프로그래밍 시뮬레이션이다. 이는 수리 모델에 논리 모델을 포함해 컴퓨터가 계산하도록 하는 시뮬레이션이다. 일정한 규칙을 부여하거나, 일정 조건에서는 A라는 식을 적용하는데 다른 조건에서는 B라는 식의 지배를 받는 등 조건에 따라 수학식이 분기되며, 프로그래밍 언어와 수학식의 조합으로 시뮬레이션을 전개한다. 모델이 계산을 하는 중간에 사람이 개입해서 초깃값과 다른 값을 부여해 시뮬레이션을 수행할 수도 있다. 이렇게 사람이 시뮬레이션 중간중간 개입하는 형태를 게임game이라고 한다. 워게임이 가장 대표적이며, 개체 기반 모델ABM: Agent-Based Model도 이 부류에 속한다.

넷째, 멘탈 모델** 시뮬레이션이다. 이것은 직감에 가깝다. 우리들의 정신에는 과거의 경험과 학습이 이미 내재되어 있다. 이를 근거로 우리는 어떤 대안을 만들고 선택을 한다. 일반적으로 멘탈 모델은 〈그림 1.4〉와 같은 구조를 가지고 있다. 어떤 문제를 해결하기 위해서 이미 학습되어 있는 경험, 이를 일반화시킨 작용 원리, 문제와 관련된 상호작용의 집합체, 그리고 마지막으로 시간이다.

★★
멘탈 모델(Mental Model)은 머릿속에서 생각하는 심상(心想) 또는 예측되는 결과 그 자체이다.

그런데 이 네 가지 요소 중에서 하나라도 잘못 이해하거나 그 영향을 잘못 생각하면 멘탈 모델 시뮬레이션은 잘못된 해를 정답으로 간주해 버릴 수 있다. 따라서

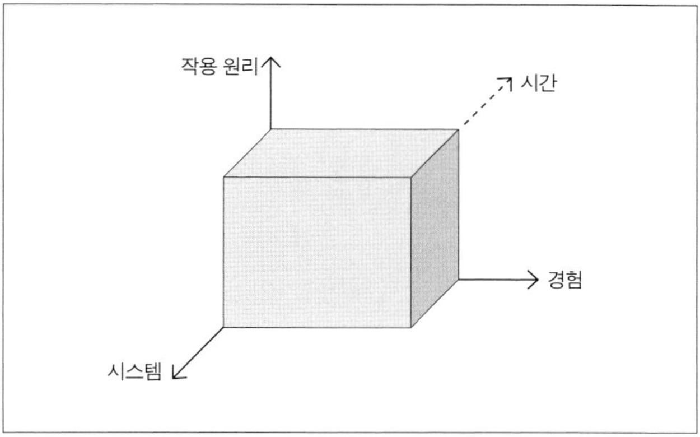

그림 1.4
멘탈 모델의 구조

자료: 곽상만(1996), 《학습조직과 시스템 역학, 학습조직의 이론과 실제》, 삼성경제연구소, p. 224.

멘탈 모델 시뮬레이션은 상호 간 검증이나 컴퓨터를 이용해 검증해 보는 과정이 필요하다. 멘탈 모델의 검증 과정의 한 방법이 시스템 다이내믹스 방법이기도 하다.

시스템 다이내믹스 1.2

정의• 1.2.1

시스템 다이내믹스system dynamics★란 시스템적 사고systems thinking를 모델화하는 도구로서, 1960년대 MIT의 제이 포레스터Jay Forrester•• 교수가 기본 논리와 방법론을 개

★ 시스템 다이내믹스는 시뮬레이션의 조건을 바꾸어 가면서 문제 해결에 만족할 만한 대안을 찾는다.

• 이 부분은 유재국(2007), pp. 54-57을 참조하였다.

•• Forrester, Jay W. (1961), *Industrial Dynamics*, Pegasus communication INC..

발했다. 일반적으로, 시스템 다이내믹스를 이용해 사회 시스템과 관련된 재고 관리, 제품 판매 예측, 조직 관리, 인사 관리, 성과 측정, 전략 및 대안의 효과 예측, 여러 사회 정책의 효과 예측 등의 문제를 모델화modeling한다.

모델화는 구체적으로 스텔라Stella, 벤심Vensim®, 파워심PowerSim과 같은 소프트웨어를 이용해 프로그램화되며, 사용자는 프로그램화된 가상현실에서 아무런 실손실 없이 여러 가지 전략 및 의사결정 시나리오의 시뮬레이션을 실시할 수 있다.

시스템 다이내믹스는 시스템의 동태성dynamics의 원인인 시간, 구성요소들 간의 피드백, 그리고 정보 및 물질 흐름의 시간 지연time delay을 모델화하는 데에 적합한 프로그래밍 도구이다. 시스템 다이내믹스로 어떤 문제와 현상을 모델링하는 이들은 시스템 구성요소 간의 인과관계가 선형적linear이지 않고 비선형적non-linear이라는 가정을 가진 사람들이다.

시스템 다이내믹스는 다이어그램diagram 기반 프로그램 언어이다. 사각형으로 대표되는 저량변수(stock 또는 level)와 파이프로 표현되는 유량변수, 또는 변화율 변수(rate 또는 flow)로 표현된다.

시스템 다이내믹스는 계량경제나 시스템 최적화 모델과는 달리 의사결정의 규칙 자체를 모델에 반영하려고 한다.• 시스템 다이내믹스는 의사결정 규칙decision

---

• Sterman, John D. (2000), *Business Dynamics: System Thinking and Modeling for a Complex World*, NY: McGraw Hill.

rule을 모델화하기 때문에 이른바 정량적으로 표현이 어려운 변수를 내재적으로 모델화할 때도 있다. 현실에서는 의사결정 행위 자체가 정량적 자료뿐만 아니라 정성적 자료를 참조하나, 정량적 모델을 사용하는 시스템 다이내믹스는 정성적 데이터도 정량적으로 표현할 수밖에 없다. 이렇게 표현된 것에는 문서나 통계적 자료로 취급되지 않은 데이터를 포함한다. 이를 이른바 연성 변수soft variables★라고 한다.

시스템 다이내믹스가 연성 변수를 포함하고 있다는 점에서 계량경제학자들과의 논쟁이 있어왔다.★★ 또한 시스템 다이내믹스는 최적화 모델처럼 최적해를 한 번에 찾아 제시하지도 않는다. 모델의 목적은 시스템 거동의 재현이며, 시스템 거동이 왜 발생하는가를 살피는가에 모델의 주목적이 있다.• 따라서 제약 조건 아래에서의 목적 함수의 최적해를 찾는 선형계획법linear programming과도 모델링의 목적이 상이하다. 오히려 시뮬레이션의 조건을 바꿔 가면서 문제 해결★★★에 만족할 만한 대안을 찾는다.

시스템 다이내믹스를 이용하면 정보 · 물질 · 에너지 흐름과 전달을 표현하기가 쉽다. 〈그림 1.5〉에서 보는 바와 같이 시스템의 저량(스톡 또는 stock)과 유량rate을 이용해 에너지 보존법칙이나 물질의 보존법칙이 성립되는 영역에서는 이를 모델링하기 쉽다.

〈그림 1.5〉는 물리 양의 상호작용으로 동적인 현상

★ 시스템 다이내믹스는 문서나 통계적 자료로 취급되지 않은 데이터를 포함하며 이때의 자료를 연성 변수(soft variables)라고 한다.

★★ 11.1 및 11.5의 룩업 함수의 대체 부분에서 이 문제의 개선 방법에 대하여 살펴본다.

★★★ 하나의 문제를 풀기 위해 수많은 모델을 만들었다가 고쳤다가를 반복하고, 시뮬레이션도 수없이 많은 경우를 반복해야 하는 것은 시스템 다이내믹스 모델링의 특징이다.

• 이러한 점은 진화경제학의 입장과 유사한 점이 많다.

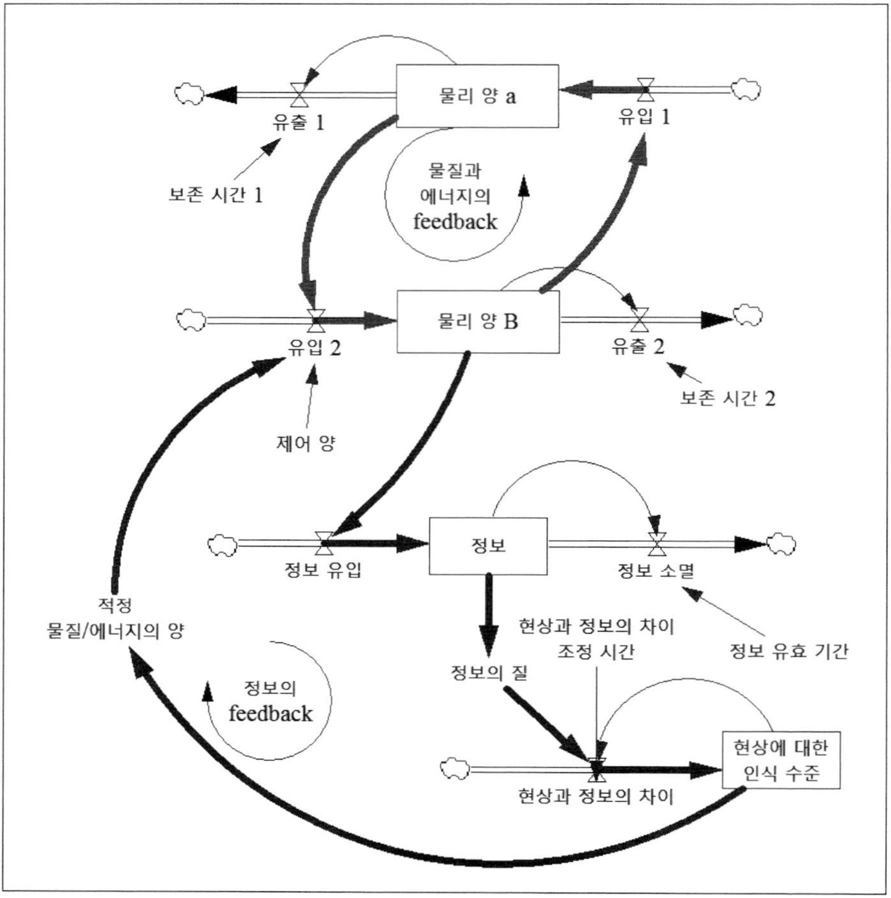

그림 1.5 시스템 다이내믹스 모델의 형태

을 발생시키는 부분인 '물질과 에너지의 피드백'의 영역과 그것을 정보화해 현상계의 물질 · 에너지 양을 제어하려는 '정보의 피드백' 부분을 시스템 다이내믹스 모델로 형상화한 것이다. '□'은 저량을 나타내는 기호이며, '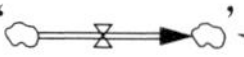'은 유량을 표시하는 기호이다. 이러한 기

호를 통해 정보의 교환관계를 화살표로 표시하고 그것의 연산식을 적는 것이 시스템 다이내믹스 모델링의 과정이다. 뿐만 아니라 시스템 다이내믹스를 이용하면 자본capital을 하나의 저량stock으로 보고 이를 쉽게 모델화할 수 있어 경영 또는 경제 분야에도 쉽게 응용이 가능할 뿐만 아니라, 의사결정자들의 인식 과정까지 모델에 포함시킬 수 있다.

벤심의 최적화optimization 기능이 있기는 하지만, 하나의 문제를 풀기 위해 수많은 모델을 만들었다 고쳤다를 반복하고, 시뮬레이션도 수없이 많은 경우를 반복해야 하는 것은 시스템 다이내믹스 모델링의 특징이다.

모델화의 도구가 그래픽 기반graphic user interface★이기에 모델을 이해하기 쉬우며, 모델 개발 기간을 줄일 수 있는 장점이 있다. 시스템 다이내믹스는 정보와 물질의 흐름의 파악이 명확하며 인과구조를 통해 모델을 구성하는 변수의 반응과 적응에 대한 규칙을 부여하고 이에 따른 전체 시스템의 시간에 따른 변화를 고찰하는 데 유용한 분석 도구이다. 시스템 다이내믹스로 만들어진 가장 유명한 모델은 '성장의 한계'에 사용된 'World 3'★★ 모델이며, 현재 경영 및 공학의 다양한 분야에서 활용되고 있다.

★ 시스템 다이내믹스는 화살표와 도형으로 모델링을 하는 그래픽 기반(graphic user interface) 프로그래밍이다.

★★ 벤심의 PLE 버전에서 무료로 파일을 제공하고 있다.

시스템 다이내믹스는 일반적인 최적화 모델과는 달리 최적화된 해를 자체적으로 구하지 않으며, 운용하는 사람이 많은 상황에 대한 값을 입력하고 이 입력값에 따라 모델화한 대상의 행태behavior가 어떻게 변화하는가를 보면서 대안을 찾아 가는 시행착오trial and error를 통한 학

★
시행착오(trial and error)를 통한 학습이란 문제에 대한 최적해를 찾는 방법이다. 문제를 모델로 만들고 모델을 시뮬레이션해 자신의 멘탈 모델에서 추론한 결과와 모델이 제시하는 결과를 지속적으로 비교해 멘탈 모델과 시스템 다이내믹스 모델을 수정하는 과정을 말한다.

습 과정learning by doing★을 중요하게 생각한다. 칸Kann과 웨이언트Weyant● 분류에 따른다면 정책 최적화 모델보다는 정책 평가 모델에 적합한 방법론이라고 할 것이다.

이 책에서는 시스템 다이내믹스에 대한 정의를 다음과 같이 내린다.

▷ 시스템 다이내믹스는 컴퓨터 프로그램 기법의 하나이다.

▷ 시스템 다이내믹스에서 시스템은 사람과 관련된 문제를 의미한다.

▷ 시스템 다이내믹스는 시간에 따른 변화에 관심을 갖는다.

시스템 다이내믹스의 창시자인 제이 포레스터는 "시스템 다이내믹스는 사용하는 컴퓨터 언어에 의해 제한되는 것이 아니고, 문제를 접근하는 개념적 방식에 따라 정의되어야 한다"라고 했다. 사실, 시스템 다이내믹스가 나온 초창기에는 로터스-123Lotus-123과 같은 스프레드 시트spread sheet로 만든 시스템 다이내믹스 모델도 있었고, 포트란FORTRAN으로 프로그램한 것도 있었다. 따라서 이 책에서 취급하고 있는 벤심을 반드시 이용하는 것은 아니다.

따라서 사용하는 소프트웨어에 국한해 시스템 다이내믹스를 볼 것이 아니라 시스템 다이내믹스의 성격을 통해 이를 정의하는 것이 보다 바람직할 것이다. 시스

● Kann, Antje and Weyant, John P. (2000), "Approches for performing uncertainty analysis in large-scale energy/economic policy models," *Environment Modeling and Assessment*, Vol. 5, pp. 31-35.

템 다이내믹스로 완성된 모델은 다음과 같은 특징*을 지닌다.

★
시스템 다이내믹스의 특징은 피드백과 학습이다.

- ▷ 피드백feedback을 고려한다.
- ▷ 시행착오trial and error로 답을 찾아 간다.

시스템 다이내믹스 소프트웨어를 이용해 모델을 개발했다 하더라도 피드백이 없다면 굳이 시스템 다이내믹스 모델이라고 부르기 어렵다. 피드백이 없는 모델은 오히려 스프레드 시트를 이용해 개발하는 것이 더 현명할 수도 있다.

시행착오로 답을 찾는 것도 시스템 다이내믹스 모델의 가장 큰 특징 중의 하나이다. 벤심 DSS의 경우 최적화optimization 기능이 있기는 하지만 보조 수단에 불과하며, 문제 해결**의 주요 수단은 다양한 시나리오의 시뮬레이션을 통한 시행착오의 방법이다. 이러한 의미에서 시나리오 접근 방식이라고도 하는데, 이러한 시나리오 접근 방식은 단순한 시나리오의 시뮬레이션 수준에서 끝나는 것이 아니라, 각 시뮬레이션의 결과를 원인추적 기능의 도움으로 분석해 학습이 점진적으로 일어나기 때문에 문제의 이해에 더욱 도움이 되며, 따라서 다른 최적화 기법에서 얻지 못하는 해를 얻을 수도 있다는 장점이 있다.

★★
문제 해결의 기본적인 방법은 다양한 시나리오의 시뮬레이션을 통한 시행착오의 방법이며, Vensim DSS의 경우에는 최적화 기능을 보조적으로 사용한다.

1.2.2 시스템 다이내믹스의 과학성에 대한 논쟁•

★
시스템 다이내믹스를 학습한 사람들은 로마클럽(club of Rome), 메도즈(Donella Meadows), 《성장의 한계》(*Limits to Growth*) 정도는 암기해야 한다.

1970년대 초반의 제1차 석유 파동을 겪으면서 에너지와 인류 미래에 대한 고민을 담은 보고서가 로마클럽club of Rome★의 지원으로 탄생하게 된다. 메도즈Donella Meadows 등••의 《성장의 한계》*Limits to Growth*라는 보고서에서는 인류의 생존에 대한 자원, 인구 및 식량 문제에 대한 고찰을 담고 있다. 컴퓨터 프로그램을 이용해 보다 구체적으로는 '시스템 다이내믹스system dynamics'라는 도구를 이용해 사회 시스템의 변화를 시뮬레이션simulation한 이 보고서는 발간 당시 발전과 성장 일변도의 패러다임paradigm에 충격을 던져 주었으며, 미래 예측에 대한 논쟁을 촉발시키는 계기가 되었다. 이러한 논쟁 중 한 내용에는 이 보고서에서 사용한 모델이 기술 개발과 혁신에 대한 내용을 간과하고 있다는 점과 검증되지 않은 데이터의 사용으로 인한 결과의 오류 문제•••가 있다.••••

• 유재국(2007), pp. 1-6 등에서 일부 재인용하였음.

•• Meadows, D. H., Meadows, D. L., Randers, J., and Behrens, W. W. (1972), *The Limits to Growth: A Report for the Club of Rome's project on the Predecament of Mankind*, Earth Island, Universe Books.

••• Linton, Jonathan (2004), "Determining demand, supply, and pricing for emerging markets based on disruptive process technologies," *Technological Forecasting and Social Change*, Vol. 71, p. 107.

•••• 메도즈(Meadows) 등은 30년 후에 《성장의 한계》 리포트를 개정했는데, 보고서에 대한 많은 비판에도 불구하고 여전히 그들의 신념에 대한 의지를 펼치고 있다. 그들이 강조하는 것은 변화 요인들 간의 비선형성과 시간 지연의 문제이다. Meadows, Donella H., Dennis, Meadows Jorgen Randers (2004), *Limits*

이듬해에 노드하우스Nordhaus•는 한계대체기술backstop technology의 개념을 이용해 기존 매장자원의 가격이 변화하면서 에너지 기술이 시스템에 진입하는 것을 계량경제학★적 기법을 이용해 모델화하고, 어떤 기술들이 에너지 시스템에 언제 들어올 것인가를 예상한다. 또한 그는 DICE, RICE 등의 계량경제학 모델••을 개발해 지구 온난화 및 에너지 문제를 모델화하기도 한다. 특히 노드하우스는 《성장의 한계》가 출간되던 당시에 검증되지 않은 변수들 간의 인과관계를 이용하는 시스템 다이내믹스 학파를 비판해 유명하다.••• 이러한 논쟁은 복잡한 사회 시스템social system을 어떻게 모델화해야 할 것인가에 대한 문제와 맞물리는 쟁점인 것이다.

이 두 연구 이후, 많은 컴퓨터 기반의 시스템 모델이 개발되기 시작했으며, 에너지 · 환경 · 인구 등과 같은 거대 복잡 시스템macro complex system에서의 문제 해결을 위해 모델에 대한 의존성이 점차 증가하기 시작했다.

★ 계량경제학에서는 통계적 실증 또는 균형을 중요하게 생각한다. 이에 반해 시스템 다이내믹스는 피드백을 강조한다. 과거 데이터와 시뮬레이션 결과를 비교함으로써 모델에 대한 통계적 설명과 검증을 수행할 수 있게 되었다. 검증에 대해서는 제14장에서 취급하고 있다.

---

to Growth: The 30-Year Update, Chelsea Green Publishing Company.

• Nordhaus, William D. (1973), "The Allocation of Energy Resources," *Brookings Papers on Economic Activity*, Vol. 3, pp. 529–570.

•• Nordhaus, William D. and Boyer, J. (2000), *Warming the world: economic models of global warming*, MIT Press.

••• Nordhaus, William D. (1973), "World Dynamics: Measurement Without Data," *The Quarterly Journal of the Royal Economic Society*, Vol. 83, No. 332, pp. 1156–1183.

★
2008년 호주의 CSIRO 소속의 터너(Turner, Graham)는 《성장의 한계》를 돌린 'World 3' 모델이 예측한 표준 시나리오인 'standard run'의 결과와 실 데이터 사이에 큰 오차가 없음을 발표한 바 있다.

2008년 호주의 CSIRO• 소속의 터너Turner, Graham••는 《성장의 한계》★ 출간 이후 30년 동안에 축적된 자료와 'World 3' 모델이 예측한 자료를 비교하는 연구를 수행했다. 그 결과 'World 3' 모델이 예측한 표준 시나리오인 'standard run'의 결과와 실 데이터 사이에 큰 오차가 없다고 발표한 것이다. 모델 개발 당시에는 논란을 일으켰지만 결과적으로는 모델의 타당성이 어느 정도 입증된 상태이다.

모델은 의사결정이 전체 시스템에 어떤 영향을 미치고 그 목표를 달성할 수 있는지의 가능성 여부를 검토하는 데 도움을 주며, 모델 사용자들은 정책 대안이 의도한 효과가 부작용 없이 집행될 수 있는가에 대한 정책 실험policy experiments을 함으로써, 주어진 조건에서의 적당한 대안 탐색을 할 수 있게 되었다. 거대 복잡 시스템의 문제를 해결하는 데 컴퓨터 기반의 의사결정 도구가 없이는 의사결정자의 멘탈 모델mental model★★의 방향과 예상을 검토해 볼 수 없기 때문에 실제의 세상real world을 축소한 모델을 통해서 이를 검토해 보는 것이다.•••

★★
모델링의 이유 중에 하나는 멘탈 모델 결과를 가시적으로 확인하는 것이다.

여러 분야의 분석 모델이 개발되면서 각 방법론의 장점과 약점에 대한 논쟁이 있기는 하다. 어떤 방법이 다른 방법론에 비해 절대적으로 우위를 갖지는 못한다.

• Commonwealth Scientific and Industrial Research Organisation(호주 연방과학산업연구기구)

•• Turner, Graham (2008), "A Comparison of The Limit to Growth with 30 years of reality," *Global Environment Change*, Vol. 18, pp. 397-411.

••• Sterman, *op. cit.*, pp. 34-39.

쾰러Köhler●가 지적했듯이 실증적인 분석을 통해서가 아닌 이론과 관념을 기반으로 개발되며 유일 · 최선의 방법론이 없기에 모델 간 상호 보완의 노력은 더욱 절실히 요구된다.

모델 구축 방법론의 장단점을 비교하기보다는 모델 결과에 대한 설명력 및 모델 운영 목적과 결과물 간의 적정성 여부가 더욱 중요한 문제가 되는 것이다.

시스템 다이내믹스 학자*들은 시스템 다이내믹스를 하나의 학문으로 보는 경향이 있다. 이러한 관점의 가장 큰 장점은 학문적 발달로 인해 다양한 기술이 개발되어 왔다는 점이다. 사실 프로그램 언어 중에서 학문적 체계를 배경으로 갖고 있는 예는 시스템 다이내믹스밖에는 없는 것 같다. 단점으로는 학문적 배타성에 빠져들기 쉽다는 점이다. 가령, 통계학을 전공한 사람들은 시스템 다이내믹스를 활용해 시뮬레이션 모델을 구축하는 것에 대해 관심을 갖게 되지 않는다. 경제학자들도 자신의 분야와 다른 학문이라는 점에서 시스템 다이내믹스에 대해 관심을 갖지 않을 뿐만 아니라 경쟁의식까지 가질 수 있다.**

실제적으로 시스템 다이내믹스는 독립적인 학문이 아니라 통계학, 경제학, 경영학, 공학, 환경공학, 교통학 등 실제 다른 학문과 접목이 되어야만 그 가치가 살아난다. 따라서 시스템 다이내믹스 모델 개발자***의 입장

★
시스템 다이내믹스 학자들은 시스템 다이내믹스를 하나의 학문으로 보는 경향이 있다. 이러한 관점은 장단점이 존재한다.

★★
학위논문을 쓰는 경우 또는 국책연구소 등의 연구원이 보고서를 쓰는 경우에는 문제인식자, 모델러, 개발자, 자료수집가 및 분석가 등이 일치할 가능성이 있다. 다만 의사결정자와는 분리되어 있다. 이러한 경우에는 모델 개발이 수월할 수 있지만, 논문을 읽는 독자와 보고서의 수요 계층이 읽기 편하도록 가독성이 높은 보고서를 준비해야만 한다.

★★★
시스템 다이내믹스 모델은 프로그래밍의 과정이다.

● Köhler, J. H. (2003), "Long Run Technical Change in an Energy-Environment-Economy (E3) Model for an IA System: A model of Kondratiev Waves," *Integrated Assessment*, Vol. 4, pp. 126-133.

에서는 하나의 학문이 아니라 하나의 기법 혹은 도구로 인식하는 것이 개발자의 위상 정립에 도움이 된다.

1.3 시스템 다이내믹스 모델의 구축과 분석 과정

전술한 바와 같이 시스템 다이내믹스는 시스템의 시간에 따른 변화를 수학적으로 표현(모델링)하는 방법이다. 시스템이란 상호 관련이 있는 구성요소들의 집합이며, 다이내믹스는 시간에 따른 '변화'를 연구하는 학문분야이다. 시스템 다이내믹스는 구성요소들의 상호작용에 의해서 시스템의 상태가 시간에 따라 어떻게 변화하는가를 수학적으로 표현해 보는 방법이다.

수학적으로 표현된 모델링의 과정★은 다음의 단계를 거치는데, 크게 ① 문제의 정의, ② 정성적 분석(인과지도 작성), ③ 정량적 분석(저량 · 유량도), ④ 시뮬레이션으로 구분할 수 있다. 각 단계의 세부적 진행 단계는 다음과 같다.

★ 모델링의 과정은 크게 ① 문제의 정의, ② 정성적 분석(인과지도) 작성, ③ 정량적 분석(SFD), ④ 시뮬레이션으로 구분할 수 있다.

1. 문제의 정의

2. 정성적 분석(인과지도; causal loop diagram)
   - 1단계: 목적변수 대상 선정
   - 2단계: 후보 목적변수의 시간적 고찰

- 3단계: 상호 연관성 검토
- 4단계: 인과지도 작성

3. 정량적 분석(저량 · 유량도: stock flow diagram)
   - 5단계: 주요 변수의 개념적 동적 행태 고찰
   - 6단계: 기초 SFD 개발
     시간 관련 변수
     계절효과
   - 7단계: 입력자료 검토
     입력자료 목록
     통계 추정(캘리브레이션: calibration★)
     전문가 설문 조사
     기타 가정사항

★
캘리브레이션이란 모델에서 재생되는 자료와 외부에서 주어진 실적 자료의 차이를 가장 최소화할 수 있도록 파라미터를 조정하는 연산 기법들의 총칭을 말한다.●

4. 시뮬레이션
   - 8단계: 시뮬레이션을 위한 SFD 변경
     시나리오 작성을 위한 SFD 변경
     민감도 및 불확실성 분석을 위한 SFD 변경
   - 9단계: 모델의 검증
     단위 점검
     타임스텝time step에 대한 민감도 분석
     개념적 동적 행태와 비교
     과거 자료와의 비교
     가정사항에 대한 검토
     모델 검증 종합

● 김근수 외(2013), 《경기도 정책 시뮬레이션 모형 개발 연구 정책연구》, 경기개발연구원: GRI, 2013-33.

- 10단계: **대푯값 평가**
  시나리오 및 목적변수 선택
  경제적 효과
  사회문화적 효과
  대푯값 평가 결과 요약
- 11단계: **불확실성 분석**
  불확실성 상수에 대한 분포 가정
  불확실성 분석 결과
- 12단계: **시뮬레이션 결과 종합 검토**

이러한 모델링 과정은 표준적이기는 하지만, 모델의 크기와 문제의 성격에 따라 일부 과정은 생략할 수 있다.

1.4 시스템 다이내믹스의 응용 가능 분야

이 책을 읽고 있는 많은 사람들은 시스템 다이내믹스로 무엇을 모델링할 수 있는가에 대한 문제를 제기할 수 있다. 필자들은 시간의 흐름에 따라 변화하는 상상할 수 있는 대부분의 것들을 모두 모델링할 수 있다고 답할 수 있다. 시간의 변화가 아닌 함수가 필요한 경우에도 외장함수로 만들어 이를 처리해 가면서 모델을 개발할 수 있다. 심지어 시간 단위가 다른 복수의 모델*에 대해서도 어떤 모델의 출력값을 다른 모델의 입력값으로 입력해 모델을 만들 수도 있다.

★ 벤심을 이용한 시스템 다이내믹스는 C++ 등의 프로그램으로 시간 단위가 서로 다른 2개 이상의 모델을 연결해 하나의 모델처럼 사용할 수 있다. 예를 들면 시간 단위가 '월' 단위인 모델과 '연' 단위의 모델의 결괏값을 필요한 시간에 상호 입력값으로 사용할 수 있다.

시스템 다이내믹스로 모델링을 할 수 있는 대상은 시간이 포함된 대부분의 문제이다. 시스템 다이내믹스는 문제를 모델링하는 것이기 때문에 시스템 다이내믹스로 할 수 있는 영역과 할 수 없는 영역을 구분하는 것은 큰 의미가 없다.

시스템 다이내믹스를 등장시킨 공학 영역뿐만 아니라 네트워크 분석network analysis, 기업 제품 수요 예측, 제품 개발에 필요한 프로젝트, 관리과학operation research, 경제성 분석 등 대부분의 영역에서의 문제를 모델화할 수 있다.

시스템 다이내믹스로 모델화system dynamics modeling 하는 것은 인과지도causal loop diagram와 정량화 모델stock and flow diagram을 이용해 문제를 구조화하는 것을 포함한다. 시스템 다이내믹스 모델화*는 복잡한 문제complexity를 도형을 이용하여 모델화하기 때문에 비선형성non-linearity을 가진 문제에 적합하다.

★ 시스템 다이내믹스 모델화는 복잡한 문제(complexity)를 도형을 이용하여 모델화하기 때문에 비선형성(non-linearity)을 가진 문제에 적합하다.

예를 들면 승용차 판매를 예측하더라도 〈그림 1.6〉과 〈그림 1.7〉은 전혀 다른 구조에서의 접근법으로 예측을 한다. 시스템 다이내믹스는 당연히 〈그림 1.7〉의 경우와 같은 모델 구조를 갖는다.

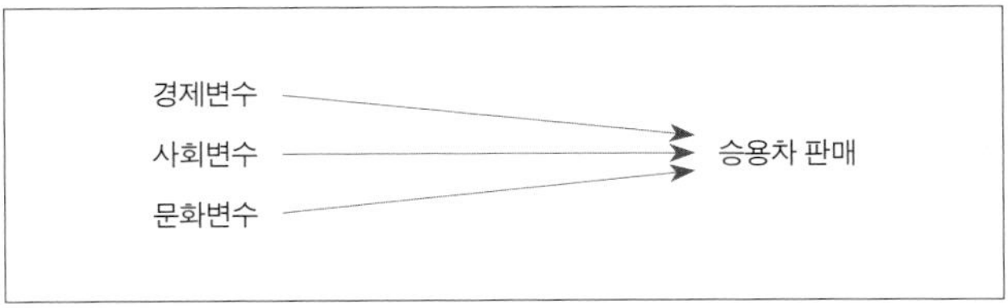

그림 1.6
선형 모델

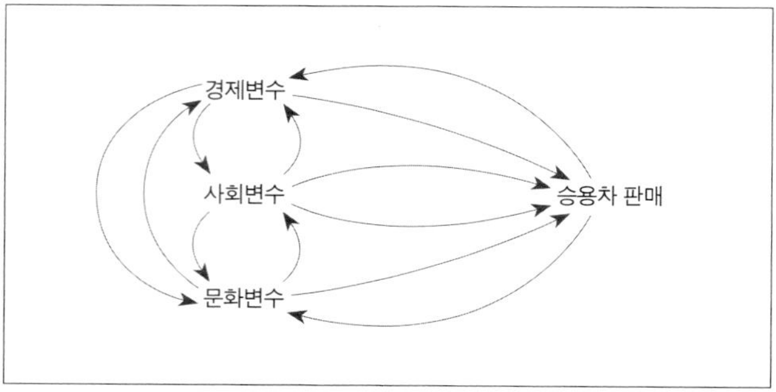

그림 1.7
피드백 모델

〈그림 1.4〉와 같은 구조는 주로 회귀방정식에서 사용하는 모델이다.

이를 음함수 형태로 표현하면

승용차 판매 $= f$(경제변수, 사회변수, 문화변수) … (1.1)

과 같다. 〈식 1.1〉에서 경제변수, 사회변수, 문화변수는 각각 독립적이며, 승용차 판매는 이들의 영향을 받을 뿐 이들에게 영향을 주지 못한다.

반면에 시스템 다이내믹스는 모든 요인이 얽혀 있는 피드백 루프feedback loop의 형태이다. 이는 복잡하고 실제로 경제변수가 승용차 판매에 얼마나 영향을 미쳤는가를 분해해 내기가 어렵다.

이렇듯 실제의 세계real world는 하나인데, 이를 인식하는 방법이 복잡한 것인가 아니면 단순한 것인가에 따라서 모델의 구조는 달라진다. 즉 실제의 세계★를 모델링할 때에 어느 정도 수준에서 모델링할 것인가를 결정하느냐에 따라 모델 개발의 목적, 가정사항, 그리고 검

★ 실제의 세계를 모델링할 때에 어느 정도 수준에서 모델링할 것인가를 결정하느냐에 따라 모델 개발의 목적, 가정사항, 그리고 검증 방법이 판이하게 달라진다.

표 1.1 복잡성의 정도에 따른 모델의 특징

구 분	복잡성의 정도가 낮은 모델	복잡성의 정도가 높은 모델
모델의 목적	시스템 구조의 이해 및 예측	시스템 거동의 원인 및 예측
모델의 가정	다양한 가정사항을 포함시킴	가정을 모델에 내생화시킴
설득력	일반인들의 이해 가능성 높음	일반인들이 이해하기 어려움
이용 가능성	모델의 구조화 또는 정식화	개발자에 따라 모델의 구조가 상이함
추상화	높음	낮음
변수 간의 관계	선형성과 독립성	비선형성과 비독립성(feedback)

증 방법이 판이하게 달라진다.

〈표 1.1〉은 모델의 복잡성의 정도를 비교한 것이다. 모델링 방법뿐만 아니라 모델링 대상이 움직이는 거동에 대한 지식 구축이 어떠냐에 따라서도 모델링 방법은 달리해야 한다. 일반적으로 의식의 흐름이 없는 물리의 세계가 인과관계의 명확성이 높다고 알려져 있고, 인간을 포함하고 있는 사회 시스템의 경우 명확성이 불분명하다고 알려져 있다. 따라서 모델링의 복잡성과 모델링 대상에 대한 인간의 이해의 정도에 따라 모델링의 방법은 달라진다.

시스템 다이내믹스로도 개체들의 행동규칙에 초점을 둔 ABMAgent-Based Model★을 구현할 수 있다. 개체, 위치(좌표), 또는 개체의 성질property 등을 첨자변수 등으로 표현하고 행동규칙을 저량 · 유량도stock flow diagram로 나타내면 시간의 변화에 따라 시스템에 어떤 변화가 있을 것이라는 것을 모델링할 수 있다. 이러한 시스템은 복잡

★ ABM 모델에 대해서는 12.3에서 다루었으니 참고하기 바란다.

성의 정도가 높지만 데이터 위주의 실증보다는 행동규칙에 따른 시스템 거동의 변화를 예측하는 데에 중요성을 둔다.

1.5 좋은 시스템 다이내믹스 모델

좋은(만족스러운) 시스템 다이내믹스 모델을 만들기 위해서는 다음의 사항에 유의해야 한다.

첫째, 문제를 모델링해야 한다. 문제가 아닌 시스템 그 자체를 모델링하다 보면 시스템의 경계가 불명확해져서 모델이 커져만 간다. 문제에 초점을 두고 문제를 일으키는 직접적인 변수들을 모델에 포함시키도록 모델의 적정 규모를 유지해야만 한다.

둘째, 저량을 보다 많이 분해할수록 모델은 현실에 가까운 수치를 재생시킬 수 있다. 시스템 다이내믹스의 모델은 저량변수를 중심으로 이루어진다고 해도 과언이 아니다. 사회과학에서 말하는 대부분의 추상적인 변수도 저량이며 인구도 저량이다. 이를 상세하게 나눌수록 모델은 보다 정교하고 현실 세계를 재생하는 것에도 유리하다.

셋째, 모델 내부의 수식의 단위unit★를 일치시켜야 한다. 현실 세계는 서로 단위가 다른 물리양이 상호작용하면서 복잡성을 이룬다. 모델에서는 단위를 일치시키

★ 인문학 또는 사회과학을 전공한 사람들이 간과하는 것 중에 가장 큰 것이 단위이다. 단위가 맞지 않는 연산을 수행하는 오류를 범해서는 안 된다. 단위의 중요성은 6.4에서 설명하고 있으며, 단위를 소거하는 방법인 무차원화는 10.1을 검토하기 바란다.

는 것이 중요하다. 관념적인 인과지도 상에서는 일정 부분 자유롭게 표현이 가능하지만 사칙 연산을 이용해 수학적 모델을 만들 때에는 더하기, 빼기, 곱하기, 나누기 단위의 착오가 없어야 한다. 역으로 단위와 사칙 연산을 고려할 때에 좋은 인과지도를 만들 수 있다.

넷째, 모델의 정상 상태steady state★를 찾는다. 정상 상태란 시간의 흐름에도 시스템 속성들의 변화가 없는 것을 의미한다.

★
정상 상태에 대해서는 6.3에서 살펴보고, 정상 상태 모델인 '욕조 모델'을 9.10에서 설명했으니 이를 참조하기 바란다.

$$\frac{\delta p}{\delta t} = 0^{\star\star}$$

★★
δ(델타)의 의미는 차이, 즉 변화이다.

모델링 대상이 되는 현실이 정상 상태에서 벗어나 있는 것도 있을 수 있다. 예를 들면 인구는 정상 상태에서 항상 벗어나 있다. 그럼에도 불구하고 모델을 정상 상태를 만들어야 하는 이유는 시스템의 변화를 이끈 원인을 찾기 위함이다.

인과지도causal loop diagram에서의 변수 간의 관계는 실제의 인과관계가 아니라 사실은 모델러가 인식하고 있는 인과관계일 뿐이다. 따라서 인과지도를 그린 것으로는 변수 간의 영향의 크기를 파악할 수 없다. 저량 · 유량도를, 그리고 수식을 완성해 시뮬레이션을 할 때에 비로소 요인들 간의 상호 관계를 정량적으로 분석할 수 있다. 이때 입력된 값 중에서 어떤 특정한 값은 모델이 시간이 지나도 변화가 없거나 주기적인 반복 상태가 되게 만드는데 이것을 정상 상태라고 한다. 어떤 변수가 시스템에 미치는 영향의 정도를 파악하는 것은 정상 상태일 때의 변수 값과 조정된 변수에 의해 생성된 새로운 변수 값을 비교할 때에 가능한 것이다.

이상의 네 가지 사항을 지켜 가면서 정상 상태를 만들 때에 시뮬레이션 결과를 해석할 수 있으며, 해석이 가능한 모델이 좋은 시스템 다이내믹스 모델이라는 점을 명심하기 바란다.

2

미래 예측과 시스템 다이내믹스

불확실성• 2.1

미래는 기본적으로 불확실하지만★ 인류의 지식 체계는 과거의 경험을 통해 얻은 지식을 정량화함으로써 미래의 불확실성을 확률적으로 표현해 왔다. 스터링Stiring은 인간이 보유하고 있는 확률적 지식과 결과물에 대한 지식을 바탕으로 〈표 2.1〉과 같이 불확실성의 종류를 세분했다. 여기에서 문제가 되는 분야는 알고자 하는 대상, 즉 지식의 산출물이 무엇인지도 잘 모르고 이에 대한 확률을 알기도 어려운 분야이다. 이러한 부분은 다양성을 통해서 문제를 해결할 수밖에 없다. 즉, 문제가 무엇인지 모르기에 다양한 방법을 동원해 적합한 대안이 선택

★ 미래의 불확실성과 확률

표 2.1 **불확실성의 분류**

<table>
<tr><td colspan="2"></td><td colspan="3">산출물에 대한 지식</td></tr>
<tr><td colspan="2"></td><td>연속적 산출물</td><td>이산적 산출물</td><td>정의하기 어려운 산출물</td></tr>
<tr><td rowspan="3">확률에 대한 지식</td><td>확률에 의한 확고한 추론</td><td colspan="2">위험
적용 방법:
빈도분포함수 / 이산적 빈도확률</td><td rowspan="2">애매함
적용 방법:
퍼지 이론</td></tr>
<tr><td>확률에 의한 불확고한 추론</td><td>베이지안 분포함수</td><td>이산적 베이지안 확률</td></tr>
<tr><td>확률적 추론 불가</td><td colspan="2">불확실성
적용 방법:
시나리오 분석</td><td>무지
적용 방법:
다양성 분석</td></tr>
</table>

자료: Stirling, Andrew, "On the Economics and Analysis of Diversity," *Electronic Working Papers Series,* No. 28, SPRU, p. 15.

• 이 부분은 유재국(2007), pp. 37-42 부분을 재구성하였다.

되도록 함으로써 시스템의 환경 적응 적합성을 높이는 것이다.

한 가지 더 문제가 되는 영역은 얻고자 하는 지식의 대상은 존재하지만 이의 시간적 변화에 대한 실증적 자료가 없는 경우이다. 이 경우에는 시나리오 분석을 할 수밖에 없다. 즉 다양한 상황을 상상해 보고 그 상상의 결과가 어떻게 되는가를 검토해 보는 것이다. 불확실성에 대한 연구는 1920년대부터 나오는데, 나이트Knight• 의 초기 분류는 위험risk과 불확실성uncertainty의 개념적 차별에서 출발했다.

★ 불확실성이란 "결과물에 대해 추가적인 확률 분포가 부족한 상태"를 말한다.

불확실성★이란 "결과물에 대해 추가적인 확률 분포가 부족한 상태the lack of an additive objective probability distribution over outcomes"•• 또는 "완전한 결정주의적 상태로부터 떨어진 정도any departure from unachievable idea of complete determinism"•••로 정의 내릴 수 있다. 즉 불확실성은 실제와 예측한 바의 차이인 것이다.

불확실성과 관련해 몇 가지 구별해야 할 개념이 있는데 어려움difficulty과 복잡성complexity이 그것이다.••••

• Knight, Frank (1921), *Risk, Uncertainty, and Profit,* Boston: Houghton Mifflin의 내용을 Page(1998)의 p. 2에서 재인용.

•• Knight, *Ibid.*,; Page (1998), *Uncertainty, Difficulty, and complexity, Santa Fe Institute,* Working Paper, p. 2에서 재인용.

••• Walker, W. E., P. Harremoës, J. Rotmans, J. P. van der Sluijs, M.B.A. van Asselt, P. Janssen, M. P. Krayer von Krauss (2003), "Defining Uncertainty: A Conceptual Basis for Uncertainty Management in Model-Based Decision Support," *Integrated Assessment*, Vol. 4, No. 1, p. 8.

•••• Page (1998), *Ibid.*, pp. 3-4.

어려움은 변수 간의 거대 상태 공간large state space과 비선형적 관계가 갖는 문제에 적용되며, 복잡성은 다수의 행위자agents나 미립자particles의 상호작용에 주로 사용된다. 대부분의 모든 문제는 불확실성, 어려움, 복잡성을 혼재하고 있다. 페이지Page•에 의하면 "경제학자들은 불확실성 모델을, 엔지니어와 컴퓨터 과학자들은 실제 문제에 근접한 어려운 문제를 구축해, 가능한 최적의 대안을 찾으며, 마지막으로 생물학자들은 에이전트와 환경의 상호작용 행태에 대한 '복잡 적응 모델complex adaptive model'을 선호한다."고 한다.

시스템 다이내믹스에서 기본적으로 사용되는 불확실성 감소 방법*은 시나리오 분석이다. 시나리오 분석은 의미 있는 여러 가능한 가정의 조합을 만들고 이 조합이 만들어 내는 결과를 비교하는 방법이다. 그러나 시나리오에 대한 가정의 합의가 어렵고 용어의 통일이 어려우며 시나리오 자체가 불확실성을 내포하고 있다는 문제점이 존재한다.

민감도 분석**에서도 가장 흔하게 이용되는 방법은 단일 변수 민감도 분석single-value deterministic sensitivity analysis***이다. 모델에서 다른 변수에 대한 변동 없이 단지 하나의 변수에 대해 여러 값을 입력해 보면서 전체 시스템에 어떤 변화가 있는가를 판단할 때 사용된다. 확률적 민감도 분석probabilistic sensitivity analysis은 매개변수에 대해 평균(모델에 입력된 값)과 분산의 범위 내에서 변화

★
시스템 다이내믹스에서 기본적으로 사용되는 불확실성 감소 방법은 시나리오 분석이다.

★★
민감도 분석
▷ 단일 변수 민감도 분석
▷ 확률적 민감도 분석
▷ 결합 민감도 분석

★★★
단일 변수 민감도 분석은 9.9.3의 시뮬레이션 결과를 보기 바란다.

• Page (1998), *op.cit.*, pp. 3–4.

를 줌으로써 결과의 분포를 고찰하는 방법이다. 이보다 좀 더 복잡한 방법으로 처리하는 방법은 결합 민감도 분석joint sensitivity analysis으로, 여러 변수를 결합해서 사용하는 민감도 분석법이다. 그러나 이 방법 역시 변수 간의 독립성을 가정한다는 문제점이 존재한다. 불확실성을 완전히 해결할 수는 없지만 주요 변수에 대한 영향관계를 고려할 수 있다는 데에 민감도 분석의 의의가 있다. 다만 민감도 분석은 확률적 변이성을 모델화하기 어렵고, 모델 구조에 결괏값이 의존된다는 문제가 있다.

★
전파 모델
▷ 몬테카를로 방법
▷ 라틴 하이퍼큐브 샘플링

전파 모델propagation model★은 입력자료의 입력값의 분산을 설정해 이것이 결과에 어떤 영향을 주고 결과가 어떤 분포를 갖는가를 살펴볼 때 적합한 모델이다. 모델이 비선형 모델일 경우에, 이러한 전파 모델에서 생성된 결괏값들의 분포는 의사결정자에게 많은 시사점을 제공한다. 때로는 입력자료의 분포를 서로 조합해 난수를 발생시키기도 하는데 가장 유명한 방법이 몬테카를로 방법Monte Carlo method●이나 라틴 하이퍼큐브 샘플링Latin

---

● 루빈슈타인(Rubinstein)에 의하면 문제 해결을 위한 모델은 크게 분석적 방법(analytic solution method)와 수치해석적 방법(numerical solution method)으로 구분한다. 분석적 방법은 공식에 의해 해를 직접 구할 수 있으나 수치해석적 방법은 반복적 방법으로 문제의 해를 근사적으로 찾는 방법이다. 그는 수치해석적 방법을 다시 크게 시뮬레이션(simulation)과 몬테카를로 방법(MC: Monte Carlo method)으로 구분해 시뮬레이션과 몬테카를로를 서로 다른 영역으로 구분했다. 몬테카를로 방법(MC: Monte Carlo method)과 시뮬레이션(simulation)의 차이는 다음과 같다. 첫째, MC에서는 시간은 확률적 시뮬레이션 모델에서 사용되는 정도로 중요한 역할을 하지 않으며, 둘째, MC에서의 표본은 시간에 독립적이나 시뮬레이션은 시간에 따라 모델을 시뮬레이션하고 관측치는 순차적인 상관관계가 존재하며, 셋째, MC는 통계적 입력값의 변이성에 대한 반응함수이며, 시뮬레이션은 컴퓨터 프로그램에 의한 결과라는 차이점이 존재한다.

hypercube sampling이다. 그러나 이 두 방법 역시 각 입력변수의 분포를 알기가 어렵고, 두 방법에서 사용되는 변수의 조합은 시나리오 분석처럼 관심 있는 사항의 조합이 아니다. 또한 매개변수는 불확실성에 대한 문제는 해결할 수 있지만 구체적인 정책 문제의 해결을 위한 정보를 제공하는 데에는 약점이 있다. 즉, 두 방법을 통해 우리는 결괏값의 분포를 알 수 있지만 특정 결괏값이 나오게 된 원리를 이해하기는 어렵다.

또한 몬테카를로 시뮬레이션Monte Carlo simulation은 결정론적 모델deterministic model★의 입력자료에 대해 난수를 반복적으로 발생시킴으로써 모델을 평가하는 방법이다. 다만, 모델러가 난수로 입력되는 변수에 대한 분포를 알 수 없으며, 이를 모두 모델링하여 계산하는 데에는 시간적 소요가 크다는 약점을 지닌다. 따라서 시나리오 분석처럼 몇 가지 변수를 선택하고 이에 대한 정보값을 이용해 시뮬레이션을 실행하는 것이 일반적이며 정책 함의를 얻기가 용이하다.

★ 결정론적 모델과 대비되는 것이 확률론적 모델 (stochastic model)이다.

마지막으로 연속적 의사결정 방법으로 불확실성을 해결하는 방법이다. 일반적으로 모델은 주로 한 번의 연산으로 하나의 최적해를 찾을 수 있다는 가정을 포함하고 있다. 이러한 가정은 현실적인 경제 문제를 해결하는 데에는 한계를 지니고 있다. 따라서 정책 집행의 연속적인 과정에서 이를 참고하는 정도로 이용될 뿐이다. 연속

Rubinstein, Reuven Y. (1981), *Simulation and the Monte Carlo Method*, John Wiley & Sons, Inc., pp. 5-7. 시스템 다이내믹스는 시뮬레이션 단독으로 또는 시뮬레이션과 MC를 혼합해 사용할 수 있다.

★
연속적 의사결정 방법은 모델과 실제의 의사결정을 피드백시켜 학습을 진행하면서 모델의 불확실성을 제거하는 방법이다. 예를 들면 의사결정자가 시뮬레이션의 중간 결괏값을 확인하고 원하는 결괏값이 나오지 않을 때에 입력값을 수정하여 값을 보정하는 반복적 과정을 거치는 기법이 연속적 의사결정 방법의 예이다.

적 의사결정 방법★은 모델과 실제의 의사결정을 피드백시켜 학습을 진행하면서 모델의 불확실성을 제거해야 한다.

이상에서 언급한 어떤 불확실성 분석 방법을 이용한다고 하더라도 모델은 의사결정 과정의 일부를 담당하고 있으며, 따라서 모델의 결과가 의사결정자들에게 의미 있는 정보가 되기 위해서는 모델이 의사결정 과정에서 살아 있도록 해야 한다. 모델의 개발에서부터 입력자료의 제시, 결과물의 제시에 이르기까지 모델 이용자들의 참여와 개발자들과 이용자들 간의 의사소통이 중요하다. 워커Walker 등•이 지적했듯이 모델은 의사결정을 지원해 주며 따라서 모델에서 나오는 결과물과 입력자료 등 여러 요인에 의해 모델의 활용 여부가 결정된다. 결과물과 입력자료를 보여 주는 제시 방법 역시 의사결정에 중요한 역할을 한다.

• Walker, W. E., P. Harremoës, J. Rotmans, J. P. van der Sluijs, M.B.A. van Asselt, P. Janssen, M. P. Krayer von Krauss (2003), "Defining Uncertainty: A Conceptual Basis for Uncertainty Management in Model-Based Decision Support," *Integrated Assessment*, Vol. 4, No. 1.

미래 예측 2.2

일반인들은 불확실성이 있음에도 불구하고 미래 예측을 시도한다. 이러한 시도를 하는 것은 미래 예측이 인간 특유의 특징이자 본능에 가깝기 때문이다. 미래 예측을 수행하는 생물은 지구 상에서는 인간밖에 없는 듯하다. 인간 진화의 산물이자 결과가 바로 미래 예측이다. 그만큼 미래 예측★은 인간의 본성에 가깝다고 할 수 있다.

★ 미래 예측은 인간의 본성에 가깝다고 할 수 있다.

미래를 표현하는 방법으로는 다음과 같은 것들이 있다.

- ▷ 말과 글: 이야기, 공상과학 소설
- ▷ 이미지: SF 영화
- ▷ 숫자: 이산적discrete / 연속적continuous

시스템 다이내믹스가 미래 예측 도구로 각광을 받는 이유는 숫자로 미래를 설명해 주기 때문이다. 그것도 연속적 숫자이다.

대체적으로 미래가 앞으로 어떻게 될 것이라고 예측할 때에는 직선, 지수, S자형, 성장 후 몰락boom and burst 등의 관계로 생각해 볼 수 있다. 최근의 미래 예측은 직선적 미래관에 대한 반성으로 비선형 미래에 대한 관심이 높아지고 있다.• 시스템 다이내믹스는 숫자로 표현

• 한국정보화진흥원(2011), 《미래연구백서》.

되는 미래 중에서 비선형적 미래를 취급한다.

미래를 예측하는 방법은 인터뷰에서부터 델파이기법, AHP 등 매우 다양한 방법들이 있다. 미래 예측의 대상을 먼저 선정한 후에 적당한 방법을 사용하는 것이 중요하다. 권선필(2011)의 연구•에는 다양한 미래 예측 기법들이 소개되어 있다. 이광형(2015)의 연구는 이러한 방법론 하나하나를 잘 설명하고 있다. 여기에서는 예측 방법을 나열하기로만 하고 자세한 사항은 위의 책들을 참고하기 바란다.

▷ 에이전트 모델링Agent Modeling
▷ AHP 기법
▷ 브레인스토밍Brainstorming
▷ CLA 기법
▷ 교차영향 분석cross impact analysis
▷ 델파이 기법Delphi
▷ 환경 스캐닝environmental scanning
▷ 전문가 인터뷰expert interview
▷ 전문가 패널expert panel
▷ 포어사이트Foresight
▷ 퓨처 인덱스Future Index
▷ 퓨처 폴리곤Future Polygon
▷ 미래 탐구 회의future search conference

• 권설필(2011), "IT 기반의 선진 미래연구 체계 수립 방안", 《미래한국의 새로운 도전과 기회》, 법문사, p. 484.

- ▷ 퓨처 휠Future Wheels
- ▷ 게임 기법games
- ▷ 심상 요법guided imagery
- ▷ 마인드매핑Mindmapping
- ▷ 형태 분석법morphological analysis
- ▷ 네트워크 분석법Network Analysis
- ▷ 관련 수목법Relevance Tree & Path
- ▷ 로드매핑Roadmapping
- ▷ 시나리오scenarios
- ▷ 시뮬레이션simulations
- ▷ 전략적 미래 예측strategic foresight
- ▷ 구조 분석structural analysis
- ▷ 조사surveys
- ▷ 시스템 다이내믹스 모델System Dynamics Model
- ▷ 텍스트 마이닝Text-mining
- ▷ 타임라인Timeline
- ▷ 트렌드 영향 분석trend impact analysis
- ▷ 비저닝Visioning
- ▷ 와일드카드Wild Cards

2.3 미래 예측과 시스템 다이내믹스 모델링과의 관계

이광형*은 미래 예측 과정을 ① 문제 정의, ② 관련 요소 추출, ③ 핵심 동인 결정, ④ 미래 예측, ⑤ 예측 결과 통합의 다섯 단계로 나누어 설명하고 있다. 이러한 미래 예측 단계는 시스템 다이내믹스 모델링 단계와 비교해 〈표 2.2〉와 같은 쌍을 이룰 수 있다. 즉 미래 예측의 단계와 SD 모델링의 단계는 매우 흡사하다.

표 2.2 미래 예측 단계와 SD 모델링 단계의 비교

미래 예측 단계		시스템 다이내믹스 모델링의 단계
문제 정의	→	문제 정의
관련 요소 추출	→	변수 선정
핵심 동인 결정	→	인과관계도 작성
미래 예측	→	저량 · 유량도 작성
예측 결과 통합	→	시뮬레이션 및 분석

* 이광형(2015), 《3차원 미래 예측으로 보는 미래 경영》, 생능, pp. 83-94.

벤심의 인터페이스 3.2

벤심 DSS 6.2 버전의 인터페이스는 〈그림 3.2〉와 같다. 벤심을 이용해 시스템 다이내믹스를 모델링하고자 할 때에는 이 단순한 인터페이스의 기능을 잘 익혀 두어야 한다.

① 스케치

② 그리기 도구

③ 파일 편집 도구

④ 시뮬레이션 도구

⑤ 분석 도구

⑥ 변수 폰트 및 페이지 관리 도구

⑦ 서브스크립트 도구

스케치 도구는 인과지도 또는 저량 · 유량도를 그리는 영역이다. 모든 모델링은 스케치 영역에서 이루어진다.

그리기 도구는 스케치에 무엇을 그릴 것인가를 선택하는 영역이다. 저량, 유량 화살표, 그리고 객체 감추기, 주석문 넣기 · 지우기, 수식편집기 등으로 구성되어 있다.

파일 편집 도구는 파일의 생성 및 저장, 프린트 등을 관리하는 영역이다. 매우 일반적인 도구로 구성되어 있다.

시뮬레이션 도구는 시뮬레이션을 직접 수행하거나 시나리오를 작성하는 등 시뮬레이션과 관련된 영역이다.

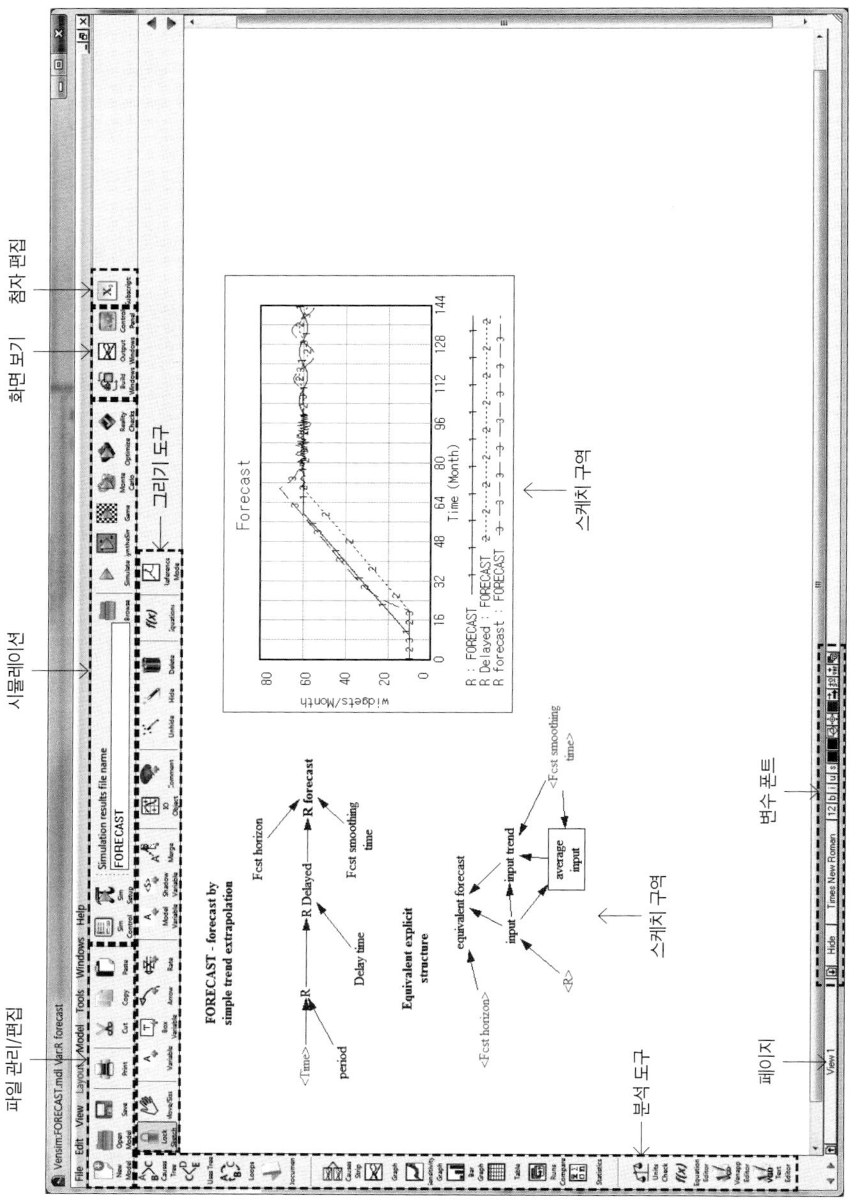

그림 3.2 벤심의 인터페이스

고급 기능으로 게임과 민감도 분석sensitivity analysis, 그리고 최적화optimization 기능을 포함하고 있다. 이 부분은 모델을 확장시키기 위해 반드시 익혀야 할 기능을 포함하고 있으니 잘 숙지해야 한다.

분석 도구는 시뮬레이션 수행 이후에 그래프와 결괏값의 테이블 및 수식을 확인해 보기 위한 도구이다. 주로 보고서를 작성하기 위해 필요한 도구가 이곳에 위치하고 있다.

변수 폰트 및 페이지 관리 도구는 변수의 색깔, 크기, 또는 폰트 등을 관리하며, 화살표의 크기 모양도 여기에서 관리할 수 있다. 벤심은 여러 페이지로 나누어 모델을 개발할 수 있는데 페이지 관리에 필요한 도구이기도 하다.

마지막으로 **첨자**subscript★ **도구**는 첨자를 추가하거나 제거하고, 또는 보여 줄 첨자를 관리할 때 사용된다.

★ 벤심 PLE 버전에서는 최적화나 첨자 기능을 제공하지 않는다. 첨자는 10.4에서 자세히 설명한다.

변수 3.3

변수의 종류 3.3.1

의사결정을 해야 하는 사람들은 모델의 내부 구조보다는 의사결정의 대안과 그 결과에 더 많은 관심을 갖기 마련이다. 따라서 주로 경제학자나 공학자들이 의사결정의

★
사용자가 자신의 문제를 해결하기 위한 변수의 선정과 이에 대한 구현이 무엇보다도 중요하다.

대안과 그 결과에 더 많은 관심을 가지고 있다. 이러한 점을 고려할 때에 개발자들이 모델을 구현하기 위한 변수의 선정도 중요하지만, 사용자★가 자신의 문제를 해결하기 위한 변수의 선정과 이에 대한 구현이 무엇보다도 중요하다.

의사결정에의 활용을 위해 사용자 중심의 변수를 구분하면 다음과 같다.

▷ **목적변수**objective variables

▷ **정책변수**decision variables

▷ **환경변수**exogenous variables

▷ **내생변수**endogenous variables

목적변수는 의사결정자가 관심을 갖고 있는 변수들이다. 의사결정자가 예측 전문가라면 어떤 재화나 서비스의 수요가 얼마가 될 것인가에 관심을 가질 것이며, 기업의 최고 경영자라면 월별 순이익이나 매출액에 관심을 가질 것이다.

정책변수는 의사결정자가 결정해야 할 변수들이다. 가령, 공공기관의 조직 관리 담당자라면 조직 규모를 얼마로 해야 하는지 혹은 조직 규모에 미치는 영향 요인이 무엇인지 등에 대해 결정해야 한다. 이러한 사항과 관련된 입력변수들이 정책변수이다.

환경변수는 비록 의사결정자가 제어할 수는 없으나, 환경에 따라 달라지는 변수들이다. 유가 및 주요 무역국가의 신용 등급 등이 국가 경제에 영향을 미치는 것을 알고는 있지만 그것을 스스로 결정할 수는 없다. 이러한 입력변수들을 환경변수라고 부른다.

정책변수와 환경변수*는 모델에서 같은 역할을 한다. 그러나 모델 사용자는 그 처리 방법이 다를 수 있다. 정책변수에 대해서는 주로 민감도 분석을 사용해 시행착오try and error로 최적화된 값을 찾아가는 방법을 찾을 것이고, 환경변수에 대해서는 불확실성 분석이나 민감도 분석 등을 통해 그 영향을 알아보는 방향으로 분석을 수행할 것이다.

★ 모델 내부에서는 정책변수와 환경변수는 같은 역할을 하며 논리적으로 구분할 뿐이다.

내생변수는 모델의 수식에 의해서 결정되는 변수들이다. 목적변수도 엄밀한 의미에서는 내생변수가 된다.

〈그림 3.3〉은 사용자 중심의 변수의 구분을 위한 모델 구조 설계를 예시한 것이다.

입력자료의 형태에 따른 분류로는 다음과 같은 것이 있다.

- ▷ 상수constant: 시뮬레이션 시작 시간부터 최종 종료 시점까지 값이 변화하지 않는 변수이다. 주로 숫자 형식을 갖는다. 이 변수는 민감도 분석이나 캘리브레이션의 대상이 가능하다.
- ▷ 초깃값Initial values: 상수와 같이 값이 변화하지 않고 숫자 형식을 갖지만 t=0일 때 한 번만 사용된다. 따라서 컴퓨터의 메모리를 절약하고 계산 속도를 개선할 수 있게 해 주지만 이 변수는 민감도 분석이나 캘리브레이션에 활용할 수 없다.
- ▷ 보조변수: 수식으로 형성된 변수 모두를 말하면 내생변수라고 할 수 있다. 이 변수는 수식에 의해서 값이 변화한다.
- ▷ 룩업 함수Lookups**: 그래프 함수를 말하며 특정 값에 대한 특

★★ 룩업 함수에 대해 자세한 것은 8.1.2를 참조하기를 바란다.

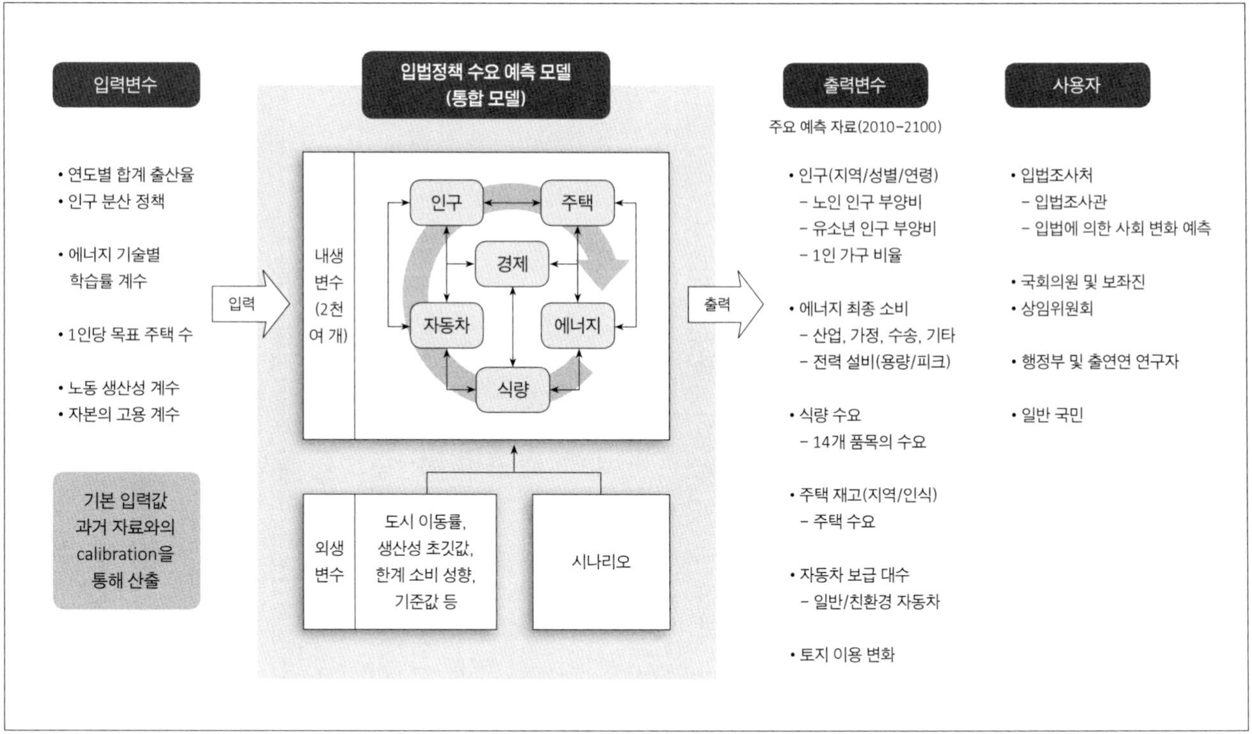

그림 3.3 모델 구조의 개념적 설계의 예

자료: 국회입법조사처(2012), "입법 · 정책 수요예측모델 개발", 정책보고서 제15호, p. 42 참조.

정 값을 반환하도록 설계된 변수이다. 상수는 시뮬레이션을 실행하는 모든 시간 동안 변화가 없지만 룩업 함수의 경우에 x축 즉 입력값을 time 으로 지정한 후 이에 대칭되는 y값을 각기 달리 적으면 시간에 따라 상수가 변화할 수 있도록 할 수 있다.

▷ 민감도 분석 대상 변수: 상수 중에 불확실성이 높은 변수에 대해서는 민감도 분석을 실시할 수 있도록 변수를 지정할 수 있다.

▷ 캘리브레이션 대상 변수: 모델이 실제 현상을 잘 반영하도록 최적화 대상이 되는 변수를 말한다.

상수의 경우 자료 획득 방법에 따라 이를 별도로 구분할 필요가 있을 수 있다.

▷ 절대 상수: 상수는 시뮬레이션을 실행하는 모든 시간 동안 변화가 없는 고유 의미의 상수이며, 주로 물리적 단위가 명확한 상수이다.

▷ 통계적 방법에 의해 획득된 상수: 단위가 없으며 계수coefficient 나 매개변수parameter 혹은 지수 값 등에 해당하는 상수이다. 이는 물리적 의미가 아니라 시스템 특징을 표현하는 상수이다.

▷ 전문가 설문 조사에 의해 획득된 상수: 주로 연성 변수soft variables 이며 숫자와 숫자 사이의 강도가 일정하다고 볼 수 없는 변수를 말한다. 통계학에서는 순위 척도ordinal scale로 주로 불린다.

▷ 전문가 가정사항에 의한 상수★: 모델링하는 중에 필요한 변수이지만 이에 대한 연구가 진행되어 있지 않은 경우 가정으로 임의적으로 정한 상수를 사용할 때도 있다. 이때 전문가들 사이에서 이미 어느 정도 합의가 된 상수를 전문가 가정사항 처리 상수라고 할 수 있다.

▷ 사용자가 결정한 상수Decision Variables(의사결정변수): 전문가 가

★ 전문가의 가정사항으로 처리한다는 것은 상수와 룩업 변수를 전문가가 관찰된 시스템의 거동이 재현되면서 동시에 상식적인 수준에서 임의적인 가정으로 처리한다는 것을 의미한다. 이는 시스템 다이내믹스의 가장 큰 장점이자 임의성에 대한 비판의 원인이 된다.

정사항처럼 시스템 다이내믹스를 사용하는 사람이 처리하는 상수도 있다.

▷ 미래 환경에 따라 변경 가능한 상수Environmental Variables(환경변수): 어떤 변수가 상수가 아니라 시간에 따라 변화한다고 가정하게 되면 룩업 함수를 통해서 시간대에 따라 값의 변경을 처리할 수 있다.

3.3.2 변수 이름 정하기

변수 이름을 결정할 때는 다음과 같은 사항에 유의한다.

첫째, 변수가 의미하는 것을 정확히 표현한다. 변수 이름은 짧을수록 좋으나, 길더라도 변수의 의미를 정확히 표현하도록 한다.

둘째, 띄어쓰기 및 단어의 순서에 일관성이 있도록 한다. 이때 모델에서 변수의 역할을 구분해 표기하면 좋다. 예를 들면 상수의 경우에는 변수명을 'c'로 시작하며, 민감도 분석 대상은 's'로 시작한다든가 하는 일정한 규칙으로 변수를 알아볼 수 있도록 하는 것이 모델을 만들고 조작하기가 편하다. 특히 변수를 역할별로 정책변수, 목적변수, 환경변수 등으로 구분하고 이를 이름으로 확인할 수 있도록 하는 것이 좋다.* 변수 이름의 맨 앞에 알파벳으로 구분하는 것도 하나의 방법이다. 가령, 정책변수는 'd'로 시작하고, 환경변수는 'e'로 시작해 구분할 수 있다. 민감도 분석 혹은 캘리브레이션의 대상이 되는 변수를 구분할 필요가 있다면 이 역시 변수의 이니

★
필자들은 변수를 사용할 때 변수의 시작에 다음과 같은 이니셜을 사용한다.

▷ 정책변수: d
▷ 환경변수: e
▷ 초깃값: i
▷ 상수: c
▷ 룩업변수: L
▷ 민감도 대상 변수: s
▷ 최적화 대상 변수: o
▷ 첨자: x

설initial로 구분하면 된다.

셋째, 첨자subscript를 사용하는 경우는 첨자를 사용하고 있다는 것을 변수 이름으로 표현하는 것도 바람직하다. 예를 들면 '인구'는 첨자가 없지만 '성별 · 연령별 인구' 또는 '성별 인구', '연령별 인구'는 첨자로 구분된 변수임을 확인할 수 있다.

넷째, 모델의 크기가 큰 경우는 모델을 여러 부문으로 구분하는데, 모델의 부문을 나타내도록 이름을 결정하는 것도 바람직하다.

변수의 내생화와 외생화 3.3.3

변수의 내생화와 외생화의 차이는 변수의 값이 수식에 의해서 결정되는 것(내생화)인지 아니면 주어진 숫자에 의해서 결정되는 것(외생화)인지에 대해 결정하는 것에 의해 생긴다. 내생화된 변수에는 수식과 계수만이 존재할 뿐 변수를 직접적으로 나타내는 특정한 숫자가 없다. 이에 반해 외생화는 변수의 값을 숫자나 엑셀 등에서 직접 받아서 처리하기 때문에 계산이라는 절차를 따로 받지 않는다. 이때 외생적 변수의 조합이 하나의 시나리오가 된다.

4

인과지도 그리기

기본 개념 4.1

개요 4.1.1

인과지도Causal Loop Diagram(이하 CLD)★는 정성적인 논리 모델이다. 인과관계란 원인과 결과의 관계를 의미하지만, 인과관계가 불확실한 것들도 실제로는 인과지도로 표현하고 있다. CLD는 정확한 인과관계가 아니라 사람의 멘탈 모델을 표현하는 도구이다. 이러한 이유로 시스템 다이내믹스 초심자들도 CLD를 쉽게 이해할 수 있으며, 그리는 방법이 화살표 중심의 순환도이기 때문에 CLD는 시스템 다이내믹스 모델링과 관계없는 분야의 여러 책•에서도 발견되고는 한다.

★ 시스템 다이내믹스는 시스템적 사고에 기반해 문제를 모델화(modeling)하는 프로그래밍 도구라는 관점에서 이 책을 참고하기를 바란다.

CLD는 다음에 익힐 저량 · 유량도의 전 단계이기는 하지만 반드시 필요한 것은 아니다. 오히려 저량 · 유량도까지 확장되지 않는 CLD를 경계해야 한다. 그럼에도 불구하고 CLD를 그리는 이유는 무엇을 모델링해야 할지 난감할 때 그 대상을 구체화시킬 수 있기 때문이다. 그리고 CLD는 굳이 벤심이라는 소프트웨어를 필요로 하지 않는다. 〈그림 4.1〉은 필자가 노트에 그린 CLD이다. 인류의 소화기와 뇌, 그리고 직립보행의 상호작용을 그린 CLD이다. 〈그림 4.1〉은 CLD로서 완벽하지는 않

• 최윤식 · 정우석(2011), 《부의 정석: 한국인의 6가지 걱정에 답한다》(지식노마드) 등에서도 CLD가 사용되고 있다.

그림 4.1
노트에 그린 CLD

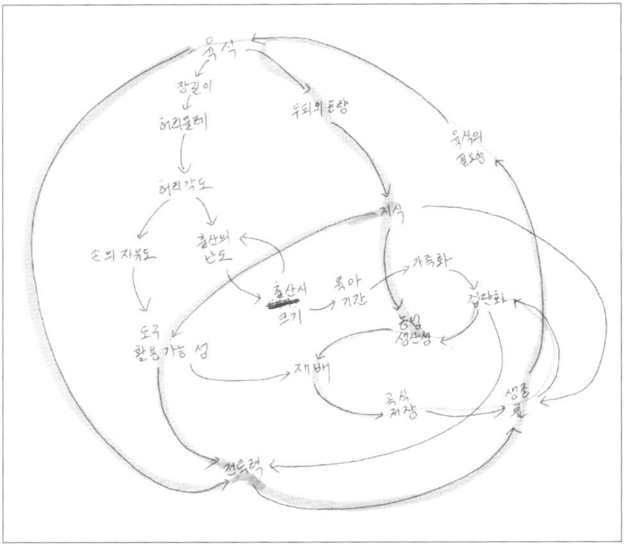

지만 CLD가 컴퓨터 없이도 시스템 사고를 할 수 있는 작업임을 보여 주는 예이다.

CLD는 피터 센게Peter Senge가 프로토타입prototype을 제시하면서 유명해졌다.• 모델러가 간단한 도형을 이용해 현상을 이해하거나 누군가를 이해시키기 쉽기 때문이다. CLD는 스토리텔링storytelling과 같이 이야기가 있어 누구나 쉽게 접근할 수 있다. 자신의 생각을 명사 위주의 변수로 넣고 화살표를 그리면 자신의 생각을 쉽게 정리할 수 있다.

• Senge, P. M. (1990), *The Fifth Discipline: The Art & Practice of The Learning Organization*, Bantam.

CLD의 작성●

4.1.2

CLD를 만들 때에 가장 유념해야 할 것은 변수의 작성인데, 여기에서 몇 가지 작성법을 기술하겠다.

▷ 정량적인 표현이 가능하고 단위가 명확한 어휘를 선택한다.

이 명제는 매우 중요하다. 정량화할 수 없는 단어를 선택하면 스토리텔링은 가능하더라도 저량 · 유량도를 만드는 데 어려움이 발생한다. 그렇다고 단위가 있는 단어만을 선택하라는 것은 아니다. CLD의 변수를 선택할 때에는 정량화할 수 있도록 고민하라는 뜻이다.

따라서 추상적인 언어는 피하는 것이 좋다. 부적절한 변수명으로는 '관심', '매력' 그리고 '문화'와 같은 단어가 있다. 우리는 피상적으로 관심이라는 단어의 뜻을 알고는 있지만 이것을 어떻게 계측해야 하는지는 알지 못한다. 이러한 변수의 특징은 여러 요인을 포함한 매우 포괄적인 단어라는 점이다.

'매력'이라는 단어도 마찬가지다. 일상적으로도 우리는 관심이라든가 매력을 측정하는 것은 지표index나 대리변수proxy를 이용한다. 만약 이러한 추상적인 변수를 사용하게 될 경우에는 이를 정량적으로 나타낼 수 있는 변수를 같이 표시해 주는 것이 좋다.

● Sterman (2000), *Business Dynamics*, McGraw Hill, pp. 137–190을 참고하기 바란다.

그림 4.2
CLD의 예제 1

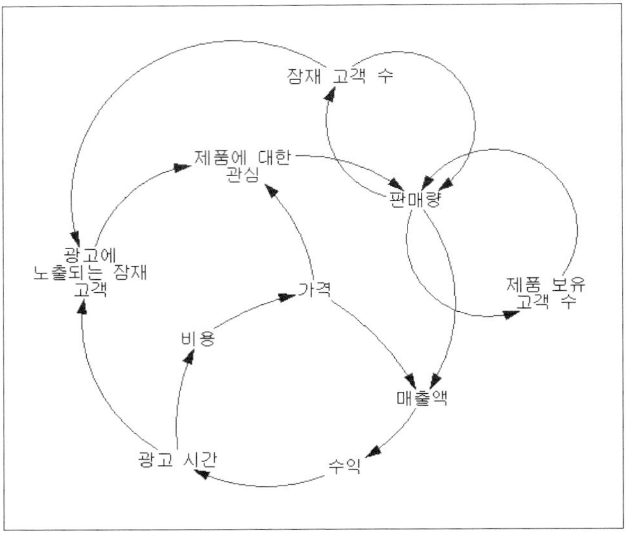

그림 4.3
CLD의 예제 2

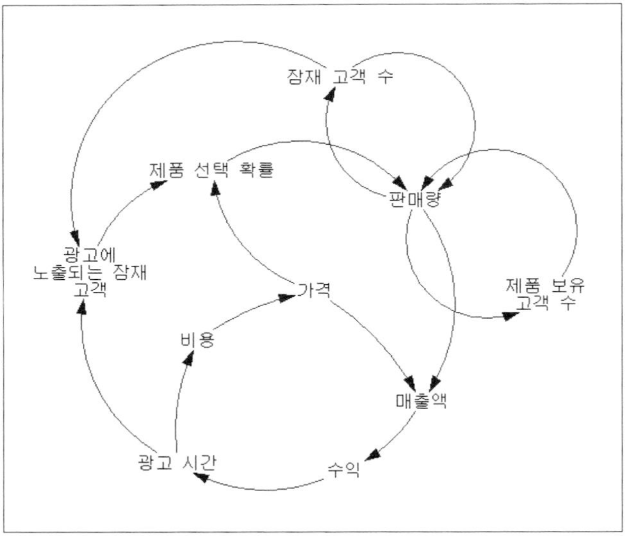

〈그림 4.2〉에서 보는 바와 같이 '제품에 대한 관심'을 〈그림 4.3〉에서와 같이 '제품 선택 확률'로 바꾸면 설명이 보다 명확해진다. 뿐만 아니라 이것을 SFD로 바꾸는 것도 보다 용이하다.

▷ 동사형 명사를 사용하지 않는다.

〈그림 4.2〉 및 〈그림 4.3〉에서 보는 바와 같이 변수명으로 '가격 상승', '수익 증가' 등과 같은 감소, 증가, 상승, 하락 등의 용어는 사용하지 않았다. 이것이 올바른 것이다. 화살표의 끝에 이미 명사의 방향이 이미 기재되어 있기 때문이다. 앞에서 설명한 단위와 연관해서 이 문제를 생각해 보았을 때 '가격'이라는 변수의 단위는 명확하지만 '가격 상승'이라는 변수의 단위는 정하기 어렵다는 점을 통해서 '가격 상승'이라는 변수가 잘못되었다는 것을 알 수 있다.

따라서 방향성이 없는 명사를 사용하는 것도 지양해야 한다. 예를 들면 앞의 그림에서와 같이 '잠재 고객'이라는 방향 없는 명사보다는 '잠재 고객의 수'와 같이 정확한 수량으로 표현하는 것이 더 타당하다. 특히, 방향의 증가와 동시에 감소의 성질을 가질 수 있는 변수는 저량이 될 확률이 높다.

이 밖에도 변수의 이름을 선택할 때에는 다음과 같은 점에 추가적으로 유의해야 한다.

▷ 같은 의미이지만 긍정적 용어와 부정적 용어가 동시에 존재할

때에는 긍정적 단어를 선택한다.

▷ 〈그림 4.3〉과 같이 피드백을 명확하게 그려서 보는 사람에게 호기심을 유발시켜야 한다.

이러한 표현을 사용하기 위해서 벤심의 페이지 기능이나 감추기hide* 기능을 활용할 수 있다.

★ 감추기(hide)는 그리기 도구에서 직접 사용할 수도 있고 〈그림 4.10〉 및 〈그림 4.11〉에서와 같이 사용자가 보이기 순서를 지정할 수도 있다.

4.2 변수 입력과 그리기

4.2.1 도구의 선택

CLD**나 SFD***를 그리기 위해서는 스케치 도구를 잘 활용해야 한다. 벤심 화면의 맨 위쪽을 보면 〈그림 4.4〉와 같은 메뉴가 나올 것이다. 여기에서, 변수를 쓰기 위해서는 〈그림 4.4〉의 점선 부분을 선택하면 된다. 변수 옆의 상자는 저량을 그릴 때 사용되는 저량 아이콘이다.

★★ Causal Loop Diagram

★★★ Stock Flow Diagram

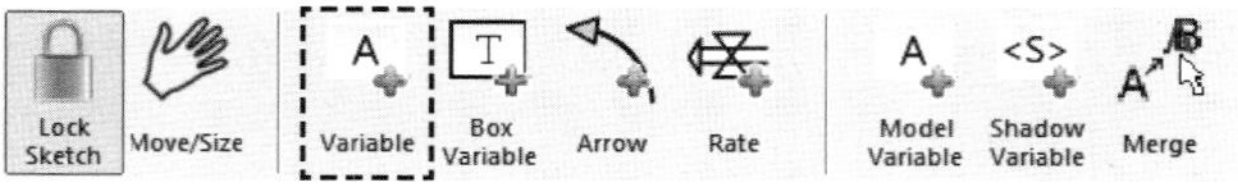

그림 4.4 그리기 도구

변수명을 클릭한 후 스케치 영역의 바닥을 클릭해 글상자가 생기면 여기에 변수명을 기록하고 엔터키enter key를 치면 된다.

하나의 모델 즉 하나의 mdl 파일 또는 vmf 파일에는 하나의 변수만 존재한다. 변수를 복사해 붙여넣기를 할 경우에는 손바닥 모양의 아이콘을 클릭해 복사하고자 하는 변수를 클릭해 변수를 활성화시킨다. 그러면 다른 이름의 변수가 스케치 부분에 붙여넣기가 된다.

스케치를 그리기 위해서는 우선 변수와 선이 필요하다. 선은 변수가 있어야만 연결이 된다. 따라서 변수를 먼저 지정해야 한다. 변수와 변수의 화살표를 연결하는 방법은 다음과 같다.

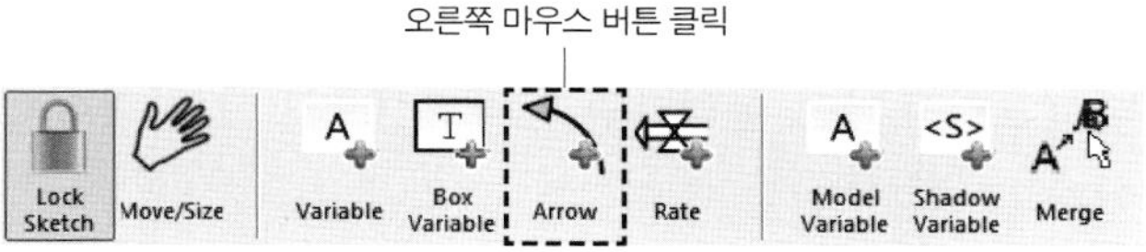

그림 4.5
그리기 도구의 화살표

변수를 입력한 후 이를 연결하기 위해서는 〈그림 4.5〉의 점선 안의 화살표 아이콘을 클릭해야 한다.

그다음으로 〈그림 4.6〉에서와 같이 '시작변수 클릭-바닥 클릭-목표변수 클릭'이라는 3단 과정*을 거친다. 〈그림 4.6〉의 'Var 1'을 먼저 클릭한 후 바닥을 찍고 스

★ '시작변수 클릭-바닥 클릭-목표변수 클릭'이라는 3단 과정

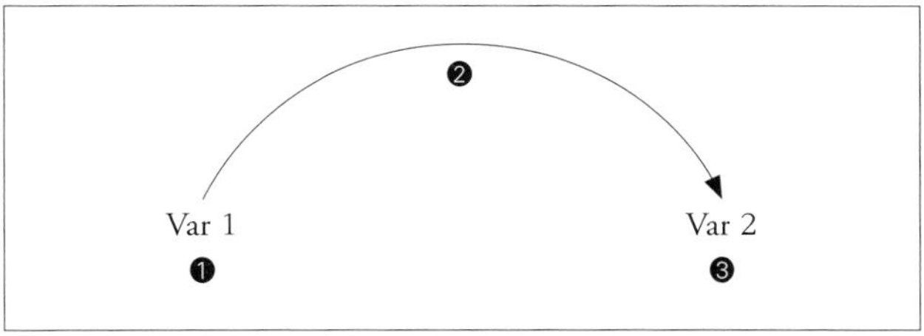

그림 4.6
그리기 도구를 이용한 화살표 연결

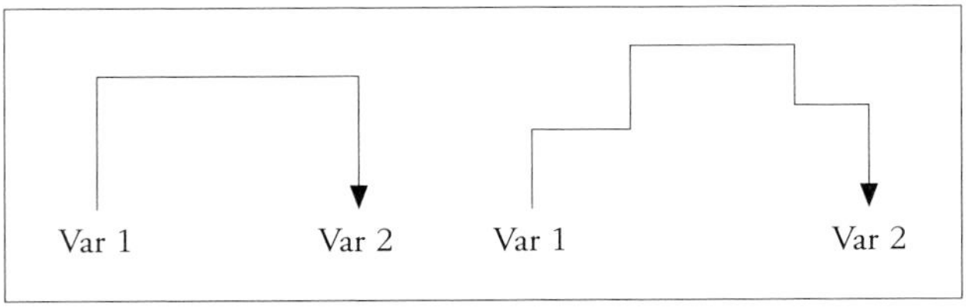

그림 4.7
폴리라인(polyline)과 직교(perpendicular)

케치 바닥을 한 번 클릭하면 화살표가 휘어지며, 마지막으로 목표가 되는 'Var 2'를 클릭하면 연결이 된다.

기본 화살표 이외에도 다른 종류의 화살표로 폴리라인polyline과 직교선perpendicular이 있다. 이 화살표 옵션을 선택하게 되면 〈그림 4.6〉에서와 같이 세 단계로 선을 연결하는 것이 아니라 여러 점을 연결할 수 있게 된다. 〈그림 4.7〉은 폴리라인과 직교선으로 그린 화살표이다.

〈그림 4.8〉은 화살표 형태에 대한 옵션을 선택할 수 있는 옵션 창이다. 이 옵션 창은 스케치 화면에서 해당

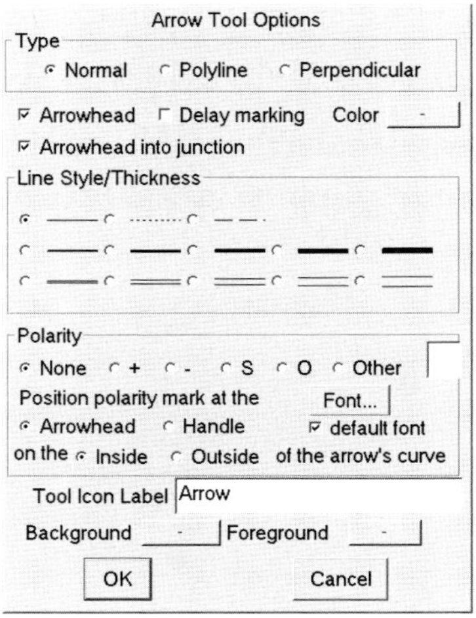

그림 4.8
화살표 옵션

아이콘 위에 커서를 올리고 마우스 오른쪽 버튼을 클릭하면 열린다.

화살표의 굵기, 선 색, 그리고 화살표에 표시하는 '+', '-'의 위치 등을 편집할 수 있다.

화살표 및 변수 감추기 4.2.2

모델을 설명할 때 한꺼번에 너무 많은 변수가 스케치 위에 있으면 곤란한 경우가 있다. 이럴 때에는 설명하고자 하는 상황을 단계별로 하나씩 보여 주면서 설명하면 보는 이들에게 더 많은 것을 전달할 수 있다.

〈그림 4.9〉에는 하나의 피드백이 있다. 이 피드백 루프에서 위 화살표를 감추기 위해서는 감추고자 하는 대상(여기에서는 화살표) 위에 커서를 댄 후 마우스의 오른쪽 버튼을 클릭한다.

그러면 〈그림 4.10〉과 같은 옵션이 나타난다. 〈그림

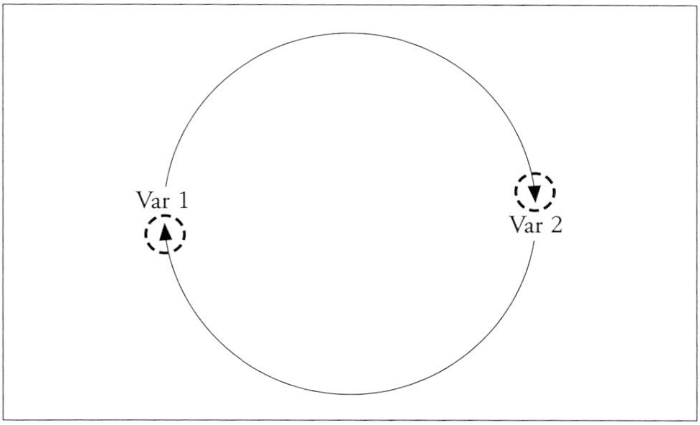

그림 4.9
화살표 지정 부분

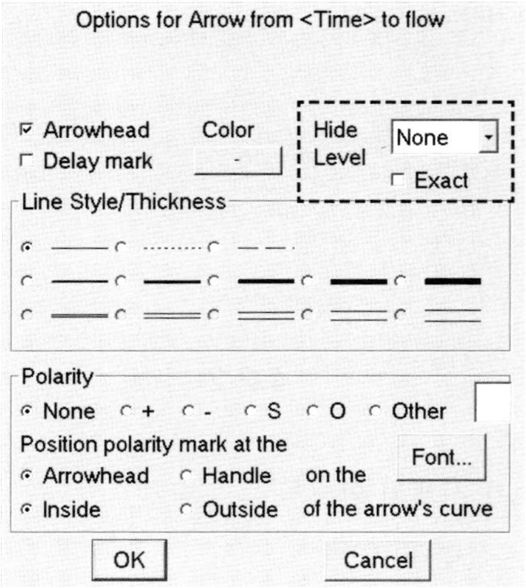

그림 4.10 감추기 지정 부분

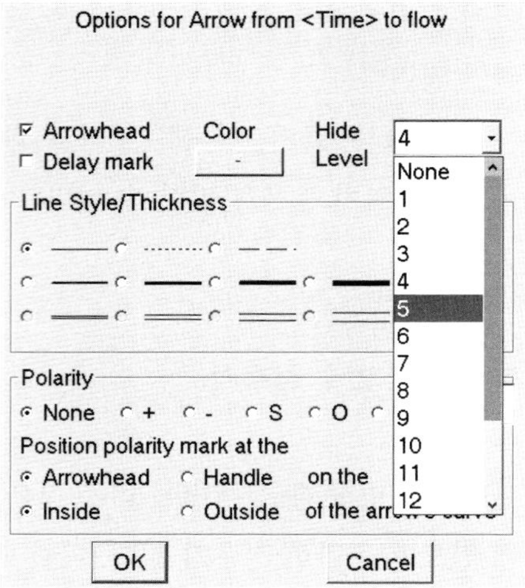

그림 4.11 감추기 수준

★
'Hide Level'의 기능을 익힌다.

4.11〉에서 보는 바와 같이 점선 안의 'Hide Level'★ 부분에서 수준을 선택하면 된다. 수준의 값이 클수록 나중에 나타난다. 'Home'과 'End' 키key를 이용해 변수별 감추기 수준에 따라서 변수를 나타나게 하거나 또는 사라지게 할 수 있다.

4.2.3 균형 루프와 강화 루프의 표시

화살표를 통해 루프를 그리게 되면 루프의 특징을 규명해야 한다. 루프의 특징에 따라 두 가지 형태의 루프로 구별할 수 있다.

1. 균형 루프 또는 balancing loop

2. 강화 루프 또는 reinforcing loop

루프의 성격을 규명하기 위해서는 변수와 변수의 관계가 우선 선행되어야 한다. 두 변수의 증감의 방향이 같다면, 즉 변수 Var 1이 증가(+)하면 변수 Var 2도 증가(+)하고 변수 Var 1이 감소(-)하면 변수 Var 2도 감소(-)한다면 이는 양(+)의 관계*인데, 이를 수식으로 표현하면 〈식 4.1〉과 같다.

★ 변수 Var 1이 증가(+)하면 변수 Var 2도 증가(+)하고 변수 Var 1이 감소(-)하면 변수 Var 2도 감소(-)하는 관계이다.

$$\frac{\Delta\, Var\ 2}{\Delta\, Var\ 1} > 0 \quad \cdots\cdots (4.\ 1)$$

반면에 증감의 방향이 반대라면 음(-)의 관계**인데, 변수 Var 1이 증가(+)하면 변수 Var 2는 감소(-)하고 변수 Var1이 감소(-)하면 변수 Var 2는 증가(+)하는 관계이다. 이를 수식으로 표현하면 〈식 4.2〉와 같다.

★★ 변수 Var 1이 증가(+)하면 변수 Var 2는 감소(-)하고 변수 Var 1이 감소(-)하면 변수 Var 2는 증가(+)하는 관계이다.

$$\frac{\Delta\, Var\ 2}{\Delta\, Var\ 1} < 0 \quad \cdots\cdots (4.\ 2)$$

변수 간의 관계에서 '-'의 개수가 '0'개 또는 짝수(2, 4, 6, 8, ……) 개인 경우에는 강화 루프이며, '-'의 개수가 홀수(1, 3, 5, 7, ……) 개인 경우에는 균형 루프에 해당된다.

〈그림 4.12〉는 '-'의 개수가 0개이며 〈그림 4.14〉는 '-'의 개수가 2개로 강화 루프에 해당한다. 반면에 〈그림 4.13〉과 〈그림 4.15〉는 '-'의 개수가 홀수 개로 균형 루프에 해당한다. 앞서 언급한 바와 같이 강화 루프만이 존재한다면 시스템은 발산하거나 붕괴하지만 균형

루프	-의 개수	루프의 형태
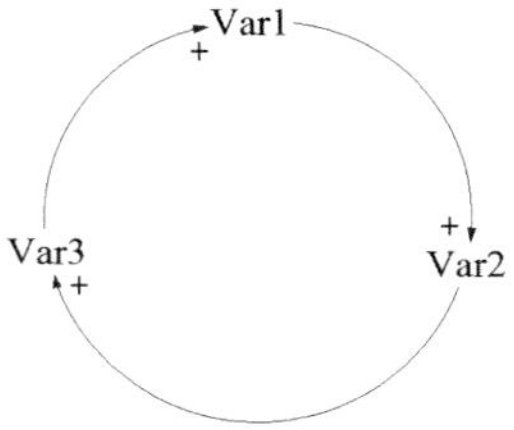 그림 4.12 루프 1	0	강화 루프
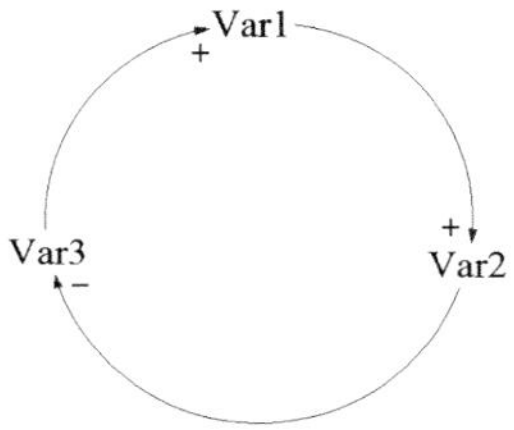 그림 4.13 루프 2	1	균형 루프
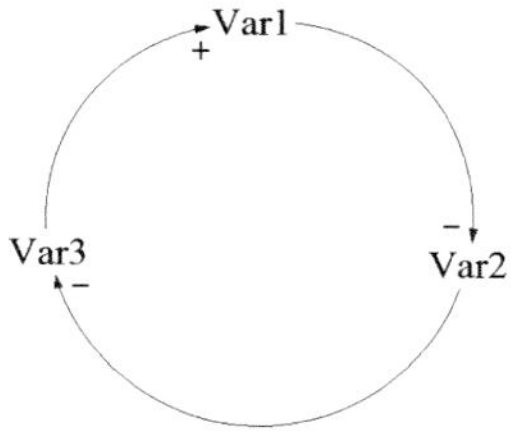 그림 4.14 루프 3	2	강화 루프
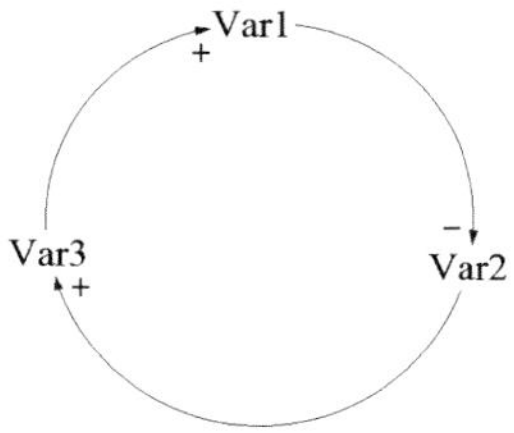 그림 4.15 루프 4	1	균형 루프

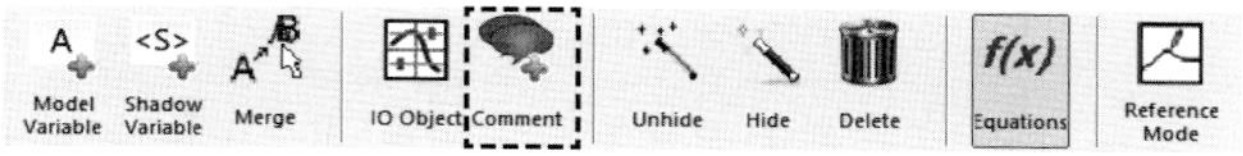

그림 4.16
비고 아이콘의 위치

루프는 시스템을 일정 수준으로 안정시켜 주는 역할을 한다.

다음으로 루프의 성격이나 방향을 표시하는 방법을 익히기로 하겠다. 이러한 성격을 표시하기 위해서는 '비고comment'를 사용해야 한다. 우선 〈그림 4.16〉의 '비고comment' 아이콘★을 클릭한다.

★ 비고(comment)는 모델링의 연산과 관련 없는 사항을 기록할 때 사용한다.

비고를 입력하는 것으로 활성화가 되면 〈그림 4.17〉과 같이 루프의 한가운데 바닥을 클릭한다.

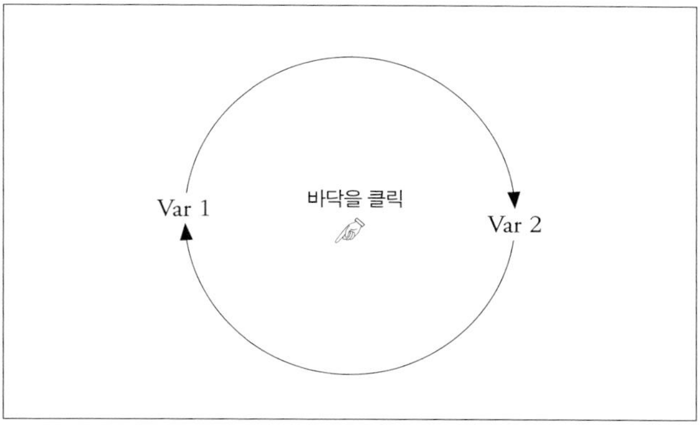

그림 4.17
주석문 쓰기

그러면 〈그림 4.18〉과 같은 대화 창이 나타난다. 이 대화창 하단의 'image' 옆의 스크롤 바를 누르면 〈그림 4.19〉와 같이 '-', '+', ''★★, ''★★★과 같은 그림이 나타날 것이다. '-'와 '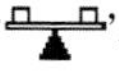'는 균형 루프를, '+', ''는

★★ 저울을 의미한다.

★★★ 산 아래로 굴러가는 눈덩어리이다.

그림 4.18
주석문 대화 창

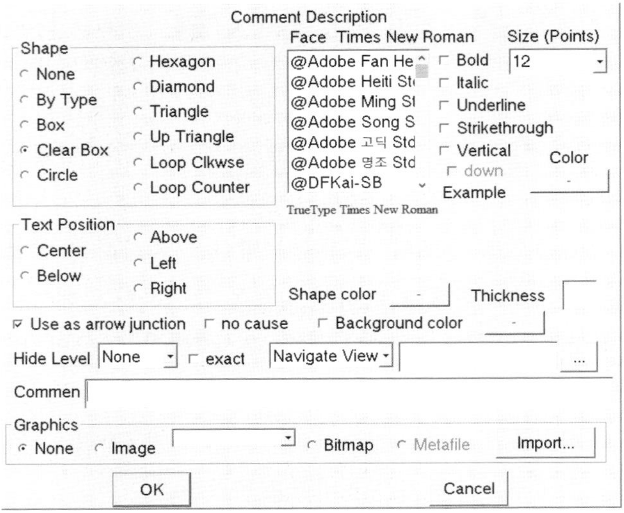

그림 4.19
주석에 그림 넣기

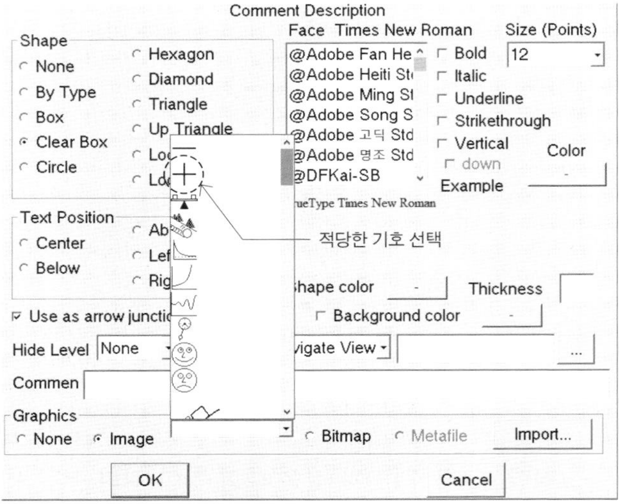

강화 루프를 표시할 때 사용한다.

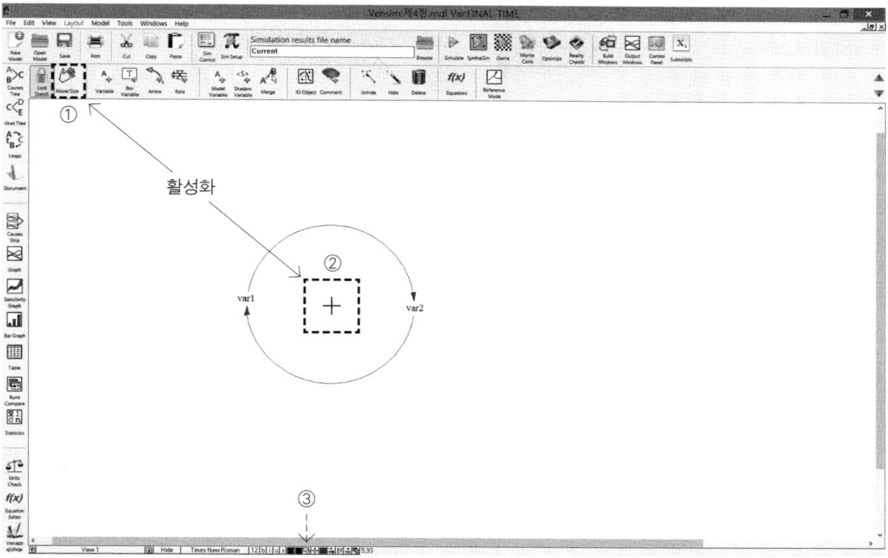

그림 4.20 객체 선택

이번에는 루프의 순환 방향을 표시하는 화살표를 입력하기로 한다. 〈그림 4.20〉과 같이 우선 ① '손바닥 모양(move/size) 아이콘'을 선택한 후에 ② 방금 전에 선택한 이미지를 클릭한다. 그리고 ③ 인터페이스의 바닥 쪽에 있는 스케치 도구 중에서 [아이콘] 모양의 아이콘을 클릭한다.

그림 4.21 편집 도구 아이콘

〈그림 4.21〉 부분에서 [아이콘] 아이콘을 클릭하면 여러 가지 도형이 나올 것이다.

그림 4.22
루프의 방향 선택

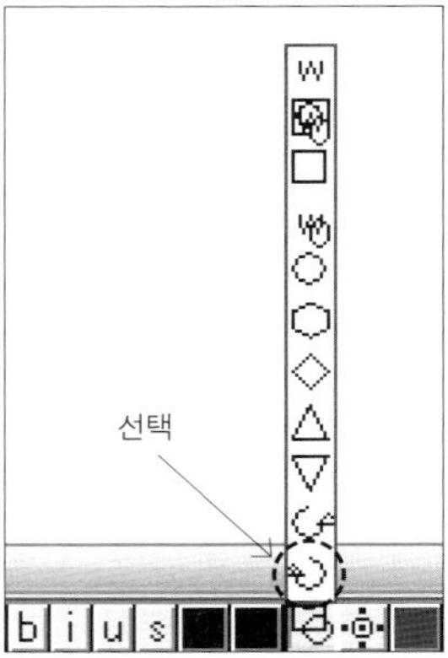

그러면 〈그림 4.22〉에서처럼 아이콘 중에서 루프의 방향★과 같은 회전 화살표를 선택하면 된다.

★ 루프의 방향 결정

그림 4.23
루프 그리기

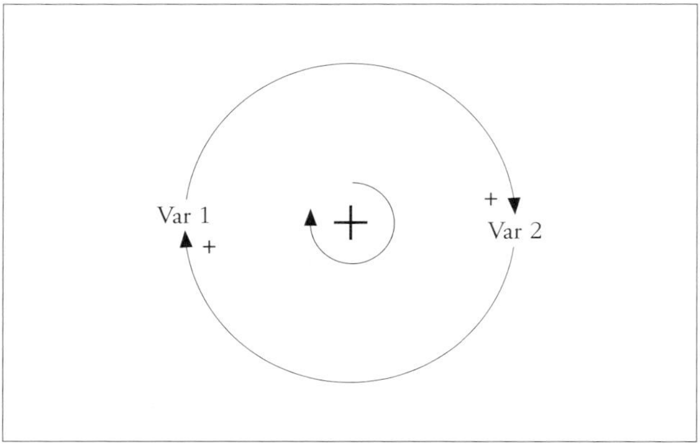

최종적으로 〈그림 4.23〉과 같이 루프의 성격과 루프의 순환 방향을 표시할 수 있다.

5

저량 · 유량도

저량변수와 유량변수의 구별 5.1

개요 5.1.1

CLD의 정량화에 대해서 1996년에 필자는 다음과 같이 기술한 바 있다.*

> *초창기 인류 문화에는 간단한 셈 이외에는 심오한 수학은 필요가 없었다. 무거운 돌멩이나 가벼운 나무나 같은 속도로 떨어진다는 사실이 피사의 사탑에서 증명이 되기 전까지, 사람들은 손에서 떠난 돌멩이가 그리는 운동을 수학적으로 표현한다는 것은 불가능할 정도로 복잡하다고 수천 년 동안 믿어 왔다. 그리고 그 운동의 수학적 모델화의 중요성을 간과해 왔다. 아직도 우리 사회의 일부는 고등학교에서 배우는 복잡한 미적분을 몰라도 아무런 지장 없이 살아갈 수 있다고 주장한다. 사실, 미적분을 몰라도 농구를 하거나 야구를 하는 데 전혀 지장이 없다. 아마추어 야구에서는 수학이 필요 없을지 모르지만, 프로 야구에서는 수학과 과학을 응용하고 있다. 더구나 비행기를 설계하거나, 로켓을 달에 보내거나 하는 심오한 기술은 수학적인 표현 없이는 불가능한 것이 사실이다. 사회 현상 모두를 수학적인 표현을 사용해 기술한다는 것은 터무니없는 일이 될 것이다. 그러나 약*

---

* 곽상만(1996), 앞의 책, pp. 250-252.

간의 수학적 표현을 동원해 사회 현상을 묘사한다면, 사회 현상을 보다 잘 이해하는 데 도움이 될 것이라는 점은 틀림이 없다.

이때의 상황은 20년이 지난 지금과도 동일하다. 정량화 없는 스토리텔링만으로는 원하는 결과를 최종적으로 얻기 위한 전략을 발견하기 어렵다. 따라서 올바른 저량 · 유량도를 완성하는 것은 반드시 필요하다. 이 책의 목적이 SFD를 바탕으로 한 시뮬레이션이기 때문에 SFD를 만드는 훈련을 해야 한다.

5.1.2 저량과 유량의 구별

SFD가 매우 중요함에도 불구하고, SFD를 그릴 때에 초보자들이 가장 어려움을 느끼는 것 중에 하나는 무엇이 저량이고 무엇이 유량인지 구분하기 어렵다는 것이다. 사실 이 둘은 상대적이다. 왜냐하면 저량은 유량보다 시간 단위의 차원이 하나 적기 때문에 유량의 시간 단위에 따라서 저량이 정해지기도 하고 또는 어떤 변수를 선언하고 그 증가와 감소를 유량으로 표현할 수도 있다.

▷ 모델링은 저량변수를 중심으로 작성되며, 따라서 저량변수를 우선 정한다.*

★ 모델링의 핵심은 저량(stock)이므로 저량 위주로 모델링의 뼈대를 만들어야 한다. 9.8의 재고 모델을 작성하다 보면 알겠지만, 우리는 저량은 경험적으로 잘 인식하는 반면 그 유량을 인식하는 것은 어려워한다. 그러나 SFD를 그리다 보면 유량의 개념도 명확해진다.

예를 들어, 집을 사는 전략을 개발하기 위해 향후 자

신의 미래를 예측하고 가장 빠른 시간 안에 인생의 목표를 달성하면서도 주택을 구입하기 위한 시뮬레이터를 개발했다고 하자. 이 시뮬레이터에서 핵심은 '은행의 잔고'일 것이다. 이 변수는 원래부터 저량의 성격을 가지고 있으면서 동시에 이 모델의 중심적인 변수이다. 그리고 한 가지 더, '이자율'이 있다. 이때의 이자율은 모델에서도 중요한 요인이지만 잘 변화하지 않는 관성을 지니므로 저량이다.

저량변수의 특징은 다음과 같다.

- ▷ 저량은 시간을 갖는 변수에 의해 증감한다. 예를 들면 인구는 출산율과 사망률에 의해 증감한다.
- ▷ 같은 성질을 갖지만 여러 종류로 나누거나 쪼갤 수 있는 성질의 변수는 저량이다. 연령이 있는 성질의 명사들은 대부분 저량이다. 예를 들면, 자동차(신규 자동차, 노후 자동차), 핸드폰, 인구, 건물, 종업원, 업무량(처리해야 할 업무량, 처리중인 업무량, 완료된 업무량 등) 등이 있다.
- ▷ CLD에서 증감의 방향을 모두 갖는 변수가 SFD에서는 저량이 된다. 예를 들면 '인구'의 경우 출생과 죽음이라는 변수에 의해 조절된다. 종업원 수는 채용과 퇴사에 의해서 조절된다. 창고의 재고는 '생산'과 '출하'에 의해 조절된다.
- ▷ 누적이 되거나 관성이 있는 성질의 변수. 예를 들면, 연간 강우량, 욕조의 물, 발전發電량, 누적 매출액 등이 이에 해당하는 변수들이다.

저량과 변동률의 관계보다 더 어려운 작업은 저량과 보조변수의 구분이다. 가령, 지구 온난화greenhouse

표 5.1
저량변수와 변동률변수의 예

자료: 이창주 외(2009), "리스크 커뮤니케이션 인과지도 분석을 위한 시스템 다이내믹스 모델링", 한국원자력안전기술원(KINS/PR-717).

변수 이름	변수의 종류	비고
직원 수	저량	보존법칙
고용 및 해고	변동률	
연구 중인 연구사업 수	저량	보존법칙
연구의 수행	변동률	
고객 수	저량	보존법칙
재고량	저량	지연
사건에 대한 관심	저량	
가격	저량	가격 변동률이 일반화되어 있음
물가상승률	변동률	
GDP	저량	GDP 변동률이 일반화되어 있음
GDP 성장률	변동률	
시설 용량	저량	
에너지	저량	보존법칙
온도	보조변수	에너지로부터 계산

effect에 대한 모델링의 경우, 대기 온도는 관성inertia을 포함하고 있기 때문에 저량으로 취급해야 한다고 생각할 수 있다. 그러나 결론부터 이야기하면, 대기 중의 에너지는 저량으로 보아야 하며 대기 온도는 대기 중의 에너지와 대기의 열용량으로 계산되는 보조변수로 취급해야 한다. 물론, 대기 온도를 저량으로 취급해도 무방하지만, 식을 만드는 것이 더 복잡해진다.

이렇게 관성이 있는 변수들★ 중 무엇을 저량으로 할 것인가는 애매한 경우가 많은데, 어떤 변수를 저량으로

★ 관성이 있는 변수들 중 무엇을 저량으로 할 것인가는 애매한 경우가 많다.

해야 모델링이 쉬운지 모델러가 판단해서 결정해야 한다. 참고로 저량변수, 변동률, 보조 변수의 예를 〈표 5.1〉에 나열했다.

SFD 작성의 필요성 5.2

일반적으로 시스템 안정을 유지하는 것은 균형 루프에 의한 것이다. 따라서 균형 루프를 찾는 것은 모델링의 과정에서 매우 중요하다. 균형 루프를 찾고 그 효과를 생각할 수 있는 예를 들어 보자. 인구는 출생자와 사망자에 의해서 영향을 받는다는 것은 익히 알고 있다. 이러한 일반적 상황을 CLD로 표현한 것이 〈그림 5.1〉이다. 〈그림 5.1〉은 인구는 출생자와 사망자에 의해 영향을 받는다는 것을 의미한다.

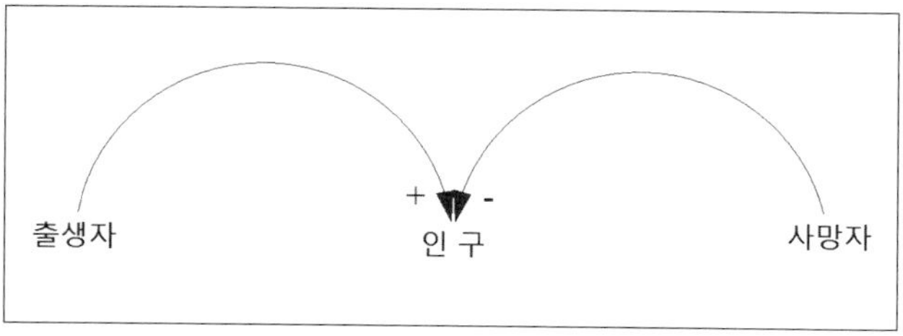

그림 5.1
피드백이 고려되지 않은 인과지도

그런데 〈그림 5.1〉에는 루프가 없다. 루프는 순환관계가 형성되어 있을 때에 형성되는 원이다. 이러한 순환

그림 5.2
피드백이 고려된 인과지도

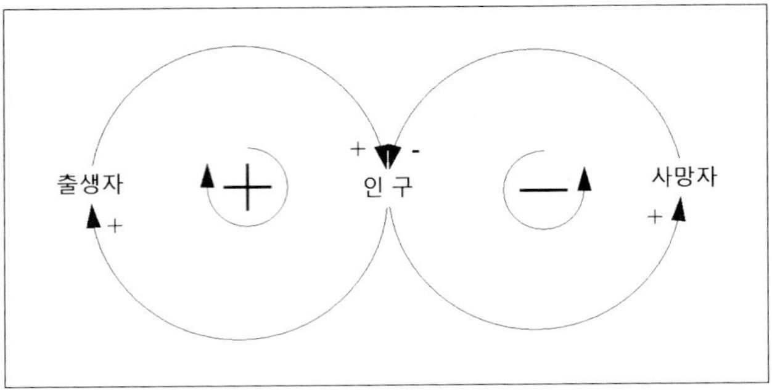

★ 피드백(feedback)이란, 한쪽 방향으로 흘러가는 원이다.

관계★를 피드백feedback이라고 한다.

인구가 많은 곳에서 출생자도 사망자도 많다는 것을 알 수 있다. 즉 인구가 출생자와 사망자에 영향을 미치며, 이때에 루프가 형성된다. 이것을 인과지도로 표현하면 〈그림 5.2〉와 같다. 한편, 많은 사람들은 〈그림 5.2〉의 CLD를 다음과 같이 해석할 것이다.

> *인구는 출생자가 많으면 인구가 증가하고 인구가 증가하면 출생자도 증가하는 강화 루프와, 인구가 증가하면서 사망자도 많이 나오고 사망자가 많을수록 인구는 줄어드는 균형 루프에 의해서 조절된다.*

위의 설명은 인구가 증가하다가도 균형 루프가 작동해 인구를 안정적인 상태로 유지시켜 줄 수 있을 것 같은 서술이다. 그런데, 강화 루프 하나와 균형 루프 하나가 인구 시스템을 조절한다. 균형 루프가 있으면 일반적으로 시스템이 안정화된다고 보기 쉬우나 반드시 그러한 것은 아니라는 점에 유의해야 한다.★★

★★ 이 문제는 9.10.3 "욕조 모델의 응용: 인구 모델"에서 자세히 설명하고 있다.

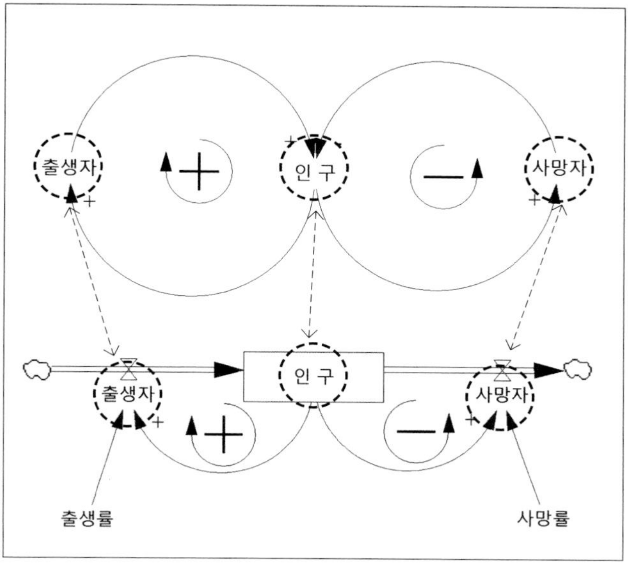

그림 5.3
CLD를 SFD로 바꾸기

〈그림 5.2〉의 CLD를 SFD로 변환해 상호 관계를 본 것이 〈그림 5.3〉이다. 인과지도를 SFD로 바꾸려면 출생률이나 사망률과 같은 추가적인 정보가 필요하다.

그러나 이러한 정보가 있다고 하더라도 〈그림 5.3〉의 SFD의 인구는 출생자와 사망자의 등호 관계에 따라 다음 세 가지 상태 중에 하나에 놓인다.

① 출생자 〉 사망자이면 인구 증가

② 출생자 〈 사망자이면 인구 감소

③ 출생자 = 사망자이면 인구 변화 없음

그런데, 위의 세 가지 상황은 앞에서 인과지도로 예상했던 것과는 배치된다. 즉, 인과지도에 따르면 음의

★
균형 루프

★★
인구 모델의 세분화는 9.10에서 실시하기로 하고 여기서는 우선 모델을 그리는 법부터 익히기로 한다.

피드백 루프★가 존재하므로 안정을 유지해야 하는데, ③과 같이 출생자와 사망자가 같을 경우에만 인구 변화가 없을 뿐 그 밖의 경우에는 인구는 안정되지 않는다.

인과지도의 설명이 틀린 것일까, 아니면 SFD가 틀린 것일까? 즉 인구가 어느 정도 늘어나면 줄어들게 하는 균형 루프가 존재하는데 왜 SFD에서는 이러한 균형 루프가 존재하는데도 작동하지 않는 것일까? 인과지도는 피드백을 찾는 중요한 사고훈련이기는 하지만 이것의 증명은 SFD로 해야 한다.

따라서 CLD도 현상을 제대로 설명하지 못할 뿐만 아니라 이를 바탕으로 만든 SFD도 현상을 충분히 모델링하지 못할 수 있다는 점이다.★★ 앞의 인구 사례의 경우에는 인과지도가 너무 광범위했으며, 이것을 SFD로 변환하면 모델이 타당하기는 하지만 현상을 설명하기에는 역부족이다. CLD를 SFD로 전환하면서 CLD에서 설명하고자 했던 현상이 나오도록 모델을 세분화해야 한다. 그래야만 예측의 정확성이나 설명력이 높아진다. 따라서, SFD의 모델링과 시뮬레이션은 반드시 필요하다.

SFD 그리기의 준비 5.3

시간 제한 5.3.1

SFD를 그리기 전에 설정해야 할 것이 있다. 'Model 〉 Settings'를 찾아 클릭하면 〈그림 5.4〉와 같은 대화 창이 나타난다. 여기에는 다음과 같은 탭이 있다.

- ▷ Time Bounds
- ▷ Info/Pswd
- ▷ Sketch
- ▷ Units Equiv
- ▷ XLS Files
- ▷ Ref Modes

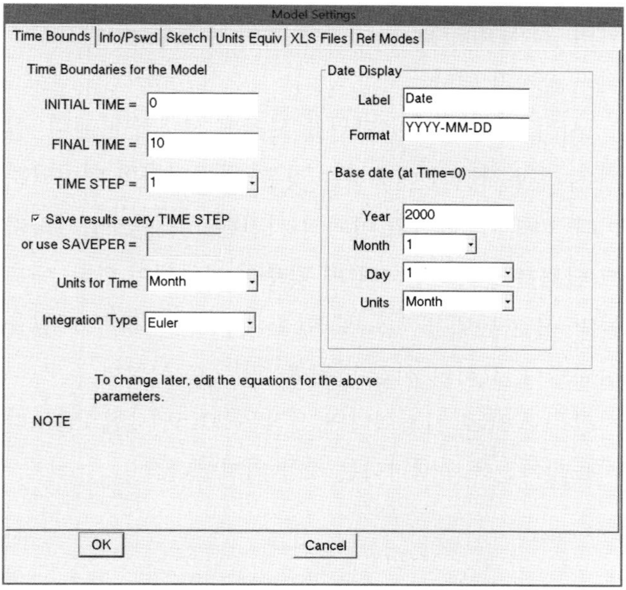

그림 5.4
모델 시간 설정 대화 창

모델링을 위해 처음 설정을 할 때 중요한 선택으로는 'Time Bounds', 'Sketch' 및 'Units Equiv'이 있다.

먼저 'Time Bounds' 탭에 대해서 학습하도록 한다. 시스템 다이내믹스 시뮬레이션은 시간에 대한 변화를 살펴보기 위한 도구이다. 따라서 모든 것은 시간의 변화(*dt*, *Δt*, 또는 *δt*)에 대해 어떤 변화가 있는가를 보여 준다. 따라서 다음 네 가지가 반드시 필요하다.

- ▷ 시작 시간initial time
- ▷ 종료 시간final time
- ▷ 시간 변화time step
- ▷ 시간 단위unit for time

시뮬레이션을 수행하기 위해서는 시간 단위가 필요한데, 이 단위는 모든 변화율 또는 유량변수rate의 기본적인 숫자가 된다.

시작 시간은 시간 단위를 고려해 선택하면 된다. 실제 물리적 시간과 대응하는 것은 시간 단위의 데이터뿐이다. 따라서 연 단위 이외의 시간은 1씩 단조증가하며 그 단위를 물리적인 시간에 맞추어 해석해야 한다. 예를 들면 시간 단위를 일day로 했을 때 45는 1개월 15일을 의미한다. 그러나 시간 단위를 '연'으로 시작한 후 시작 시간을 2015로 지정했다면 시작은 2015년 1월 1일부터 시뮬레이션을 수행한다는 것을 의미한다.

우선 〈그림 5.14〉에서의 ①을 선택한 후 스케치 부분에서 변수명을 입력하면 네모난 상자 안에 변수명이 기록될 것이다. 그리고 ②를 선택한 후 네모난 변수 즉 저량변수의 왼쪽 또는 오른쪽에서 클릭을 한 후 〈그림 5.15〉와 같이 연결하고자 하는 저량 위에서 마우스 버튼을 한 번 더 클릭하면 유량변수 이름을 입력하라는 지시가 나타난다. 이때 유량변수 이름을 기입하면 된다.

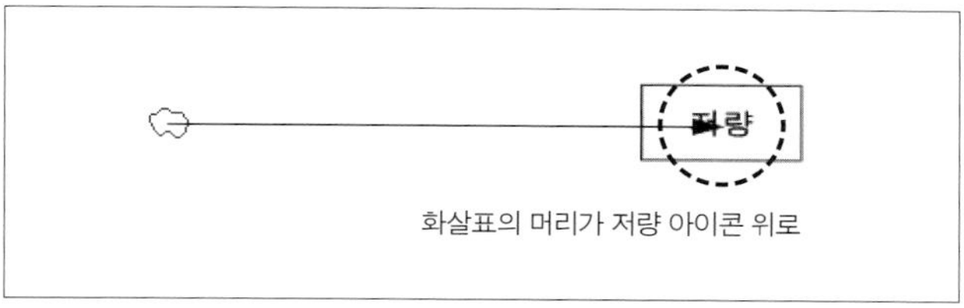

그림 5.15
저량과 유량변수의 연결

다음으로 수식★을 입력할 차례이다. 수식편집기를 클릭하면 〈그림 5.16〉처럼 입출력에 대한 정보가 모두 기본값으로 설정되어 있다. 초깃값initial value에는 값이 없는데, 공란에 숫자로 된 초깃값을 직접 입력해도 되고 초깃값을 변수로 받아서 입력을 받는 형태로 해도 된다. 〈그림 5.16〉에서는 'I'라는 변수를 초깃값으로 입력받는다고 설정한 것이다. 초깃값★★을 직접 수치 값으로 입력하기보다는 변수 형식으로 입력을 받는 것이 모델을 수정할 때에 용이하므로 초깃값 기입란에 숫자로 직접 입력하는 것을 권고하지 않는다.

★
수식의 입력 방법

★★
초깃값을 직접 수치 값으로 입력하기보다는 변수 형식으로 입력을 받는 것이 모델을 수정할 때에 용이하다.

그림 5.16
저량변수에 수식 넣기

5.5 설정 및 시뮬레이션 방법

5.5.1 기본 수행 방법

'Set and Simulation'* 방법은 〈그림 5.17〉의 붉은색 사각형의 버튼을 이용하는 방법이다. 먼저 'Tool Bar'의 중간에 'SET' 메뉴가 있는데 이 버튼을 누르면 〈그림 5.18〉과 같이 'SET' 버튼이 'STOP' 버튼으로 바뀌고 결과 SFD 이름 및 변경 가능한 상수들이 파란색으로 표시된다.

변경하고자 하는 변수 위를 클릭하면 〈그림 5.19〉에서와 같이 해당 변수의 값을 보여 주고 그 값을 변경할 수 있도록 한다.

결과 파일 이름을 확인하거나 변경하려면 이 값들을 바꾸고, 다른 '시뮬레이션 결과 파일 이름simulation results file name'으로 저장하면 된다. 그리고 오른쪽에 있는 'RUN' 버튼을 클릭하면 벤심은 시뮬레이션을 수행한다.

★ 'Set and Simulation'

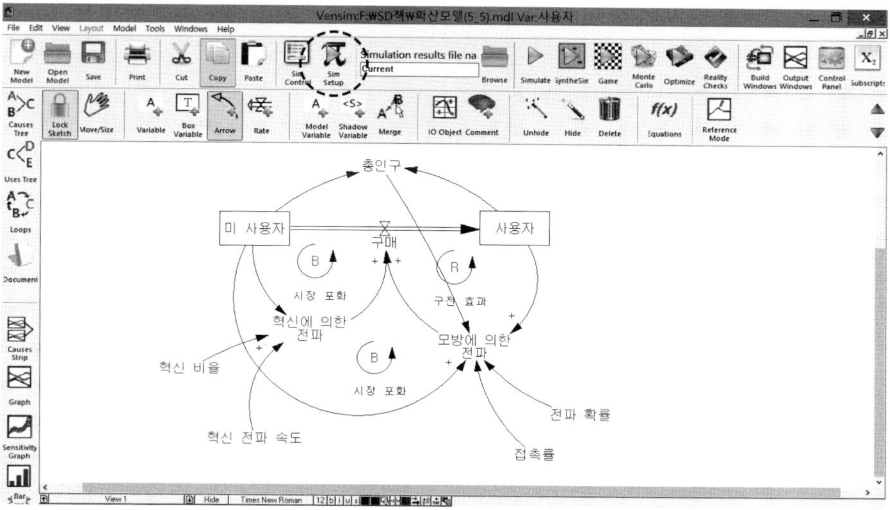

그림 5.17 Set and Simulation 방법 1

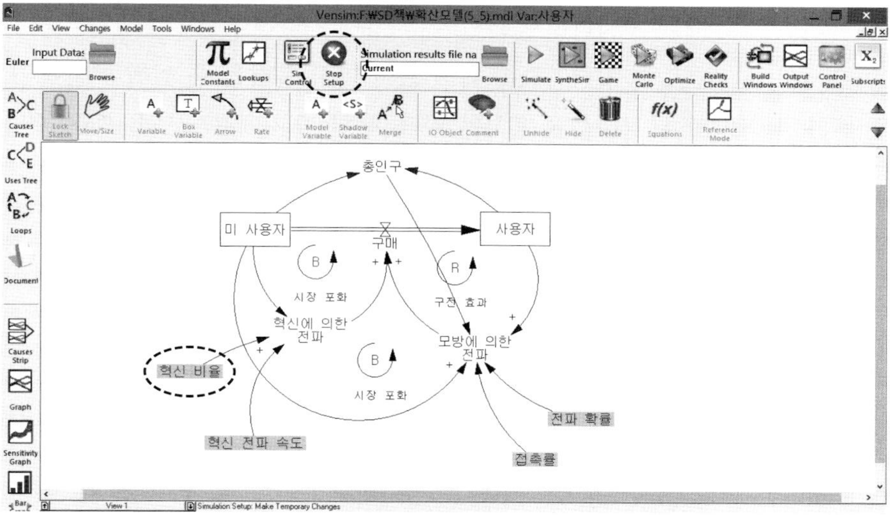

그림 5.18 Set and Simulation 방법 2

그림 5.19
Set and Simulation 방법 3

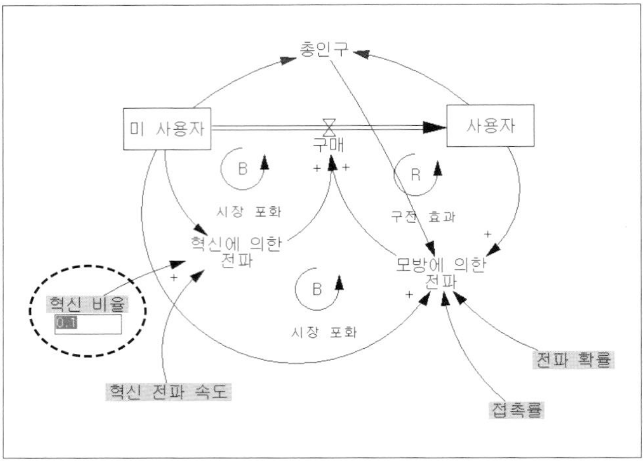

5.5.2 시나리오 파일 활용 방법

★ 시나리오 파일을 사용해 시뮬레이션을 수행하는 이유는 또 다른 결과를 만든 입력값의 조합을 저장하기 위함이다.

시나리오 파일★을 사용해 시뮬레이션을 수행하는 것은 입력자료를 착오 없이 다시 불러올 수 있기 때문에 또 다른 유용성이 있다. 특히, 초기에는 모델을 계속 수정해야 하기 때문에 유용성이 더욱 커진다.

시나리오 파일을 활용해 시뮬레이션을 수행하는 방법은 다음과 같다.

① 시나리오 파일을 만든다.

② 시나리오 파일을 불러온다(Load).

③ 시뮬레이션을 수행한다.

시나리오 파일은 텍스트 형태로 되어 있어 여러 가지 방법으로 만들 수 있는데, 가장 간단한 방법 하나만

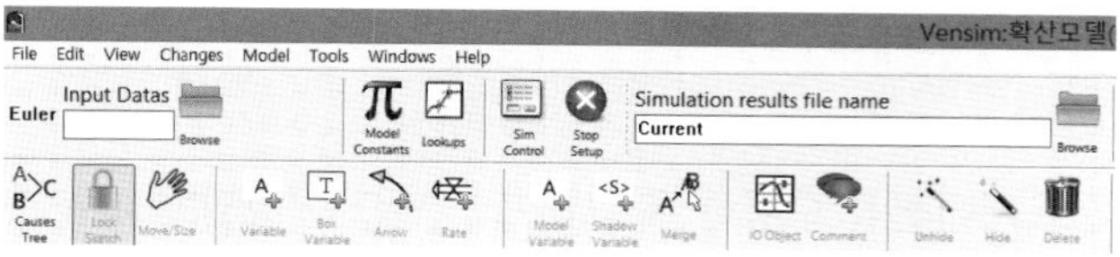

그림 5.20
시나리오의 기록 1

소개하도록 하겠다. 툴바의 'Set' 버튼을 클릭하면 〈그림 5.20〉에서 보는 바와 같이 'Changes'라는 메뉴가 나타난다.

'Set and Simulation 방법'에서와 같이 상수들의 값들을 변경하고 시뮬레이션을 수행하기 전에 이 메뉴를 클릭하면 〈그림 5.21〉과 같이 지금까지 한 내용을 시나리오 파일로 저장할 수 있는 하부 메뉴Write Changes Made to .cin file가 나온다. 여기에서, 하부 메뉴를 다시 클릭하면 조작 가능한 변수들이 활성화되어 변수의 색이 변한다. 이를 변경해 실행하고 이를 다시 덮어 쓰면 기본적으로 입력된 변수명과 값이 다른 또 다른 시나리오 파일*.cin이 저장된다. 'Read Additional Changes from file'을 선택하면 기존 시나리오★ 파일을 불러온다.

★ 기존 시나리오 파일의 호출 방법

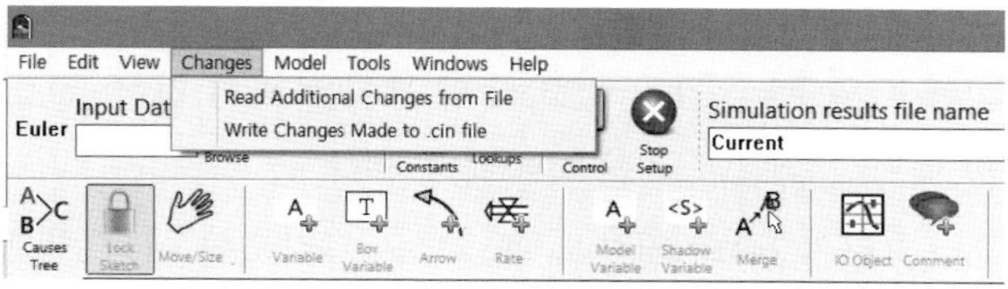

그림 5.21
시나리오 파일 만들기

5.5.3 사용자 그래프

시뮬레이션을 수행한 후 그래프를 만드는 방법은 다음과 같다.

- ▷ 그래프 도구
- ▷ 사용자 그래프
- ▷ 엑셀로 파일 전환

그림 5.22
컨트롤 패널 도구의 위치

그래프 도구를 이용하면 로딩된 모든 vdf에 있는 변수의 그래프를 볼 수 있다. 그래프 아이콘의 모양은 〈그림 5.22〉와 같다.

그래프 아이콘을 클릭하기 전에 확인해야 할 것이 두 가지가 있다. 첫째는 보고자 하는 그래프에 해당하는 변수가 지정되었나 하는 것이고, 다른 하나는 보고자 하는 시나리오가 지정되었는가 하는 것이다. 시나리오* 는 'dataset' 형태라는 점에 유의해야 한다.

★ 시나리오는 'dataset' 형태라는 점에 유의해야 한다.

먼저 변수의 지정 여부는 〈그림 5.23〉에서 나타난 바와 같이 화면의 맨 위에서 확인해야 한다.

시나리오가 제대로 선택되었는지의 여부는 사용자 그래프 도구는 〈그림 5.24〉에서 보이는 바와 같은 '컨트롤 패널control panel'에서 확인해야 한다.

〈그림 5.24〉의 컨트롤 패널**을 클릭하면 여러 개의 탭이 있는 대화 창이 나타난다. 여러 개의 탭 중에서 〈그림 5.25〉와 같이 'Datasets'라는 탭에 시나리오들이 나타난다. 좌측 공간에서 오른쪽 공간으로 옮긴 시나리오에

★★ 컨트롤 패널 (Control Panel)

그림 5.23
컨트롤 패널 도구의 위치

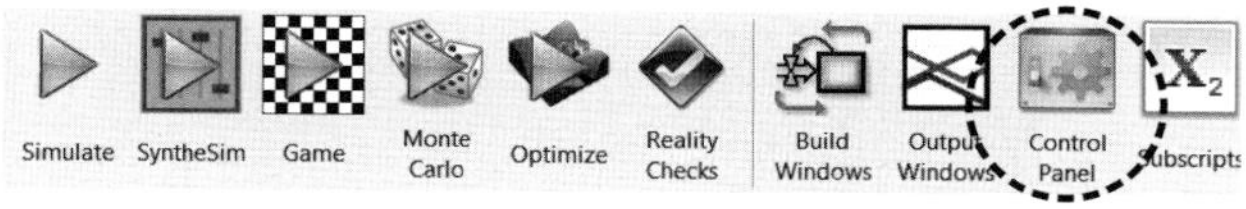

그림 5.24
컨트롤 패널 도구의 위치

한해서 그래프를 볼 수 있다.

〈그림 5.25〉에서 보는 바와 같이 'Load'된 데이터 세트가 3개라면 그래프에서도 시나리오별 3개의 선이 나타난다. 그런데, 데이터 세트(시나리오)마다 다른 유형의 선을 만들고 싶다면 이는 'options'에서 선 모양을 설정

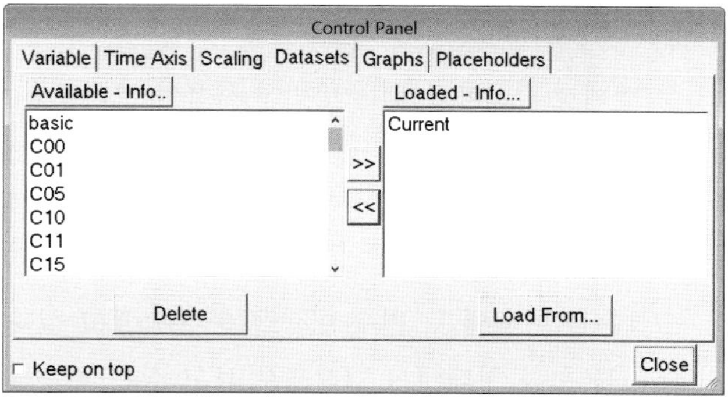

그림 5.25
데이터 세트(시나리오)의 지정

그림 5.26
'Graphics' 선택 사항

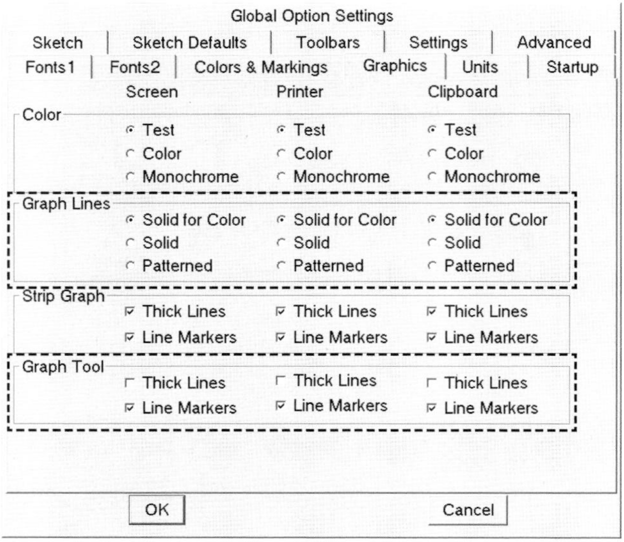

해 주어야 한다.

메뉴에서 'Tool 〉 Options'★를 선택하면 〈그림 5.26〉에서처럼 'Graphics' 선택 사항이 나타난다.

만약 그래프의 패턴을 달리하거나 번호를 넣고 싶다면 'patterned'와 'line markers'를 선택해야만 한다. 보고서의 작성이나 제삼자의 가독성을 높이기 위해서 이를 선택할 것을 권한다.

두 번째로 그래프를 보는 방법은 사용자 그래프custo-tomed graph★★이다. 컨트롤 패널을 클릭한 〈그림 5.27〉처럼 'Graphs' 탭을 클릭한다. 그러면 사용자 그래프 작성 도구가 있다.

그래프를 이용해 두 변수 이상을 동시에 보고 싶다면 Shift를 누른 상태에서 그래프로 보고 싶은 변수를

★ Tool 〉 Options 〉 Graphics

★★ 여러 변수를 하나의 그래프에서 동시에 보는 방법은 사용자 그래프와 변수 스케치 위의 변수를 'Shift'를 누른 채 클릭한 후 그래프 아이콘을 클릭하는 것이다.

미분과 적분 6.1

이제 저량 · 유량도를 그릴 수 있다면 SFD에 있는 수학적 이치를 이해하는 것은 매우 중요하다. 수학적 기초를 이해할 때에 모델의 응용 확장이 가능하고 더 좋은 모델을 만들 수 있기 때문이다. 이를 위해 속도와 거리의 관계를 통해 미분과 적분의 관계를 살펴보고자 한다.

속도와 이동 거리를 통한 미분과 적분의 이해 6.1.1

속도와 가속도 역시 미적분의 관계가 있다. $t=0$에서의 속도는 $v(0)$라고 하고 시간 t에서의 가속도를 $a(t)$라고 할 때 다음과 같은 관계식이 성립한다.

$$v(t) = v(0) + \int_0^t a(t) \cdot dt \quad \text{(6.1)}$$

〈식 6.1〉은 1차원 상에서의 식이고, 만약 2차원 상에서의 식으로 확장하면 다음과 같이 된다.

$$v_x(t) = v_x(0) + \int_0^t a_x(t) \cdot dt \quad \text{(6.2a)}$$

$$v_y(t) = v_y(0) + \int_0^t a_y(t) \cdot dt \quad \text{(6.2b)}$$

이쯤에서 저량변수와 유량변수에 대해 간단히 설명

★ 저량변수는 적분하는 변수이고, 유량변수는 적분의 대상이 되는 변수이다.

하도록 하겠다. 수식적 관점에서 저량변수★는 적분하는 변수이고, 유량변수는 적분의 대상이 되는 변수이다. 일정한 속도($v(t)$)로 주어진 시간 $[0, t]$ 사이에 이동한 거리(S)는 다음과 같다.

$$S = v \cdot t \qquad (6.3)$$

〈식 6.3〉의 일반화된 형태로 바꾸면, 속도($v(t)$)로 주어진 시간 $[0, t]$ 사이에 이동한 거리($S(0 \to t)$)는 다음과 같이 속도의 함수로 표현된다.

$$S(0 \to t) = \int_0^t v(t) \cdot dt \qquad (6.4)$$

〈식 6.4〉를 그래프로 표현하면 〈그림 6.1〉과 같이 이동 거리($S(0 \to t)$)는 $[0, t]$ 범위에서 t-축과의 면적을 의미한다.

즉, 이동 거리는 속도와 적분의 관계가 있음을 알 수 있다. 정확히는 어느 시간(t)에서의 위치($S(t)$)는 $t = 0$에서의 위치를 $S(0)$라고 할 때 다음과 같이 정의된다.

$$S(t) = S(0) + S(0 \to t) = S(0) + \int_0^t v(t) \cdot dt \qquad (6.5)$$

반대로 속도는 주어진 시간에서의 이동 거리의 미분값, 즉 기울기에 해당한다(〈그림 6.2〉 참조).

즉, 속도($v(t)$)는 다음과 같다.

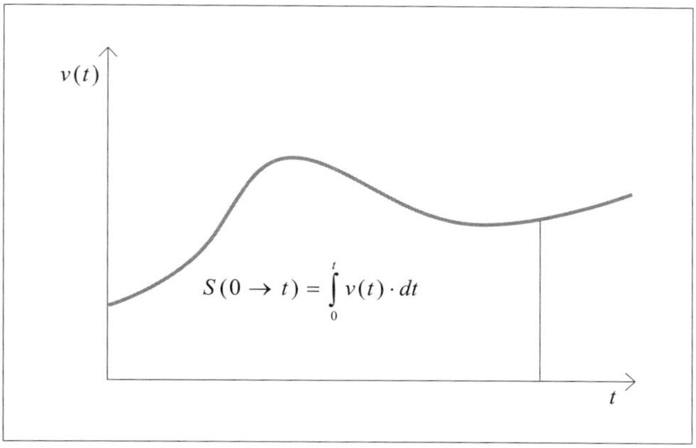

그림 6.1
속도($v(t)$)와 이동 거리(S)와의 관계(적분)

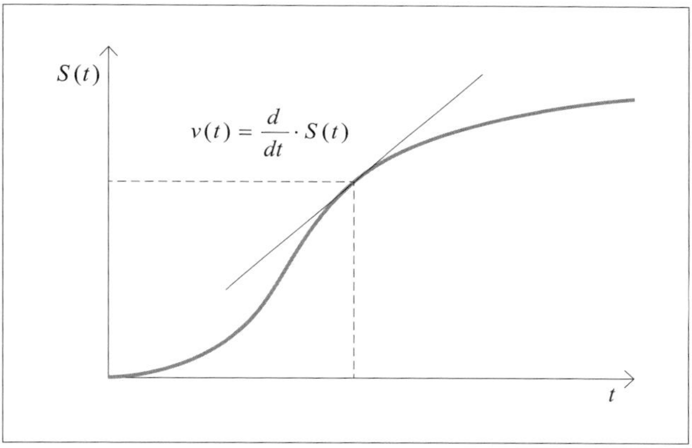

그림 6.2
속도($v(t)$)와 이동 거리(S)와의 관계(미분)

$$v(t) = \frac{d}{dt} \cdot S(t) \quad \cdots\cdots (6.6)$$

〈식 6.6〉*을 SFD로 표현하면 〈그림 6.3〉과 같다.

〈그림 6.3〉에서 실례로 'v=vo*SQRT**(Time/To)'라는 식을 사용했다. 이 식에 따르면 속력 v는 〈그림 6.4〉와 같은 경로를 따라 시간에 따른 변화가 이루어진다.

★

6.1.1 미분과 적분 속도.mdl 참조.

★★

SQRT 제곱근에 대한 함수이다.

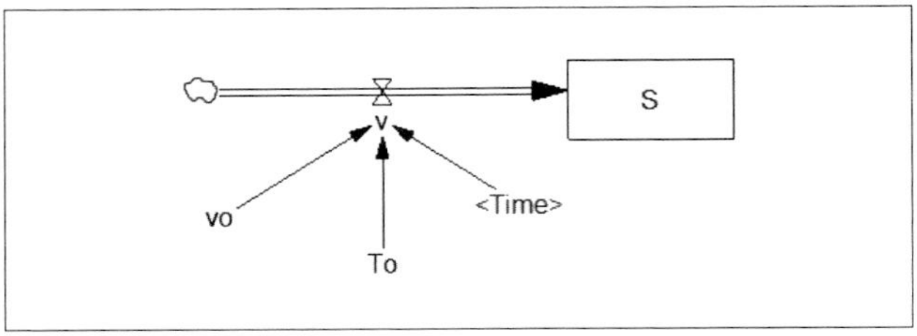

그림 6.3
SFD(속도와 거리와의 관계)

이동 거리는 이를 구간 [0, t]에서 정적분한 값이고 식으로 표현하면 $S(t)=\frac{2}{3}\cdot t^{3/2}$가 되며, 이때 초깃값 $S(0)=0$이며, 〈그림 6.3〉의 SFD를 시뮬레이션하면 〈그림 6.5〉와 같다.

- FINAL TIME = 100 Units: Second
- INITIAL TIME = 0 Units: Second
- S = INTEG (v, 0) Units: m
- SAVEPER = TIME STEP Units: Second [0, ?]
- TIME STEP = 1 Units: Second [0, ?]
- To = 10 Units: Second
- v = vo * SQRT(Time/To) Units: m/Second
- vo = 10 Units: m/Second

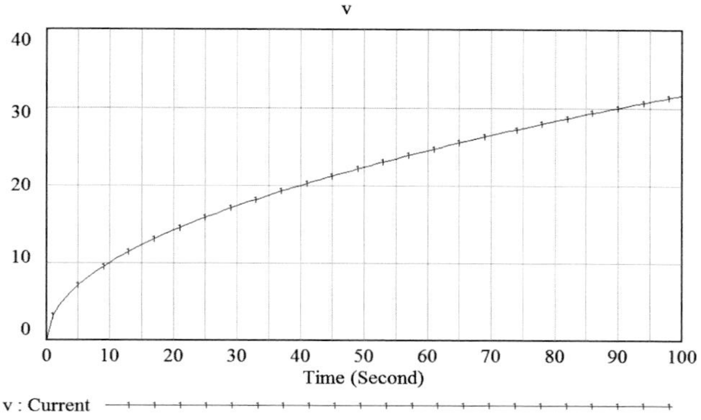

그림 6.4
속도의 변화

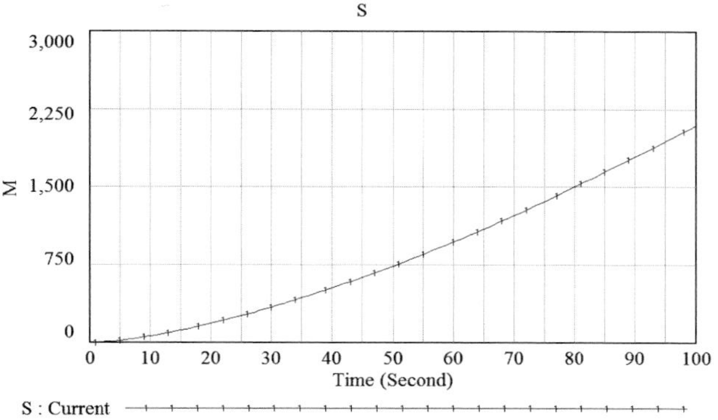

그림 6.5
시뮬레이션 결과(이동 거리)

다시 SFD에 돌아가서 설명하겠다. 시스템 다이내믹스*에서는 SFD에서 상자로 표시된 변수를 저량변수levels, stocks라고 하고 밸브 표시로 표시된 변수를 유량변수rates라고 한다. 저량변수와 유량변수의 관계가 미적분의 관계가 있음을 알 수 있는데, 저량변수는 유량변수의 적분 값이며, 유량변수는 저량변수의 미분 값이 된다.

★ 시스템 다이내믹스에서는 SFD에서 상자로 표시된 변수를 저량변수(levels, stocks)라고 하고 밸브 표시로 표시된 변수를 유량변수(rates)라고 한다.

실제 식으로 확인해 보자. 저량변수인 'S'를 선택해

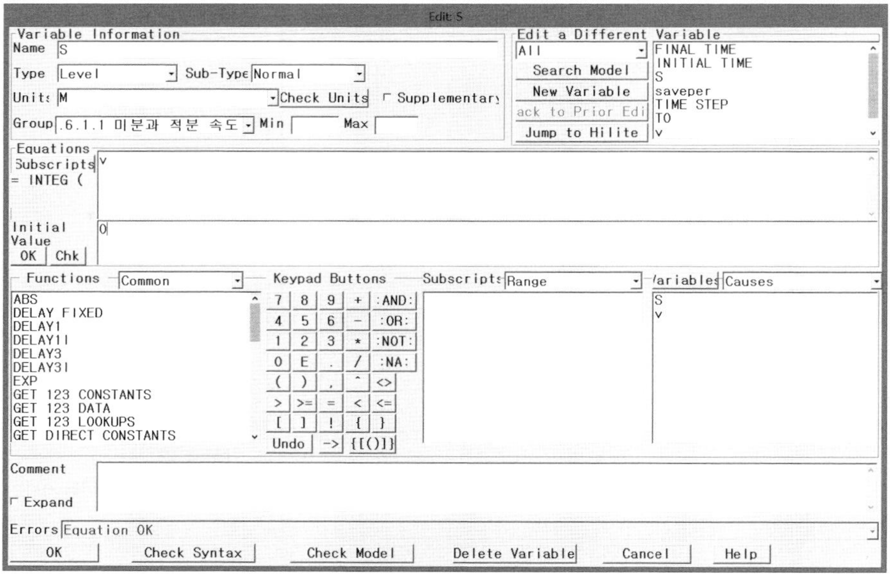

그림 6.6 수식편집기(변수 S)

수식편집기로 확인해 보면 〈그림 6.6〉과 같다. 〈그림 6.6〉의 왼쪽 상단 'S' 밑에서 '= INTEG'라는 표시를 볼 수 있으며, 그 아래에서 'Initial Value'라는 것을 확인할 수 있다. 이 내용은 다음으로 바꿀 수 있다.

$$S(t) = S(0) + \int_0^t v(t) \cdot dt \quad (6.7)$$

〈식 6.7〉의 우변 첫 번째 항은 $t = 0$에서의 S의 값(초깃값: 〈그림 6.6〉에서 Initial Value)을 의미하고, 둘째 항은 구간 $[0, t]$에서 이동한 거리를 의미한다.

적분 방법 6.1.2

시스템 다이내믹스는 미적분 식을 적분하는 방식을 수치해석으로 표현한 것이고, 실제 적분을 근사적으로 수행해 시뮬레이션을 수행한다. 여기에서, 시스템 다이내믹스에서 적분을 어떻게 하는지 간단히 짚고 넘어가기로 하자.

시스템 다이내믹스에서는 다음과 같은 근사식으로 적분을 계산한다.

$$S(t) = S(0) + \int_0^t v(t) \cdot dt = S(0) + \sum_{i=1}^{n} v_i \cdot \Delta t \quad \cdots\cdots\cdots\cdots \quad (6.8)$$

여기서, v_i = 시간 t에서의 속도($t = i \cdot \Delta t$, i는 정수)

Δt = time step

⟨식 6.8⟩을 그래프로 표시하면 ⟨그림 6.7⟩의 사각형 면적의 합과 같다. 즉 시스템 다이내믹스*에서는 연속함수인 적분기호 '$\int$'를 사용하지만, 실제의 계산은 구간의 합인 시그마(Σ)를 사용한다.

★ 시스템 다이내믹스에서는 연속함수인 적분기호 '$\int$'를 사용하지만, 실제의 계산은 구간의 합인 시그마(Σ)를 사용한다.

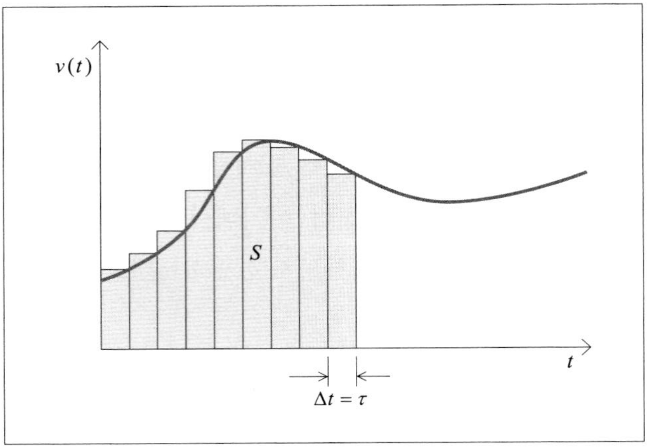

그림 6.7
시스템 다이내믹스에서의 적분 방식(기본 방식)

6.1.3 저량을 세분화하는 것의 의미

★ 6.2.3 저량의 세분화.mdl 참조.

저량★을 세분화하는 것은 시간 지연time delay 효과와 관련이 깊다. 〈그림 6.8〉의 최상단에는 저량이 하나 있으며, 가운데에는 저량이 2개, 맨 아래에는 저량이 3개가 있다. 그리고 세 종류의 시스템의 저량에 체류하는 시간은 모두 동일하다. 즉, 체류 시간에 대한 식은 다음과 같다.

ST DELAY1 = ST1 DELADY2 + ST2 DELAY2 = ST1 DELADY3 + ST2 DELAY3 + ST3 DELAY3 ……… (6.9)

저량 · 유량 변수의 연산 순서 6.1.5

여기서는 저량 및 유량 변수의 연산 순서에 대해서 살펴볼 것이다. 결론부터 요약하면 적분하기 위한 계산상 유량변수에 변화가 생기더라도 저량변수*의 값은 유량변수가 변화한 'time'에 증가하는 것이 아니고 'time+time step' 시에 저량의 값이 변화한다는 것에 유념해야 한다. time=0일 때에 저량은 저량에 연결된 유량이 변화한 time보다 한 time step이 많은 time+time step 시점에서 변화한다.

★ 저량변수의 값은 유량변수가 변화한 'time'에 증가하는 것이 아니고 'time+time step' 시에 변화한다는 것에 유념해야 한다.

초깃값이 0인 저량이 있다고 하자. time=5가 되었을 때 유량이 10의 값을 갖게 되어 이 값이 저량에 입력되는 상황을 가정하자. 여기서 시간이 5일 때에 유량을 증가시키게 되면 저량은 어떤 변화가 있을지를 생각해 보자.

〈그림 6.10〉의 'TS025' 시나리오는 타임스텝time step이 0.25인 시나리오이고, 'TS100' 시나리오는 타임스텝이 1인 시나리오이다. 유량 값은 'TS025'에서

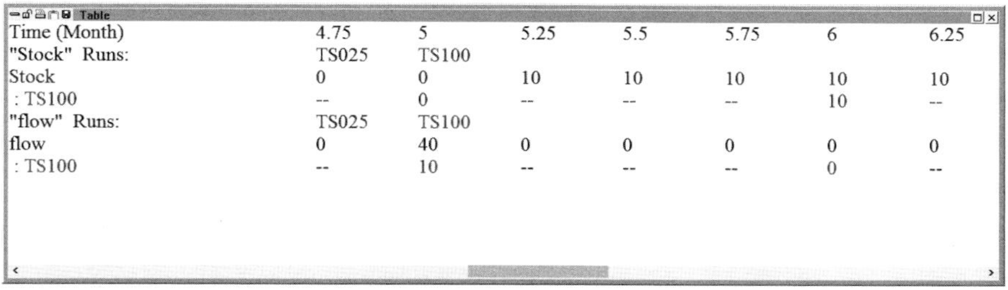

Time (Month)	4.75	5	5.25	5.5	5.75	6	6.25
"Stock" Runs:	TS025	TS100					
Stock	0	0	10	10	10	10	10
: TS100	--	0	--	--	--	10	--
"flow" Runs:	TS025	TS100					
flow	0	40	0	0	0	0	0
: TS100	--	10	--	--	--	0	--

그림 6.10 저량과 유량 값의 관계

40(=10/0.25(time step))이며, 'TS100'에서는 10(=10/1(time step))이다. 그러면 1 타임스텝이 지난 후에 저량의 값이 10이 되는 것을 볼 수 있다.

유량이 저량에 입력될 때에는 타임스텝이 곱해져서 입력되므로 특정 시간*에, 예를 들면 5.75라는 시간에 한꺼번에 저량을 증가시킬 때에는 타임스텝으로 나누어서 입력해야 됨을 유의해야 한다.

★ 특정 시간에, 예를 들면 5.75라는 시간에 한꺼번에 저량을 증가시키려 할 때에는 타임스텝으로 나누어서 입력해야 됨을 유의해야 한다.

6.1.6 저량 · 유량 간의 관계

앞에서 밝힌 바와 같이 저량과 유량의 관계는 미분과 적분의 관계이다. 따라서 유량**은 저량의 1계 도함수이다. 수학적으로는 간단히 표현할 수 있지만 그래프로 표현하면 직관적으로 판단하기 어렵다. n차 함수의 1계 도함수는 n−1차 함수이다.

★★ 유량은 저량의 1계 도함수이다.

〈그림 6.11〉은 유량이 time＝50이 될 때까지는 양의 기울기를 갖는 1차 함수이지만 50 이후에는 음의 기울기를 가질 때 그 저량의 값을 함께 표현한 것이다. 저량이 'S' 자 형태의 곡선을 갖는 것을 보여 준다. 〈그림 6.11〉을 보면 유량의 기울기가 time＝50에서 음(-)의 값을 갖지만 이것이 0보다 크므로 저량이 감소하지 않는다. 유량이 음의 값을 가질 때에 저량은 감소하기 시작한다.

〈그림 6.12〉***는 유량변수의 함수가 음의 기울기를 가지며, 1차 함수이지만 그 값이 0 이하의 값을 가질 때

★★★ 6.2.6 저량유량관계.mdl에서 case 변수의 번호를 바꾸어 보기를 바란다.

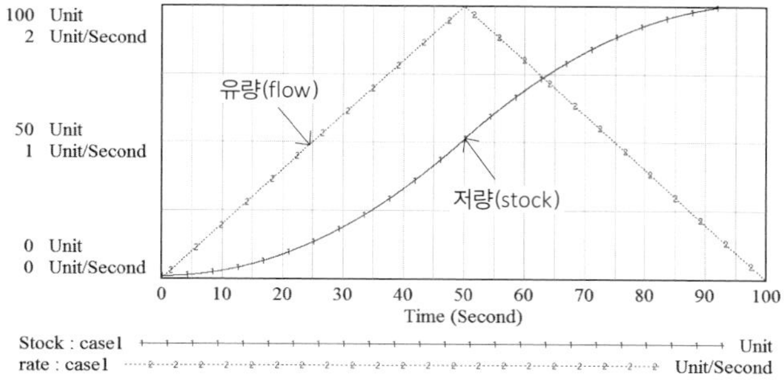

그림 6.11
유량변수가 1차 함수일 때의 저량 · 유량 관계(case 1)

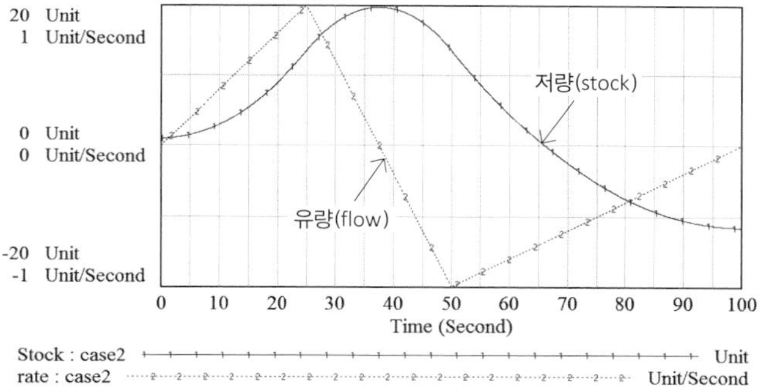

그림 6.12
유량변수가 1차 함수일 때의 저량 · 유량 관계(case 2)

의 저량변수의 모양을 함께 보여 준다. 이 그래프를 보면 도함수가 0 이하의 값을 가질 때 저량변수의 값이 감소함을 보여 준다.

〈그림 6.13〉은 유량이 사인sine 함수 모양을 가질 때의 저량의 모양이다. 사인 함수를 적분하게 되면 코사인cosine 함수의 모양이 된다. 이 둘의 관계를 잘 확인할 수 있다.

〈그림 6.14〉는 유량변수가 지수함수 모양으로 변화할 때에 저량변수도 지수함수 모양으로 변화함을 보여 주고 있다.

그림 6.13
유량변수가 사인(sin) 함수일 때의 저량 · 유량 관계

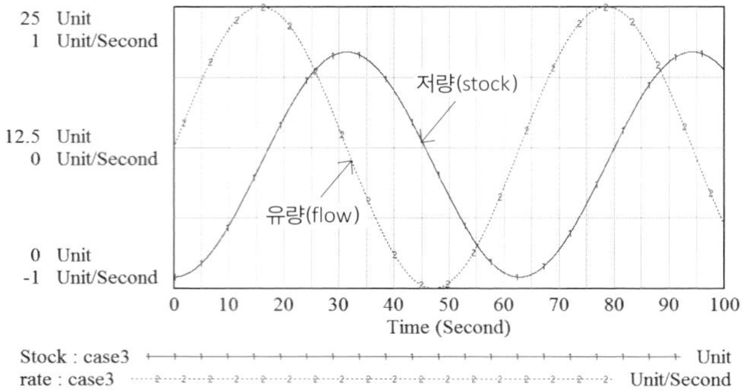

그림 6.14
유량변수가 지수함수일 때의 저량 · 유량 관계

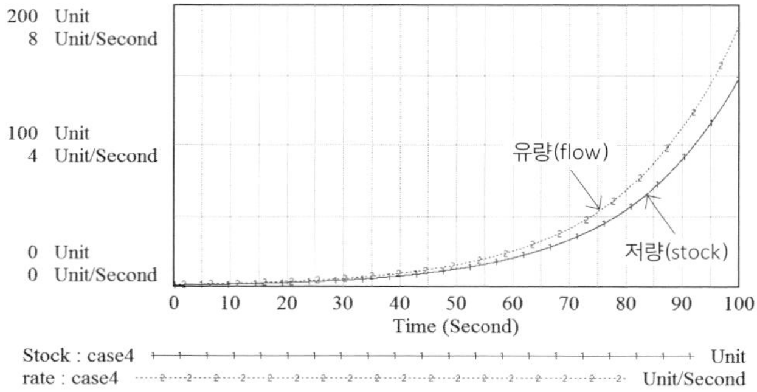

그림 6.15
유량변수가 난수 패턴일 때의 저량 · 유량 관계

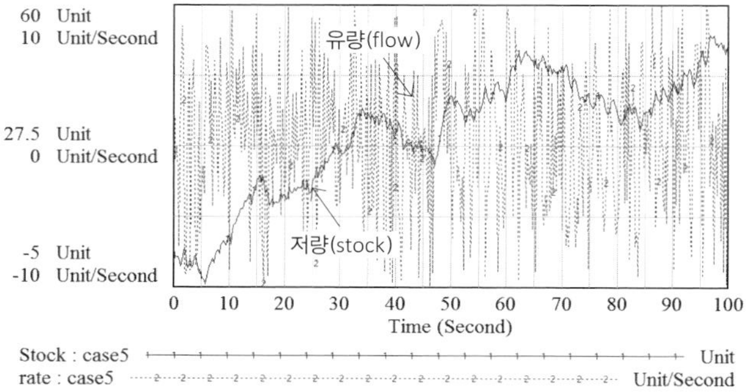

〈그림 6.15〉는 유량변수가 난수로 변화할 때 저량변수도 난수와 같이 무작위적으로 변화함을 보여 주고 있다.

참고: 동시성 오류simultaneous error

〈그림 6.16〉과 같이 저량이 없는 루프를 식으로 구성하면 〈그림 6.17〉과 같은 동시성 오류simultaneous error가 발생한다. 즉 이 루프에 대한 식은 초깃값 없이 식으로만 구성된 연산식으로만 이루어졌기 때문에 계산이 불가능하다.

이 에러 메시지error message가 나오면 〈그림 6.18〉에서와 같이 루프에서 변수 하나를 저량으로 변화시키면 에러가 제거된다.

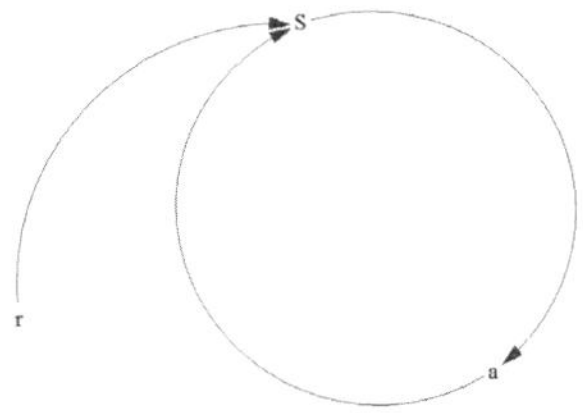

그림 6.16 저량이 없는 루프

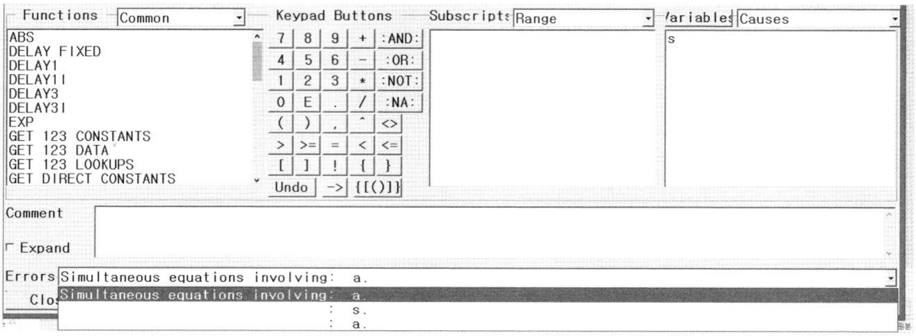

그림 6.17 동시성 오류(simultaneous error)의 경고

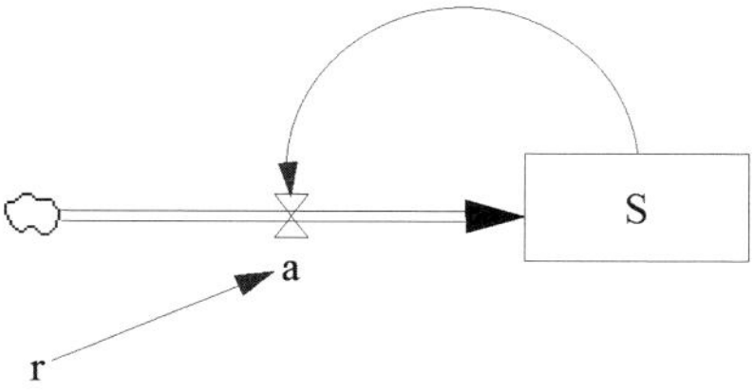

그림 6.18 동시성 오류의 제거

정상 상태 6.2

정상 상태定常 常態, steady state★는 시간의 변화가 있어도 시스템 속성에 변화가 없는 상태를 지칭한다. 매우 안정되고stable 균형적인equilibrium 상태를 말한다. 대부분의 모든 시스템은 정상 상태를 유지하기 위한 균형 루프가 존재한다. 따라서 정상 상태로의 복귀 여부를 확인하는 것은 매우 중요한 모델링 과정 중의 하나이다.

★ 정상 상태에 대한 모델은 9.10에서 설명하는 욕조 모델이 가장 전형적인 모델이다.

그래프를 이용한 정상 상태 여부의 확인은 아주 간단하다. 그래프의 변수가 〈그림 6.19〉와 같이 입력값의 합과 출력값의 합이 같을 때에 정상 상태라고 보면 된다. 그럼에도 불구하고 사인sin 곡선처럼 주기성이 있는 것도 정상 상태steady state라고 볼 수 있다. 사인 곡선의 경우에도 이를 분해하면 시간에 따른 변화는 없는 것이다.

그렇다면 정상 상태★★가 왜 중요한가를 알아야 한다. 어떤 시스템에 대한 정상 상태를 모르면 시스템 거동에 대한 해석이 어렵기 때문이다. 시스템의 거동이 어

★★ 시스템의 정상 상태를 알 때에 시스템에 어떤 변화가 발생했으며, 변화의 원인이 무엇인지 추적하는 해석이 용이하다.

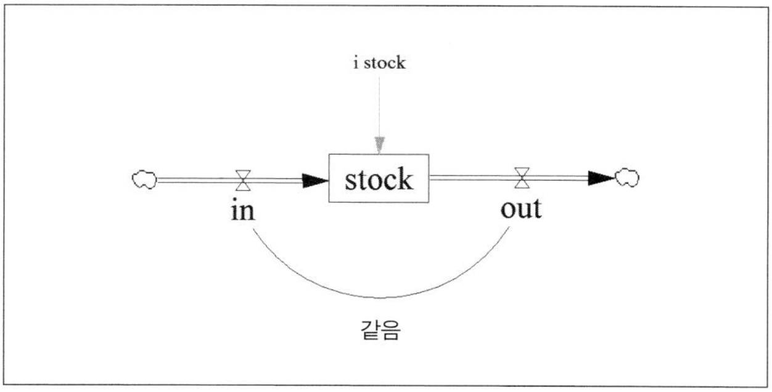

그림 6.19 정상 상태

떤 변수에 의해서 정상 상태에서 얼마나 벗어나 있는지를 확인함으로써 정상 상태에서 벗어나게 만든 변인과 강도를 찾아낼 수 있는 것이다.

정상 상태를 만드는 방법은 이론적으로는 매우 간단하다.

예를 들어 욕조에 들어오는 물의 양과 배수구로 나가는 물의 양이 같으면 저량stock은 항상 일정하다. 이런 조건에서는 초깃값(i)은 시간이 변화해도 항상 유지될 수 있다.

$$S = \int (In - Out)dt + I \quad \cdots\cdots (6.12)$$

위의 식에서 in과 out을 같게 만들어 주는 초깃값을 찾는다면 이 시스템의 정상 상태를 알 수 있다. 반대로 초깃값을 알 수 있다면 in과 out이 같아지는 조건을 찾아야 한다. 즉,

$$I = in - out \quad \cdots\cdots (6.13)$$

이 되도록 연립방정식을 푸는 것이다.

사회과학의 심리 부분★을 모델링할 때에 정상 상태는 매우 중요하므로 정상 상태의 중요성을 잘 숙지하기를 바라며, 이를 반드시 적용하기를 바란다.

★ 사회과학의 심리 부분을 모델링할 때에 정상 상태는 매우 중요하므로 정상 상태의 중요성을 잘 숙지하기를 바라며, 이를 반드시 적용하기를 바란다.

만약 초기부터 정상 상태를 찾을 수 없다면 이를 찾는 방법은 다음과 같다. 어떤 값을 조정하지 않고 모델링 초기 단계에서, 예를 들면 시뮬레이션 시간time이

100이 지난 후부터 저량변수가 어떤 값으로 수렴한다면 수렴된 값을 초깃값으로 사용하면 된다. 이렇게 초깃값을 변경해 다시 시뮬레이션하면 시뮬레이션 시간이 0일 때부터 정상 상태가 되어 시뮬레이션이 수행된다.

만약 그래도 정상 상태를 알 수 없다면 최적화* 방법을 이용해 모델에서 필요한 정상 상태의 조건을 충족하는 변수의 값을 찾으면 된다. 즉 어떤 값으로 수렴한다는 가정 아래 그 가정사항을 외부 변수로 설정해 다시 모델에 이식하며, 초깃값이 그 수렴된 값을 갖기 위해 얼마여야 하는가를 찾는 최적화 기법을 이용하는 것이다. 그러나 이 방법은 마지막으로 사용하는 것이지 추천하고 싶은 방법은 아니다.

★ 11.3.5의 최적화 방법을 참조하기 바란다.

단위 6.3

다음을 생각해 보자.

닭 두 마리와 용 두 마리를 합할 수 있는가? 이 문제는 〈식 6.14〉와 같은 공식이 성립될 수 있는가에 대해 고민해 보라는 것이다.

2 닭(마리) + 2 용(마리) = 2 계룡(마리) ··············· (6.14)

일상적으로 '마리'라는 단위**는 동물을 셀 때 사용

★★ 특히 사회과학과 인문학을 전공한 사람들이 간과하기 쉬운 것이 단위의 일치 문제이다.

하는 기본 단위인데, 그렇다면 소 열 마리와 돼지 다섯 마리를 합해 가축 수를 계산할 수 있는가? 이를 합하면 열다섯 마리인가? 결론적으로 합할 수 없는 것을 합한 것이다.

★
더하기와 빼기는 단위가 반드시 같아야 한다.

더하기와 빼기★는 단위가 반드시 같아야 한다. 그런데 위의 경우에는 이러한 보편적 법칙에 위반되므로 성립될 수 없다.

곱하기와 나누기는 단위가 달라도 새로운 단위를 만들어 가면서 사용될 수 있으나 단위가 다른 개체들을 함부로 더하거나 뺄 수 없다.

★★
무차원에 대해서는 10.3에서 자세히 서술했다.

또한 %(퍼센트)★★, log(로그) 또는 지수함수와 같은 것에서는 단위가 없다. 단위가 없음에도 불구하고 단위가 없다는 것을 표현해 주어야 한다. 일반적으로 벤심의 단위에서는 Dmnl(Dimensionless)이라고 표현한다. 그러나 index 또는 '무단위', 또는 '무차원' 등으로 임의적인 표현이 가능하다.

회귀 모델(또는 방정식)의 경우 계수에는 단위가 없는 것으로 생각할 수 있다. 실제로는 단위가 있지만 이를 생략한 것이다. 〈식 6.15〉와 같은 상관관계식(회귀방정식)이 있다고 하자.

$$Y = \beta_1 X + \beta_2 Z + \varepsilon \quad \cdots\cdots (6.15)$$

〈식 6.15〉의 Y의 단위가 U_y라고 하고 X 및 Z의 단위가 각각 U_x 및 U_z라고 할 경우에 β_1 및 β_2의 단위는 $\frac{U_y}{U_x}$

및 $\frac{U_y}{U_z}$가 된다. 즉, X 및 Z가 변화할 때 Y가 얼마 변화하는가에 대한 비이다. 이것은 1차 식에서는 기울기에 해당한다.

예를 들어 늑대의 연간 개체 수를 회귀방정식을 통해서 구한다면 다음과 같은 식이 된다.

늑대의 개체 수(마리/y) = β_1 × 강우량(mm/y) +
β_2 × 초목의 면적(km2) + β_3 × 토끼 수(마리/y) 등등 +
β_4 × 전년도 늑대의 개체 수(마리/y-1) + ε ………… (6.16)

이때, 각 계수의 단위는
β_1: 마리/mm
β_2: 마리/$km^2 \times y$
β_3: (늑대)마리/(토끼)마리
β_4: (늑대)마리, y/(늑대)마리, y-1
ε: 마리/y

여기서, y는 연도

즉, 〈식 6.16〉의 β_1에서 β_4까지의 단위는 기울기와 같은 의미가 된다.

7

시간에 대한 이해

타임스텝 7.1

타임스텝time step은 시간에 대한 미적분식의 dt에 해당하는 것으로 시간을 얼마나 잘게 쪼갤 것인가와 깊은 관련이 있다. 앞의 〈그림 6.7〉에서는 타임스텝을 'Δt'라고 표기했는데, 그래프 아래의 면적을 각 사각형의 합으로 표시한 것이므로 Δt가 작으면 작을수록 정확한 값을 갖게 된다.• 〈그림 7.1〉 및 〈그림 7.2〉는 time step $=\tau$일 때와 time step $=\frac{\tau}{2}$일 때를 표현한 것이다. 〈그림 7.1〉과 〈그림 7.2〉를 비교해 보았을 때 알 수 있듯이 타임스텝이 작을수록 곡선의 실제 면적과 더 가깝게 된다.

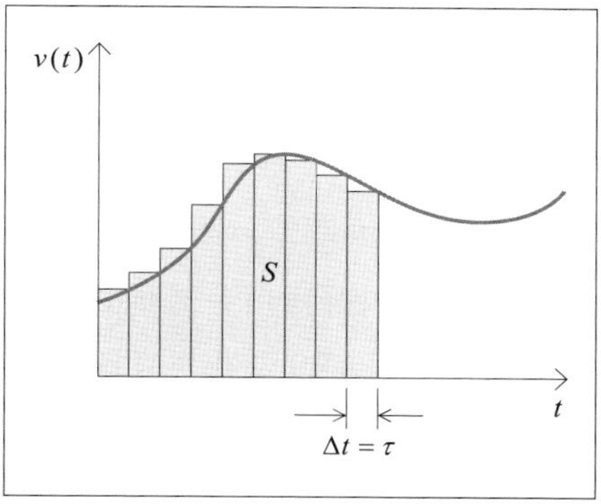

그림 7.1
서로 다른 타임스텝에 대한 면적 계산 비교
(time step = τ)

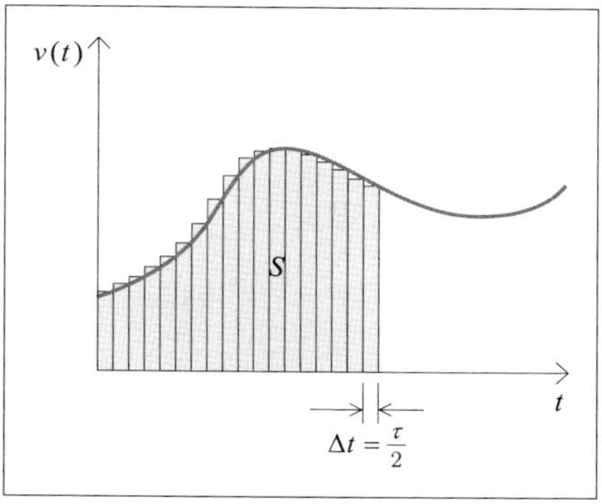

그림 7.2
서로 다른 타임스텝에 대한 면적 계산 비교
(time step = $\frac{\tau}{2}$)

• 일반론이며, 사회 시스템에서는 반드시 이런 것은 아니다.

타임스텝은 시스템 다이내믹스 모델에서 피할 수 없는 유일한 가정사항인데, 모델링이 끝나기 전에 반드시 이에 대한 검토가 필요하다.

컴퓨터는 무리수(이진법상 무리수)를 저장하지 못한다. 가령, 1/3이 대표적인 무리수인데, 다음 식에서 보는 바와 같이 1/3의 3배는 1이 되지 못한다. 이를 트렁케이션Truncation★ 오류라고 하는데, 프로그램에서 등호(=)를 사용할 때는 반드시 이 점을 염두에 두어야 한다.

★ 트렁케이션(Truncation) 오류를 피하는 대표적인 방법은 등호 대신에 부등호를 사용하는 방법이 있다.

$$\frac{1}{3}\cdot 3 = 0.\dot{3}\times 3 = 0.\dot{9} \neq 1 \qquad (7.1)$$

이러한 트렁케이션 오류를 피하는 대표적인 방법은 등호 대신에 부등호를 사용하는 것이다.

소수로 타임스텝을 사용할 때, 이러한 현상이 자주 발생하게 된다. 타임스텝으로 인한 트렁케이션 오류를 원천적으로 제거하는 방법은 타임스텝을 정수를 사용하거나, 1보다 작을 경우에는 $\frac{1}{2^n}$(여기에서 n은 양의 정수) 중 하나의 값을 선택하는 것이다. 이러한 이유로 벤심 DSS에서는 초기 타임스텝을 결정할 때 〈그림 7.3〉과 같이 $\frac{1}{2^n}$ 중 하나를 선택하도록 권고하고 있다. 물론, 반드시 이 중 하나를 결정할 필요는 없다.

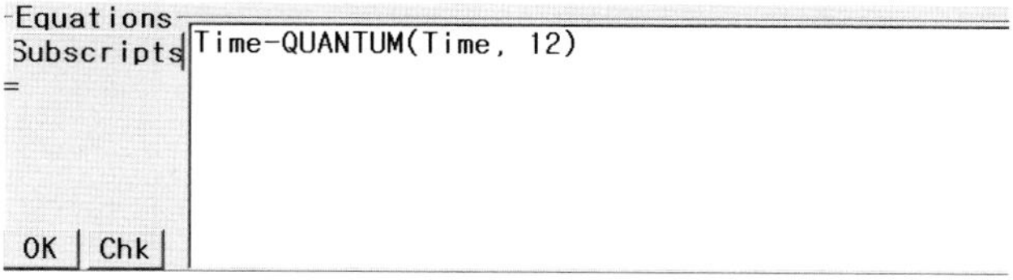

그림 7.9
quantum 함수를 이용한 시간의 주기성 표현

8

함수

개요 8.1

함수란 모델링 이전에 사전에 정의해 놓은 식에 의해서 매개변수를 결과변수로 변환해 주는 식을 말한다. 예를 들면, 두 수의 합의 함수는 입력변수 2개를 숫자로 주면 이를 합해 결괏값을 반환한다는 것을 의미한다. 이러한 의미에서 본다면 시스템 다이내믹스 전체도 사실은 커다란 함수이다.

여기에서는 룩업lookup 함수, 마크로macro, 그리고 내장함수에 대해 살펴보도록 할 것이다.

연성 변수의 정량화• 8.1.1

시스템 다이내믹스를 이용한 모델★은 정성적 자료를 적극 활용한다. 시스템 다이내믹스의 주요 모델링 대상인 사회 시스템은 '물리적 현상', '제도' 그리고 '행위자의 의사결정'이 혼합••되어 있기 때문에 변수 중에는 데이터로 표현되지 않은 연성 변수soft variables가 존재한다. 실제의 행위자의 의사결정은 정량적 변수만을 이용하여 이루어지지 않고, 정성적 변수를 혼용해 이루어지기 때문에 정성적 변수를 모델에 반영하는 것이다. 가장 간단

★ 시스템 다이내믹스의 주요 모델링 대상인 사회 시스템은 '물리적 현상', '제도' 그리고 '행위자의 의사결정'이 혼합되어 있기 때문에 이 중에는 데이터로 표현되지 않은 연성 변수가 존재한다.

• 유재국(2007), *op.cit.*.

•• Sterman, *op.cit.*, pp. 675–683.

한 예로는 특정 제품의 구입에 영향을 미치는 요인은 정량적으로 계산이 가능한 제품의 가격, 구매자의 소득 수준뿐만 아니라 제품의 디자인, 기능이 있는 것과 같은 정성적 자료가 있다.

정량적으로 수량화가 어렵다는 이유로 변수를 생략해 버리는 것은 모델에서 그 변수에 대한 효과를 0으로 만든 것과 같으므로, 시스템 다이내믹스를 이용해 모델을 구축하는 학자들은 불완전하나마 이를 모델에 반영하고 변수에 의해 전체 시스템에 미치는 영향을 민감도 분석을 통해 찾으려 노력한다.• 따라서 정성적 변수를 사용할 때에는 그 사용만큼이나 신중한 입장을 취해야 한다.

8.1.2 룩업 함수

★ 룩업 함수(lookup function)는 두 변수 간의 비선형적 관계를 직접 표현하는 것을 말한다.

룩업 함수lookup function★는 두 변수 간의 비선형적 관계를 직접 표현하는 것을 말한다. 이는 수식으로 표현하기 어려운 상황을 표현할 때 적합하다. 이른바 연성 변수soft variables의 관계 표현에 좋다. 또한 수식으로 표현하기 어려운 상관관계를 표현하기에 매우 편리하다.

연성 변수에서의 룩업 함수를 사용하기 좋은 예를 들면 스트레스stress와 성과performance의 상관관계 등이다. 다만 앞서 설명한 바와 같이 두 변수의 관계를 명확

• Sterman, *op. cit.*, p. 854.

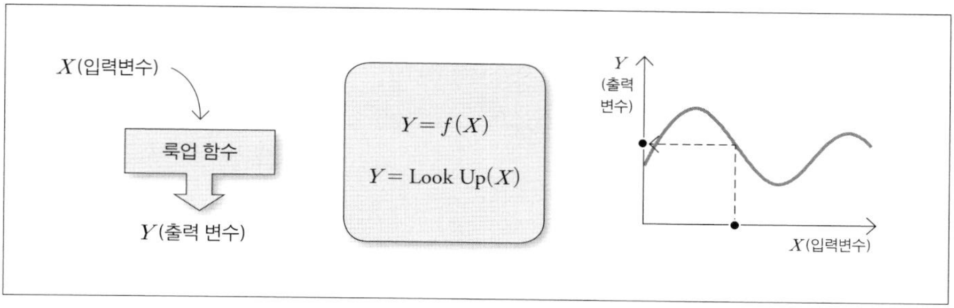

그림 8.1 **룩업 함수의 구조**

하게 해야 한다. 예를 들면 x축의 1이라는 것이 무엇이며 1에 대칭되는 y의 값이 1이라면 그때의 1이 무엇인가를 명확하게 설명해야 한다. 이를 위해서는 모델러가 그림을 그려 가면서 설명하는 것이 타당하다.

〈그림 8.1〉은 룩업 함수의 구조에 대한 설명이다. 우선 룩업 함수를 정의한다. 즉 매개변수 X와 Y의 관계를 그래프를 통해서 그린다.

〈그림 8.1〉과 같은 관계를 스케치에 그리면 〈그림 8.2〉와 같다. 룩업 변수가 함수이며 X가 입력변수 또는 매개변수, Y가 출력변수이다.★

우선 룩업 함수를 정의한 변수를 클릭한 후 수식편

★ '$y=ax+b$'라는 식에서 y를 종속변수, x를 독립변수, a를 매개변수(parameter), b를 상수라고 한다.

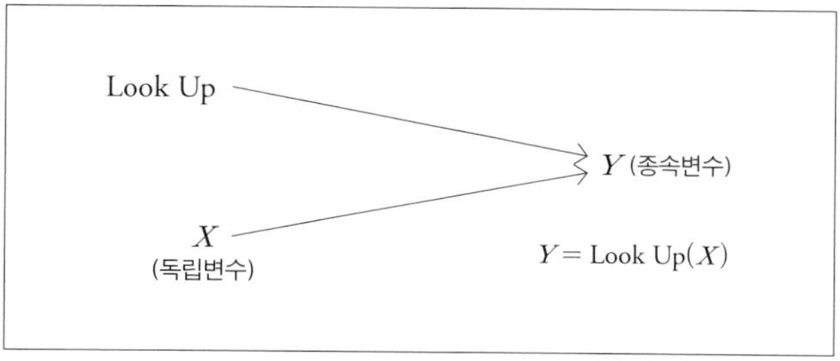

그림 8.2 **룩업 함수의 표현**

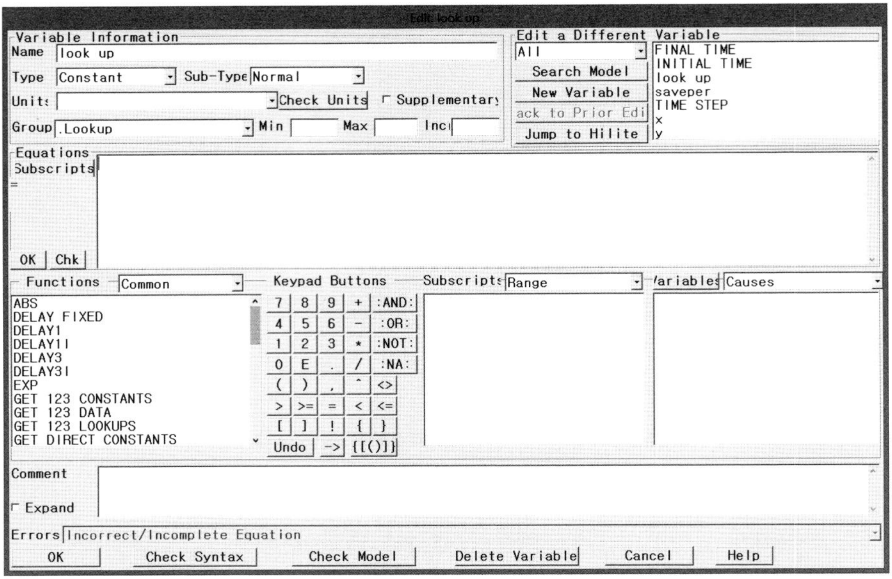

그림 8.3 룩업 함수의 수식 입력 창과 입력 형식

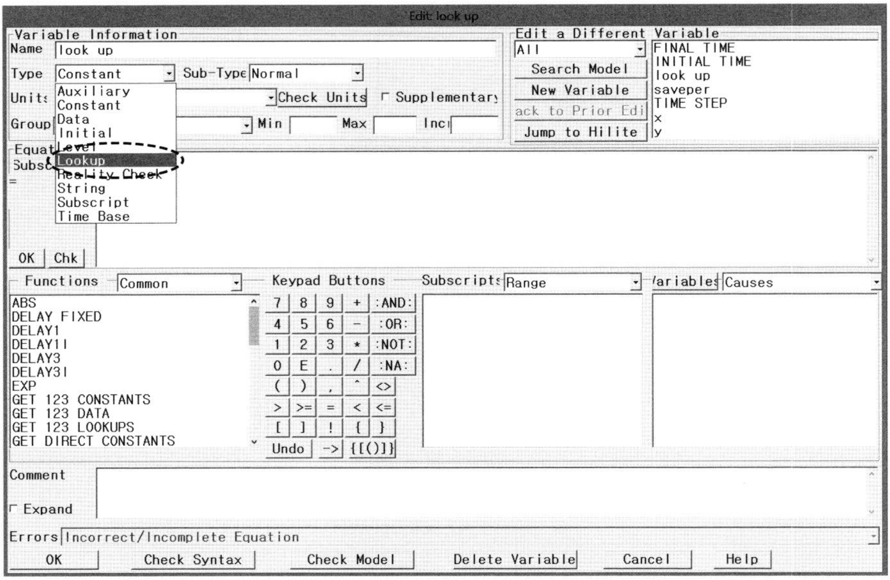

그림 8.4 룩업 함수의 지정

집기를 연다. 그러면 〈그림 8.3〉과 같은 창이 나타난다.

〈그림 8.4〉에서 보는 바와 같이 편집 대화 창에 변수 정보variable information의 형태type에 대한 스크롤 바scroll bar를 내려 변수를 '룩업look up'으로 지정한다.

그러면 〈그림 8.5〉에서처럼 변수 정보 안에 'As Graph' 라는 버튼이 생성된다. 이 버튼은 룩업 변수인 경우에만 나타난다.

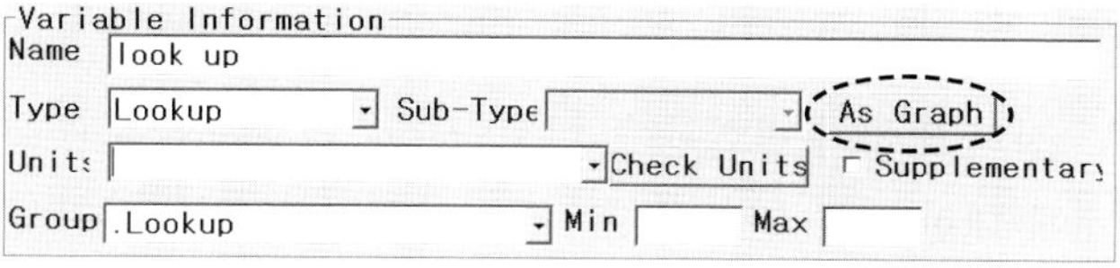

그림 8.5
'As Graph' 버튼

'As Graph' 버튼을 클릭하면 〈그림 8.6〉과 같은 그래프 대화 창이 나올 것이다. 여기에서, *X*와 *Y*의 관계를 입력한다.

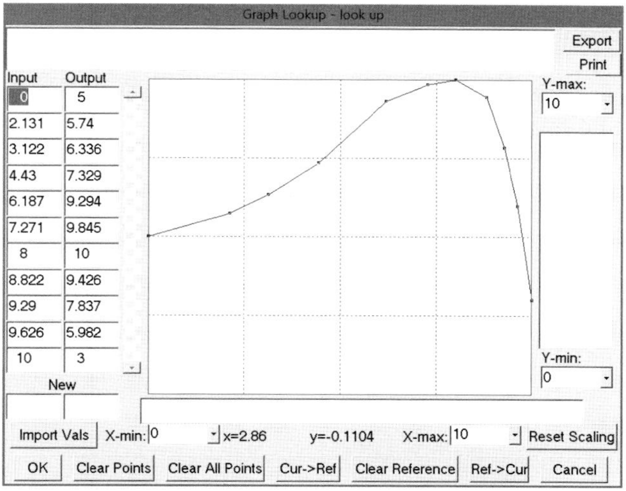

그림 8.6
룩업 함수에서 그래프 그리기

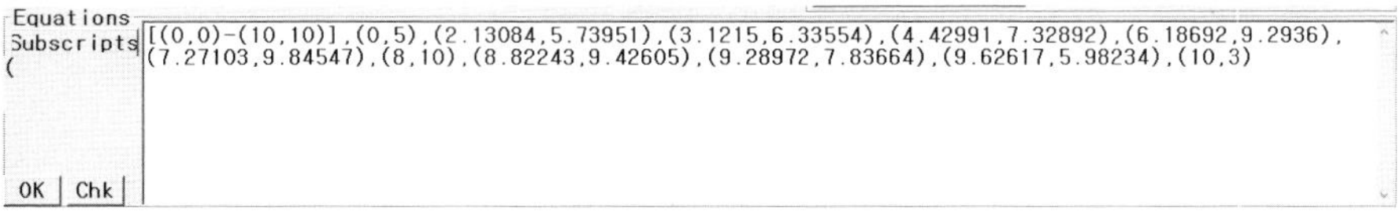

그림 8.7 **룩업 함수의 수식 형태**

룩업 함수를 입력하는 방법*은 세 가지가 있다. 첫 번째 방법은 좌측의 편집 셀에 숫자를 일일이 기입하는 방법이다. 두 번째 방법은 그래프 부분에 마우스 커서를 옮긴 후에 클릭하면 점이 생성되며 점을 드래그하면 점의 위치가 변화한다. 마지막으로 엑셀에서 상관관계에 대한 값을 작성한 후 이를 복사하여 좌측 하단의 'Import Vals'를 클릭하면 붙여넣기**가 가능하다. 반대로 함수의 값들을 엑셀로 옮길 수도 있다. 이 그래프 창에서 *X*축과 *Y*축의 최댓값과 최솟값을 충분히 조정한다. 그래프가 완료되면 OK 버튼을 눌러 완성한다. 그러면 〈그림 8.7〉과 같이 수식편집기에 숫자의 집합이 나타날 것이다. 마지막으로 함수의 값을 출력하는 변수인 'Y'의 수식편집기에 〈그림 8.8〉과 같이 입력하면 룩업 함수를 이용한 편집은 완료된다.

★
룩업 함수를 입력하는 방법은 세 가지가 있다.

★★
8.1.3 "룩업변수에 자료 이식하기"에서 자료를 이식하는 방법을 설명했다.

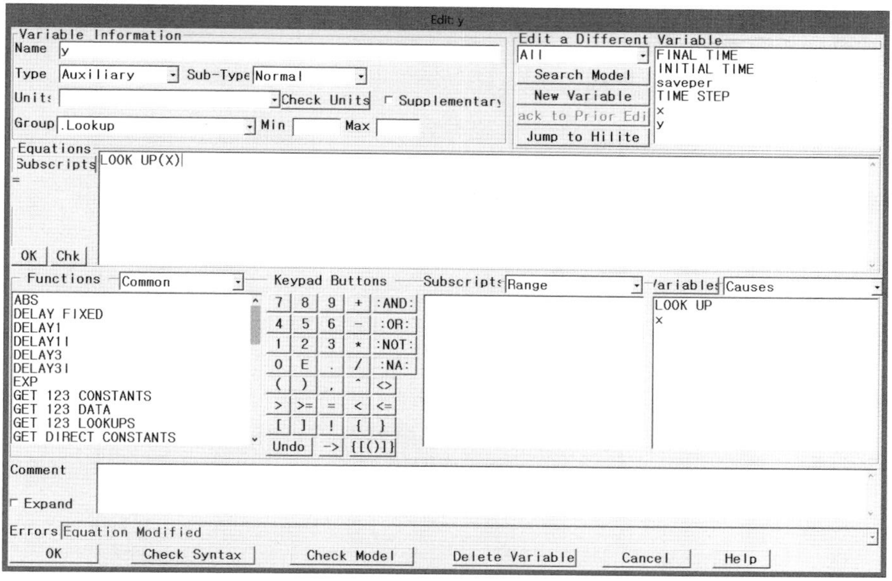

그림 8.8 룩업 함수의 활용

룩업 변수에 자료 이식하기 8.1.3

룩업 변수에 엑셀 등의 자료를 이식하는 또 다른 방법은 룩업 정의 화면의 왼쪽 밑에 있는 'Import Vals' 버튼을 이용하는 방법이다. 이 기능을 사용하기 위해서는 〈그림 8.9〉와 같이 스프레드 시트 파일에 패널 데이터panel data가 있어야 한다.

	A	B	C	D	E	F	G	H	I	J	K	L	M	N
1	월	0	1	2	3	4	5	6	7	8	9	10	11	12
2	값	1.0011	1	1.042	0.9844	1.011	1.014	1.077	0.986	0.9665	0.9146	0.948	0.9563	1.0011

그림 8.9 스프레드 시트에서의 패널 데이터

그림 8.10
데이터의 룩업 함수로의 이식

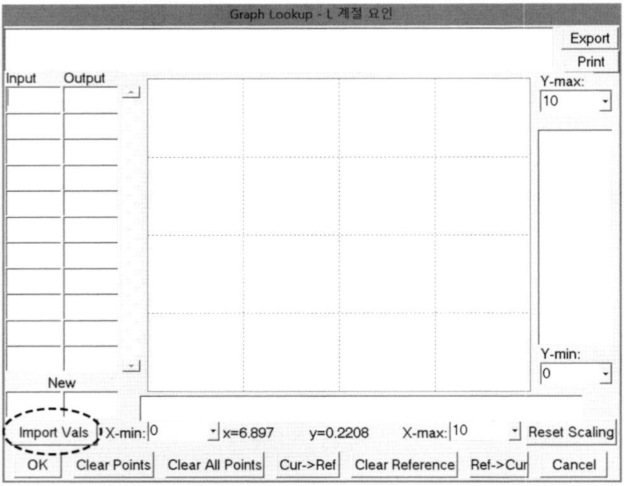

이 엑셀 파일은 시간 축이 세로가 되어도 무방하지만 0과 12에 해당하는 값이 같도록 해야 한다는 점에 주의해야 한다. 그리고 숫자 부분만 마크한 다음 복사해 둔다. 그다음 벤심 DSS의 룩업 정의 화면(〈그림 8.10〉 참조)에서 'Import Vals'★ 버튼을 클릭한다.

★ Import Vals

'Import Vals' 버튼을 클릭하고 나면 확인하는 팝업pop-up 화면이 나오고, 확인을 클릭하고 나면 자료가 룩업 정의 화면에 붙여넣기paste가 된다.

자료를 이식받아 룩업 변수의 함수 모양을 결정할 때 'Graph Lookup'에서의 그래프 데이터의 최댓값과 최솟값 등은 벤심에서 자율적으로 결정된다. 따라서 그래프가 사용자가 원하는 형태가 아닐 수 있으며 그래프의 값이 중심에 나타나지 않을 수도 있다. 이를 조정하기 위해서는 데이터의 최댓값과 최솟값을 조정해야만

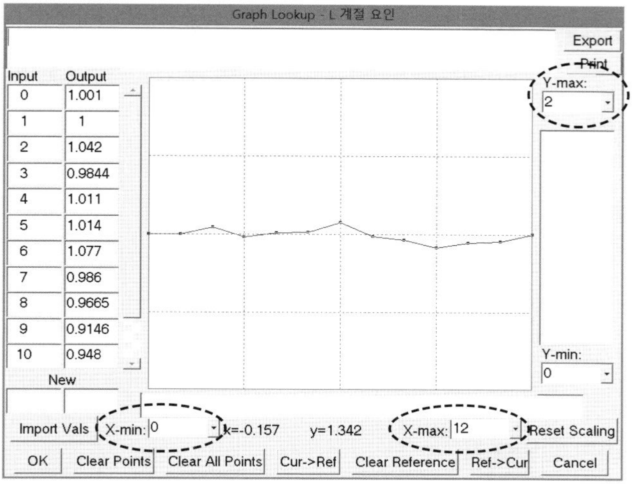

그림 8.11
룩업 함수에서의 최댓값 및 최솟값 조정

한다. 〈그림 8.11〉에서와 같이 원에 있는 x축 및 y축의 최댓값을 입력해 조정하면 사용자가 원하는 형태의 그래프 모양이 된다.

8.2 마크로 함수

8.2.1 마크로의 정의

★ 마크로(macro)는 벤심 DSS 내부에서 사용자가 직접 작성한 함수로, 함수를 호출해 인자만을 입력하면 함수의 연산 결괏값을 반환한다.

마크로macro★는 벤심 DSS 내에서 사용자가 자주 사용하는 새로운 함수를 만드는 방법 중의 하나이다.

8.2.2 마크로 만들기

★★ 지수평활법도 있다.

마크로를 만드는 예제로서 이동 평균★★을 가상해 보자. 이동 평균이란 다음 식과 같이 특정 기간 동안의 산술 평균값을 의미한다.

$$\text{이동 평균} = \frac{1}{L}\int_{t}^{t+L} input \bullet dt \qquad (8.1)$$

여기서, L = 평균 기간

〈식 8.1〉의 이동 평균 식을 시스템 다이내믹스에서의 SFD로 표현하면 〈그림 8.12〉와 같이 된다. 즉 저량 변수를 이용하면 이동 평균값을 구할 수 있다.

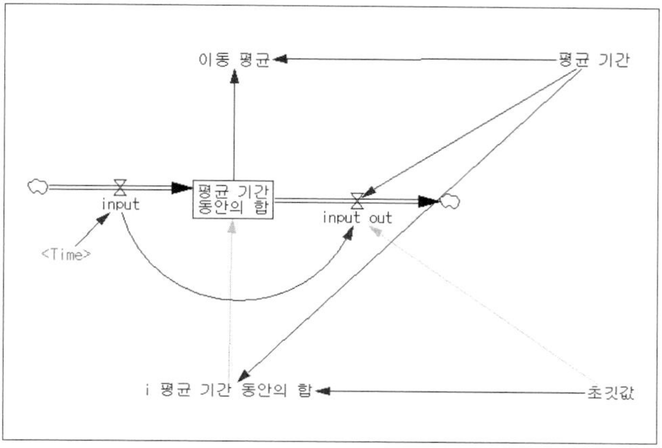

그림 8.12
이동 평균 계산을 위한 SFD

마크로1.mdl 참조.

- ▷ i 평균 기간 동안의 합 = 초깃값 * 평균 기간
- ▷ input out = DELAY FIXED(input, 평균 기간, 초깃값)
- ▷ 이동 평균 = 평균 기간 동안의 합/평균 기간
- ▷ 평균 기간 동안의 합 = INTEG(input-input out, i 평균 기간 동안의 합)

이동 평균을 구하기 위해서는 구하고자 하는 대상input과 함께 평균 기간, 초깃값 등이 필요하며 다음과 같은 음함수가 된다.

이동 평균 = *f*(*input*, 평균 기간, 초깃값) …………… (8.2)

이러한 SFD를 만든 후 메뉴의 'View 〉 As Text'★를 선택하면 화면이 〈그림 8.13〉과 같은 형태로 변화한다.

★ View 〉 As Text

그림 8.13
텍스트 편집기

```
i 평균 기간 동안의 합=
      초깃값*평균 기간
      ~
      ~           |

input=
      5+0.1*Time
      ~
      ~           |

input out=
      DELAY FIXED(input, 평균 기간, 초깃값 )
      ~
      ~           |

이동 평균=
      평균 기간 동안의 합/평균 기간
      ~
      ~           |

초깃값=
      5
      ~
      ~           |

평균 기간 동안의 합= INTEG (
      input-input out,
            i 평균 기간 동안의 합)
      ~
      ~           |

평균 기간=
      7
      ~
      ~           |
```

〈그림 8.13〉은 〈그림 8.12〉의 SFD에 대한 수식이다. 마크로 함수로 만들기 위해서는 〈그림 8.13〉의 텍스트로 표시된 부분에서 상수 부분을 삭제해야 하므로 해당 상수(순전히 숫자로 구성된 변수)인 'input', '평균 기간', 그리고 '초깃값'과 같은 상수를 우선 삭제해야 한다.

그리고 〈그림 8.14〉에서와 같이 해당 수식이 시작하는 부분에 마크로 함수를 선언한다. 즉, ':MACRO:'★라

★
:MACRO:함수명(인자)
…
…
…
:END OF MACRO:

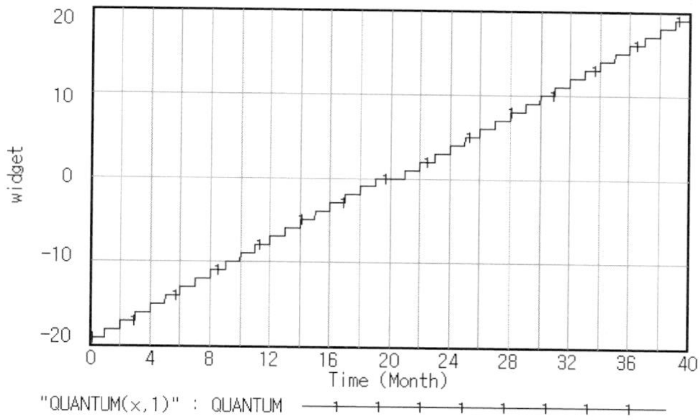

그림 8.17
퀀텀(quantum) 함수의 결과

* quantum(A, B)
A와 B의 단위는 동일함

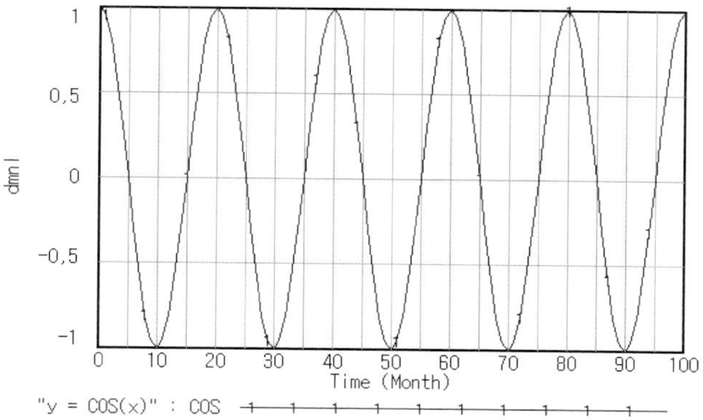

그림 8.18
코사인(cos) 함수의 결과

* cos(x)
x는 무차원

어떤 사건이 발생하고 일정 시간 후에 사건이 그대로 재현되는 것을 표현하고 싶을 때에는 '고정 지연fixed delay' 함수★를 이용할 수 있다. 고정 지연 함수를 이용했을 때 입력값과 결괏값은 〈그림 8.19〉와 같다.

★
'고정 지연(fixed delay)' 함수는 입력값의 흐름을 일정 시간을 두고 그대로 따라 하는 것들을 표현하기에 적합한 함수이다.

그림 8.19
고정 지연(fixed delay) 함수의 입력값과 결괏값

* delay fixed(input, 지연 시간, 초깃값) input과 초깃값의 단위는 같으며, 지연 시간의 단위는 time의 단위와 동일

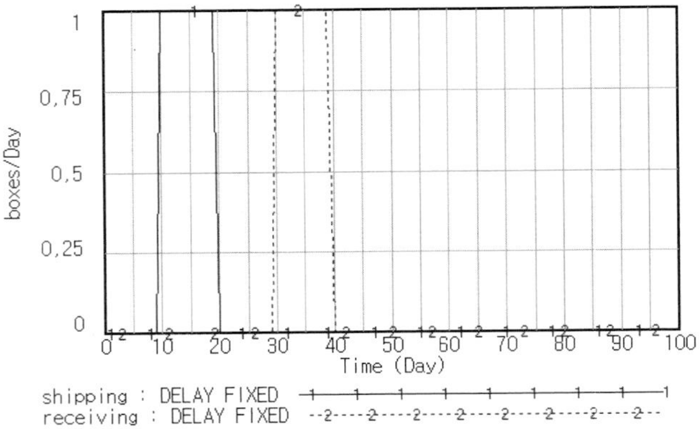

그림 8.20
램프(ramp) 함수의 결과

* ramp(기울기, 시작 시간, 종료 시간)

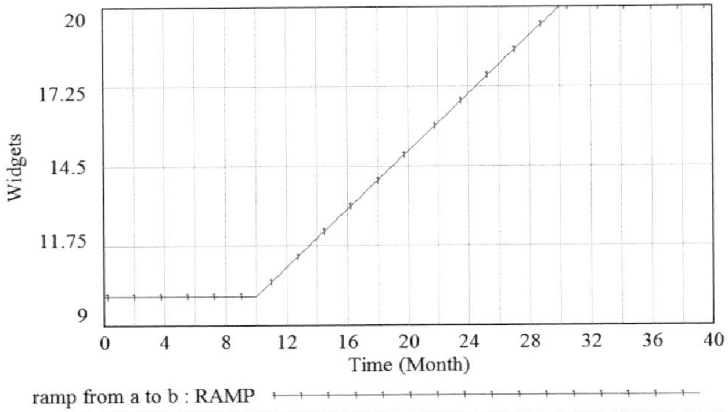

★
'램프(ramp)' 함수는 입력변수가 일정하게 지속적으로 성장하는 것을 묘사하기에 적합한 함수이다.

★★
'스텝(step)' 함수는 입력값이 갑자기 변화했을 때 저량이 어떤 반응을 하는가 등에 테스트 용도로 사용된다.

어떤 변수가 일정 시간 동안 서서히 1차식으로 증가하는 것은 '램프ramp' 함수★로 표현이 가능하며, 그 결과는 〈그림 8.20〉과 같다.

그리고 일정 시점에 수직으로 값이 상승하는 것을 표현하고 싶다면 '스텝step' 함수★★를 사용하며, 그 결과는 〈그림 8.21〉과 같다.

패턴의 요약 9.1

여기에서는 흔히 활용되는 모델 몇 가지를 소개하고자 한다. 모델링 자체를 여기에서와 같이 정형화시키는 것은 오히려 모델 개발자의 상상력을 제한할 수도 있어서 개인적으로는 찬성하지 않지만, 처음 시작하는 사람들에게 다소 도움이 될 수 있어서 이 부분을 삽입했다. 부디 여기에서 논하는 것에 집착하지 말고 자신 고유의 기본 모델들을 개발해 나아가기를 바란다.

이하에서는 다음에 논의할 모델의 패턴을 요약했다.

매개변수 모델

시스템 다이내믹스 모델에서 사용하는 시간을 매개변수로 이용하는 모델

패턴	모델의 일반적인 형태
원이나 입체적인 공간을 설계할 때 사용	일반적인 형태 없음

▷ 9.2 참조.

▷ 시간의 주기성 등을 이용하면 3차원 도형의 작도 등에 이용이 가능하다.

지수함수 모델

지수함수적 성장 혹은 감소

패턴		모델의 일반적인 형태
g 〉 0	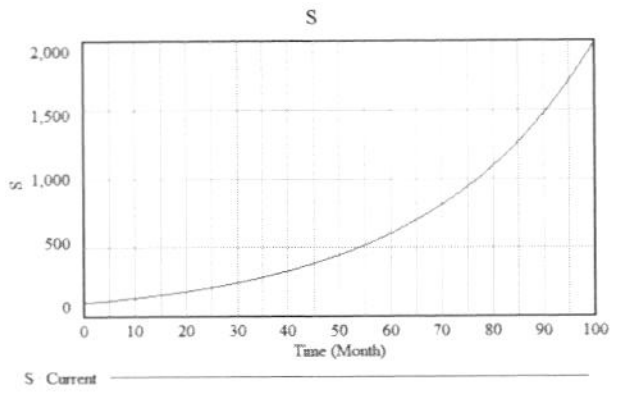	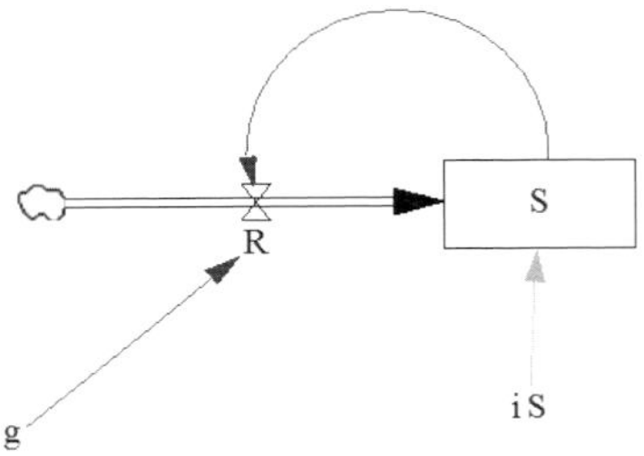
g = 0	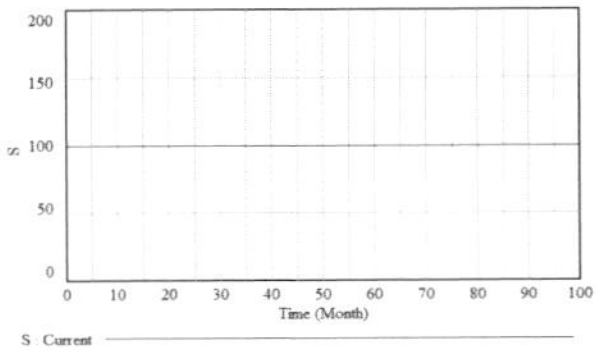	
g 〈 0	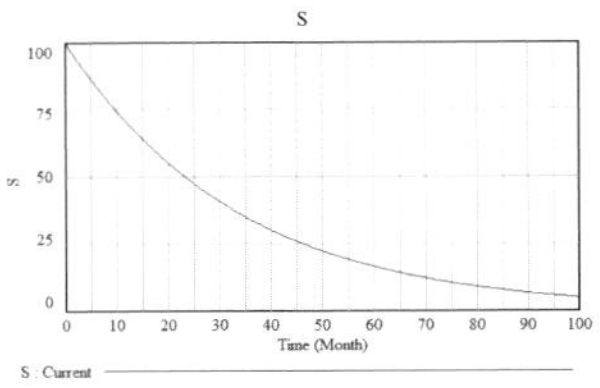	

▷ 9.3 참조.

▷ 지수함수의 증가나 감소가 있는 모델에서 사용된다.

▷ 이자율이나 현재 가치 계산 등 경제성 평가 시에 응용할 수 있다.

천이 모델

어떤 값이 0으로 수렴해 가는 패턴

<table>
<tr><th>패턴</th><th>모델의 일반적인 형태</th></tr>
<tr><td>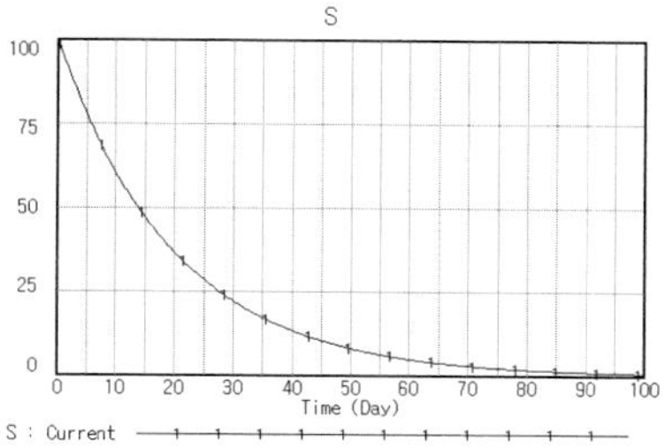
</td><td>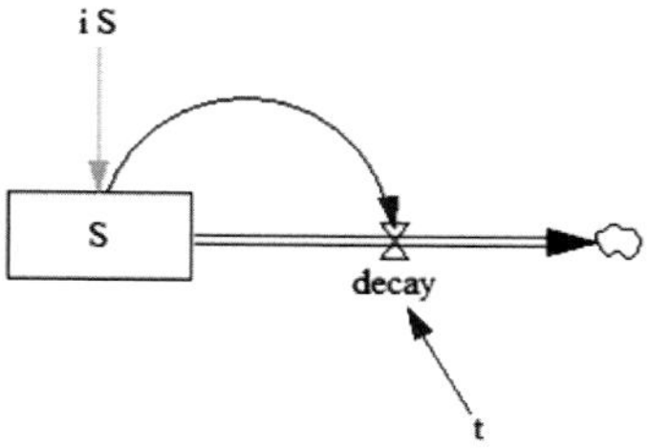
</td></tr>
</table>

▷ 9.4 참조.

▷ 0으로 수렴하는 모델에 응용 가능하다.

▷ 이것은 음(-)의 피드백으로만 작용한다.

▷ 정책 효과 또는 의지 등 심리적인 요인들이 시간이 지나면서 사라지는 현상에 사용할 수 있다.

점근 모델

어떤 값이 0이 아닌 목표 값으로 접근하는 패턴

<table>
<tr><th>패턴</th><th>모델의 일반적인 형태</th></tr>
<tr><td>t = 0일 때 iS 〉 T이면 하강, iS 〈 T이면 상승
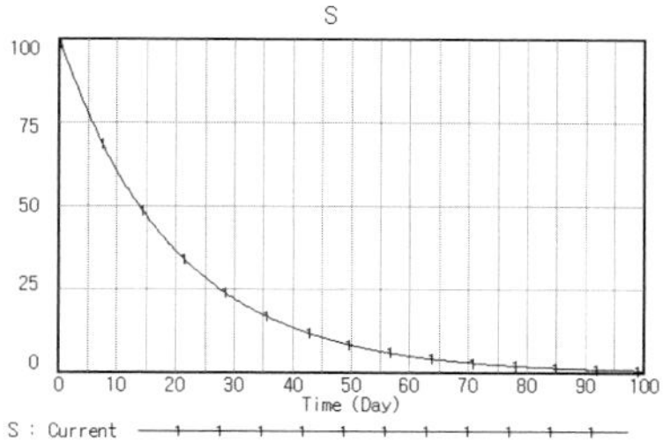
</td><td>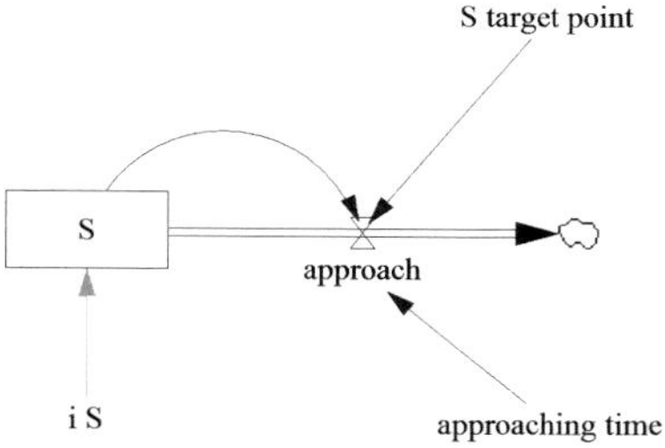
</td></tr>
</table>

- ▷ 9.5 참조.
- ▷ 어떤 목표 값 T에 수렴하는 모델이다.
- ▷ 이것도 음(-)의 피드백으로만 작용한다.
- ▷ 천이 모델과 유사하게 사용할 수 있으나 시스템이 안정화되려는 목표 값이 존재한다.
- ▷ 목표 값(T)과 저량(S)의 차이가 목표 값에 접근하는 속도를 좌우한다.
- ▷ 한계 체감의 효과를 내고 싶을 때에 사용 가능하며, 저량의 증가를 목표 값 이상으로 증가시키지 않게 하거나 또는 그 이하로 내려가지 않게 할 때 사용할 수 있다.
- ▷ 스터만(Sterman, 2000)에서는 의지와 행동 모델로 사용하는 예가 있다.

제한 모델

어떤 값을 넘거나 아래로 내려가지 않도록 제한하기 위해 고안된 모델

패턴	모델의 일반적인 형태
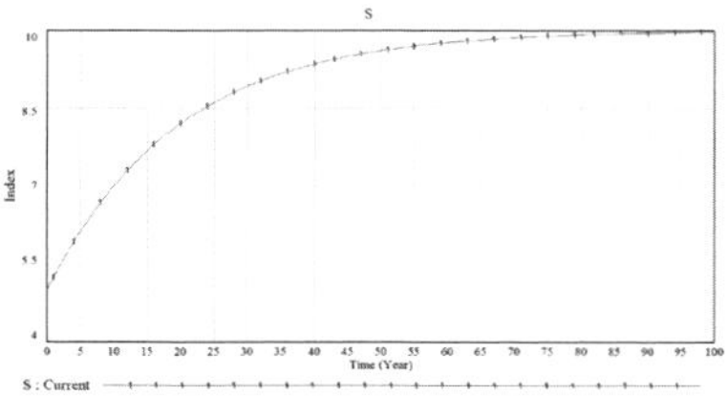	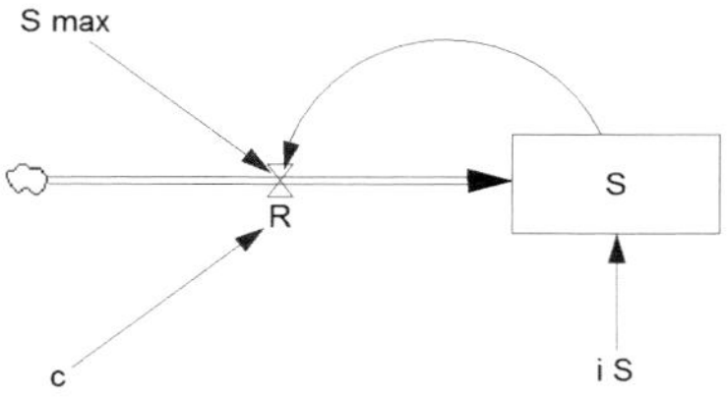

- ▷ 9.6 참조.
- ▷ 사회과학의 리커트(Likert) 척도의 범위 내에서 값이 변화하도록 설계한 모델이다.
- ▷ 저량(stock)의 값의 범위가 설문 조사 값의 범위 내에서 움직일 수 있도록 제한을 둔 모델이다.

파동 모델 또는 스프링 모델

2개 이상의 저량의 정보가 다른 저량의 변화율에 영향을 미침

패턴	모델의 일반적인 형태
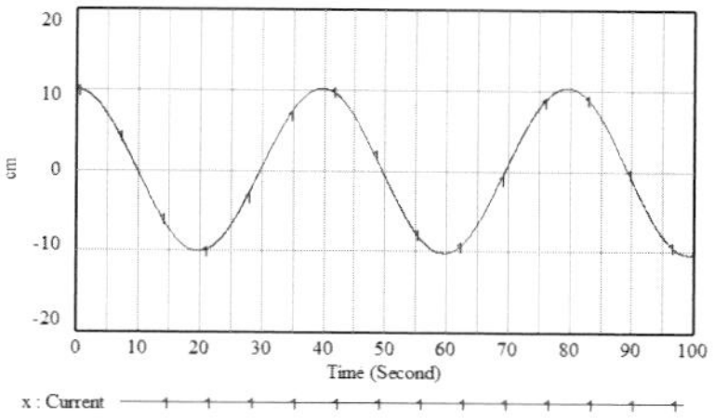	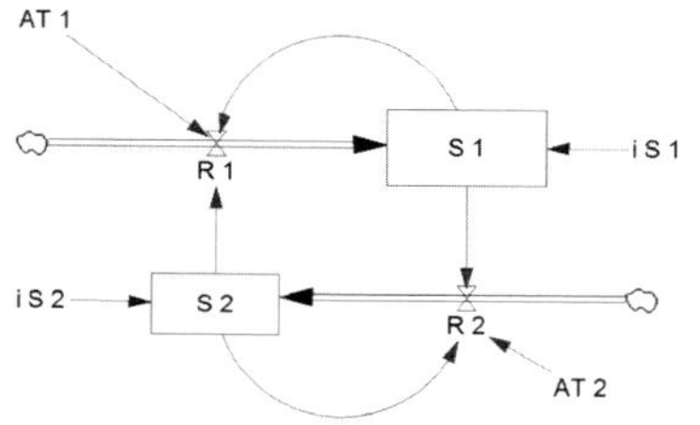

▷ 9.7 참조.

▷ 2개 이상의 저량에 담긴 정보의 상호작용에 의해서 파동이 발생하는 모델링이다.

▷ 2개의 저량에 있는 값이 다른 저량을 조절하는 변화율 변수에 영향을 미칠 때 파동이 발생함을 보여 주는 패턴이다.

재고 모델

2개 이상의 저량의 정보가 다른 저량의 변화율 또는 유량변수에 영향을 미침

패턴	모델의 일반적인 형태
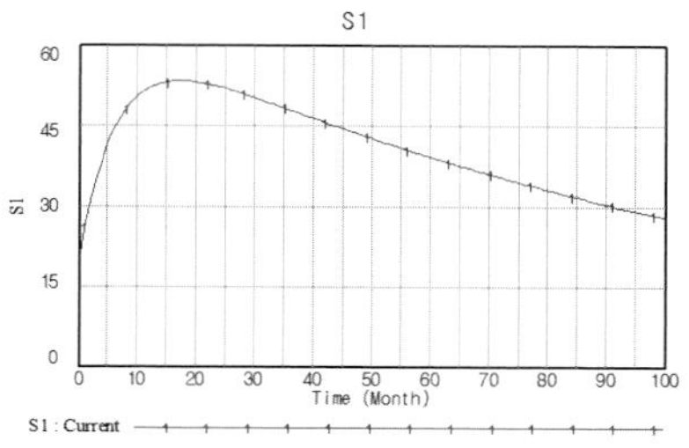	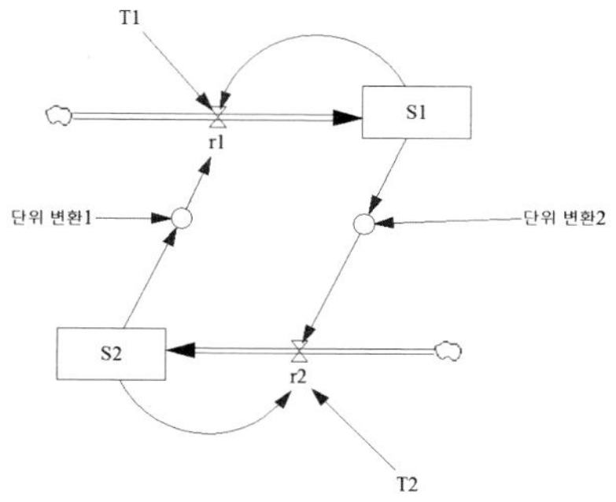

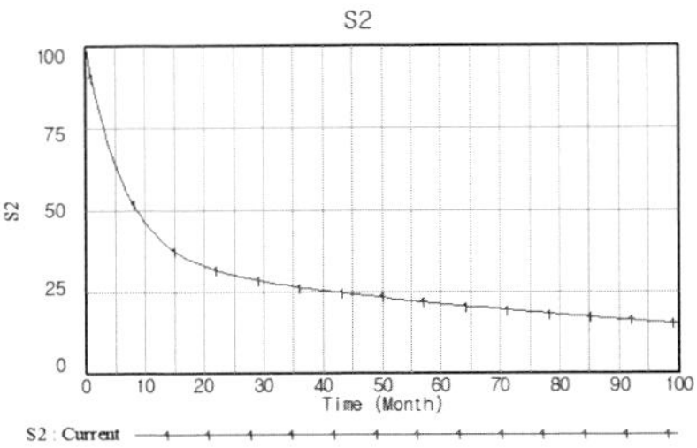	

▷ 9.8 참조.

▷ 파동 모델과 같은 구조이나 맥주 게임(Beer Distributio Game)의 근간이 되는 내부 구조를 갖는다.

▷ 저량의 정보가 다른 저량의 변화율에 영향을 미칠 때에 단위 전환에 대한 정보가 필요하다.

▷ 일반적으로 공급사슬망(supply chain mangement)에 대한 모델링의 기본 패턴이다.

확산 모델

S 성장하는 문제에 적용 가능함

패턴	모델의 일반적인 형태
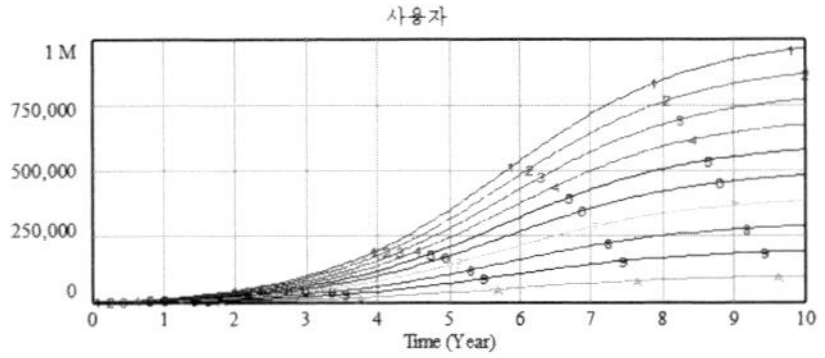	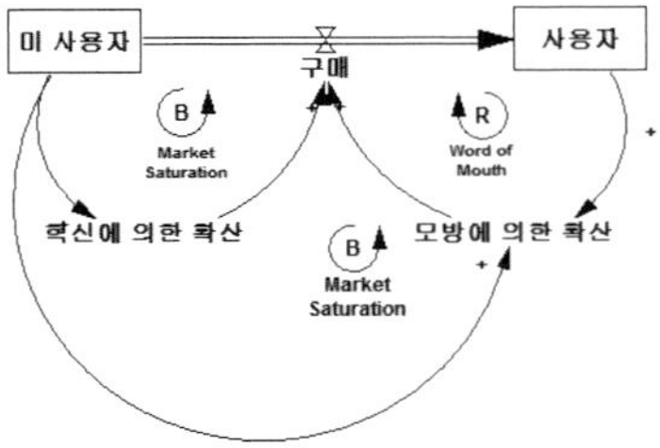

▷ 9.9 참조.

▷ S 자 형태로 성장하는 대상을 모델링할 때에 사용한다.

▷ 인구 등과 같이 하나의 저량에서 머물다가 다른 저량으로 이동하는 것을 모델링할 때에 사용한다.

욕조 모델 또는 코호트cohort 모델

저량 안에 어떤 물질이나 정보가 머무는 것을 모델링할 때 사용

<table>
<tr><th>패턴</th><th>모델의 일반적인 형태</th></tr>
<tr><td>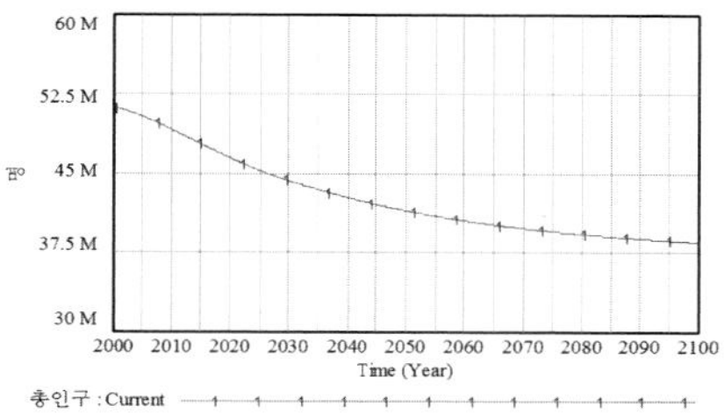
</td><td>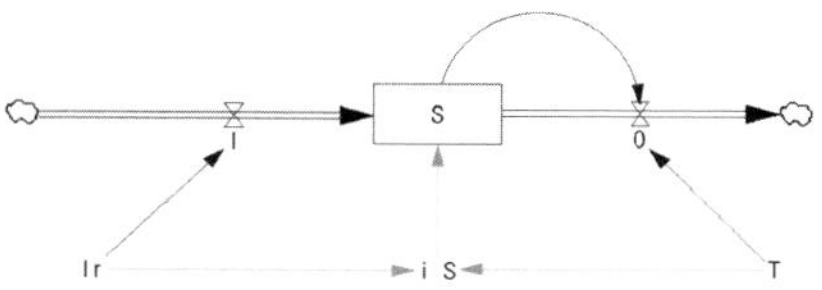
</td></tr>
</table>

▷ 9.10 참조.

▷ 욕조의 물의 양 등을 모델링할 때에 사용한다.

▷ 인구 등과 같이 하나의 저량에서 머물다가 다른 저량으로 이동하는 것을 모델링할 때에 사용한다.

파이프 라인 모델

욕조 모델과 같이 연속적으로 연결된 저량 중에서 일부의 저량 정보만을 사용할 때에 파동이 발생하는 유형

패턴	모델의 일반적인 형태
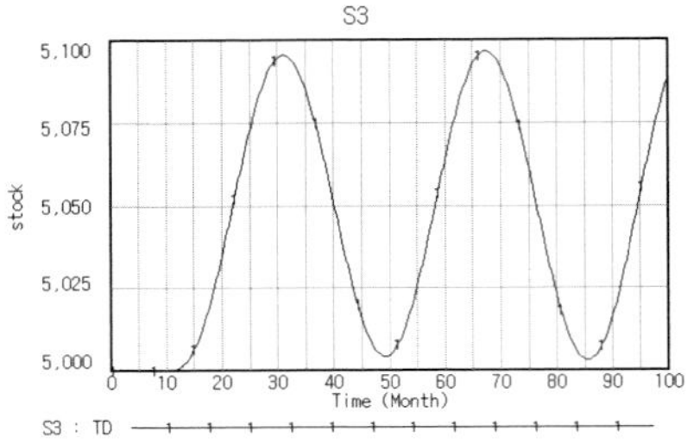	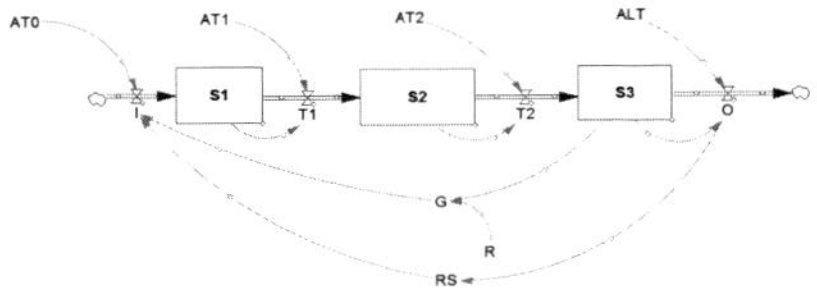

▷ 9.10.4. 참조.

▷ Vensim DSS 예제 모델이다.

▷ 스터만(Sterman, 2000: 415-467)은 이러한 패턴을 pipeline delay 모델로 설명하고 있다.

경쟁 모델

로트카 볼테라 방정식을 활용

패턴	모델의 일반적인 형태
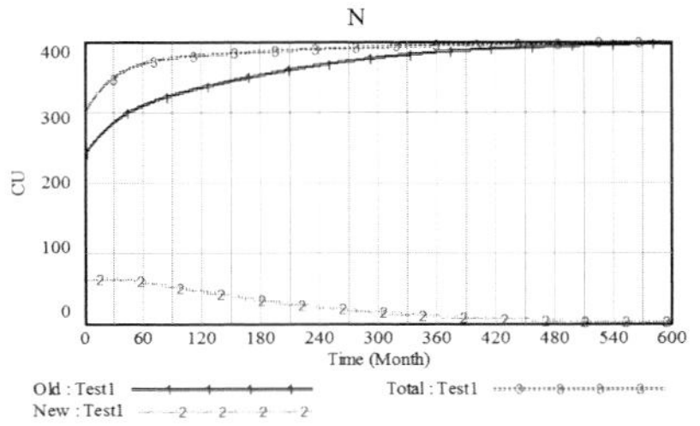	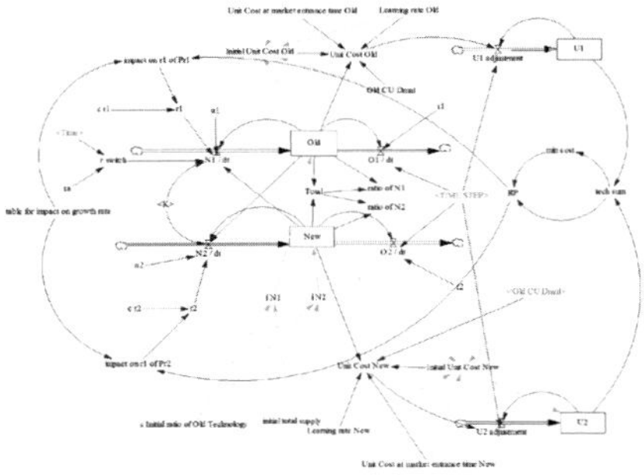

▷ 9.11. 참조.

▷ 확산 모델이 하나의 종이나 또는 기술 전체의 확산을 모델링하는 반면에 경쟁 모델은 전체 기술 시장에서 2개 이상의 기술 또는 종(種) 간의 경쟁을 예상하기 위한 모델을 작성할 때 사용할 수 있다.

▷ 시장 점유율 등을 예측하는 모델에 주로 사용한다.

학습 모델

학습곡선 방정식 이용

패턴	모델의 일반적인 형태
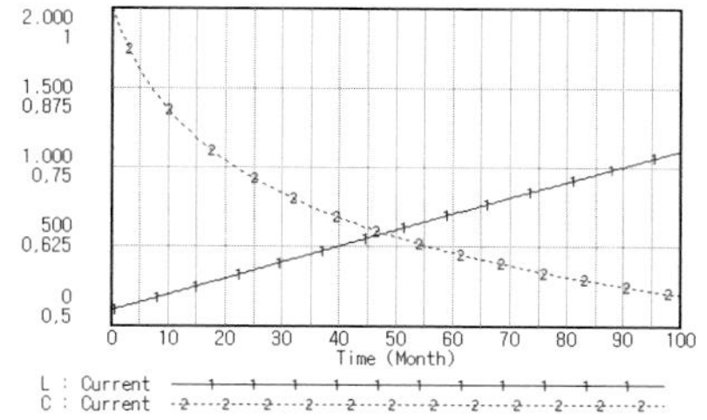	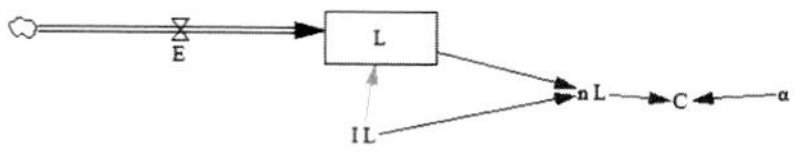

▷ 9.11.2. 참조.

▷ 모델의 저량의 변화로 성능 개선이나 학습이 이루어지는 모델을 만들 수 있다.

계단 모델

구조방정식 모델과 같은 형식

패턴	모델의 일반적인 형태
패턴을 정할 수 없음	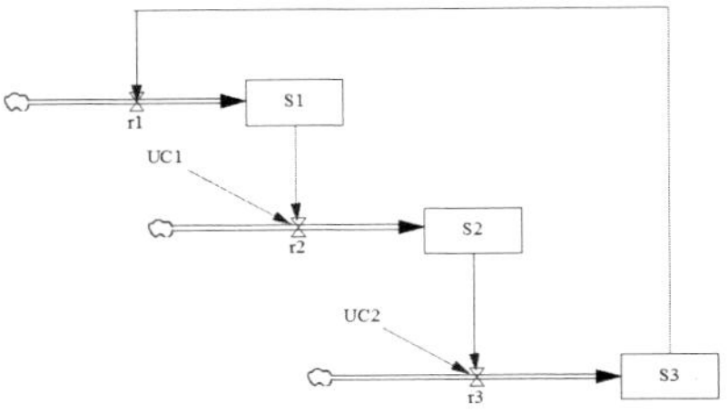

▷ 12장 참조.

▷ 구조방정식과 같은 형태로 모델을 구성하되 구조방정식의 한계인 정적 분석을 동적 분석으로 변화시킬 수 있는 모델이다.

9.2 매개변수 모델

9.2.1 문제 정의

벤심으로 원을 그릴 수 있을까를 생각해 보자. 원은 x와 y의 2차원의 관계식이다. 시스템 다이내믹스의 그래프는 기본적으로 x축이 시간이다. 따라서 x축의 시간 변수를 잘 활용하면 시스템 다이내믹스의 방법으로도 원을 충분히 그릴 수 있다.

원을 시뮬레이션하기 위해서는 매개변수가 필요한데, 시간은 훌륭한 매개변수가 된다. 즉, 원점을 중심으로 반지름(r)을 갖고 움직이는 물체를 생각하면 된다.

매개변수 모델의 SFD 9.2.2

원점 (0,0)을 중심으로 반지름 r, 한 바퀴를 회전하는 데 걸리는 시간이 τ일 경우 이 물체가 그리는 궤적은 다음과 같이 표현할 수 있다.

$$x(t) = r \cdot \cos(2\pi \cdot t / \tau) \quad \cdots\cdots (9.1a)$$

$$y(t) = r \cdot \sin(2\pi \cdot t / \tau) \quad \cdots\cdots (9.1b)$$

〈식 9.1a〉와 〈식 9.1b〉에서 보는 바와 같이 시스템을 구성하는 식에는 적분도 피드백도 존재하지 않는다. 따라서 〈식 9.1a〉와 〈식 9.1b〉에 대한 SFD는 〈그림 9.1〉과 같이 간단하게 표현할 수 있다.

- CYCLE=100 Units: Second
- FINAL TIME = 100 Units: Second
- INITIAL TIME = 0 Units: Second
- R = 1 Units: M
- saveper= TIME STE Units: Second
- TIME STEP = 1 Units: Second
- x = R * COS(6.28 * Time/CYCLE) Units: M
- y = R * SIN(6.28 * Time/CYCLE) Units: M

그림 9.1
원을 표현하기 위한 SFD

9.2.2 Cricle.mdl 참조.

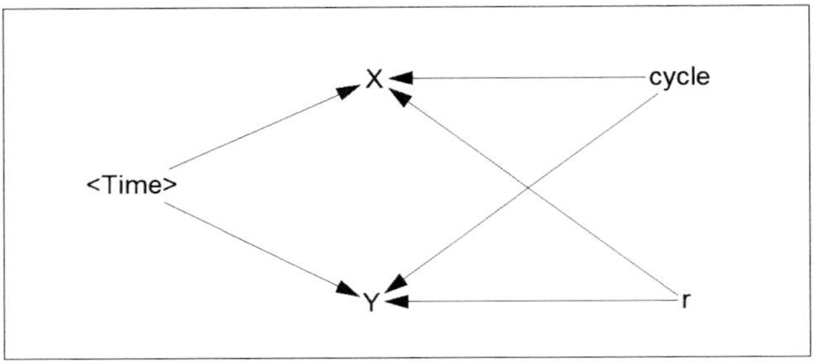

9.2.3 시뮬레이션

〈그림 9.1〉의 SFD를 시뮬레이션하면 〈그림 9.2〉와 같은 x와 y의 관계를 보여 준다. 전술한 바 있듯이 시스템 다이내믹스 모델은 타임스텝time step에 따라 오류*가 발생한다. 〈그림 9.1〉의 SFD에 따르면 x축이든 y축이든 그 좌표는 ‘$2\times\pi \cdot$ Time/CYCLE’이라는 인자를 포함하고 있다. 이는 물체가 360도 회전할 때 몇 개의 사이클cycle이 있는가가 중요한 오차의 척도가 된다. 다시 이야기하면, 변수 ‘cycle’의 값이 작으면 작을수록 360도 회전을 묘사하는 간격의 수가 적게 되므로 오차가 많이 발생한다. 이를 적절히 이용하면 다양한 모양을 만들 수 있다.

〈그림 9.2〉는 ‘cycle = 100’인 경우이다. 이 경우에는 원의 모양이 완벽하게 나타난다. 〈그림 9.3〉은 ‘cycle = 4’인 경우이다. 현재 모델의 time step = 1이므로 360도 회전을 4개의 타임스텝으로 묘사하여 최종 시간인 Time = 100까지 시뮬레이션하게 되면 총 25바퀴 회

★ 타임스텝에 따르는 오류는 7.1에서 설명했듯이 트렁케이션 오류 자체를 내포하고 있다는 점이다.

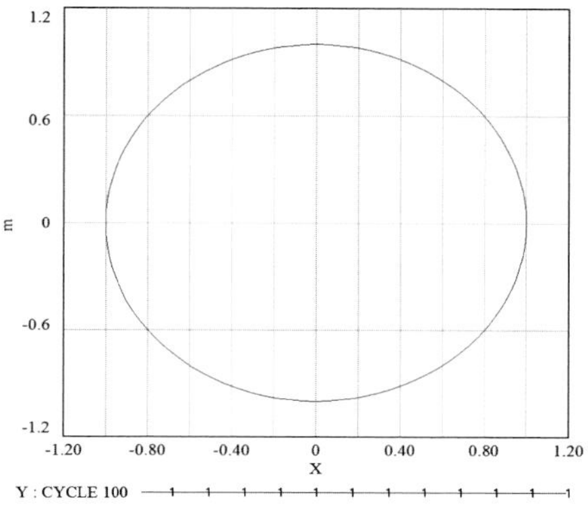

그림 9.2
시뮬레이션 결과
(원, cycle=100)

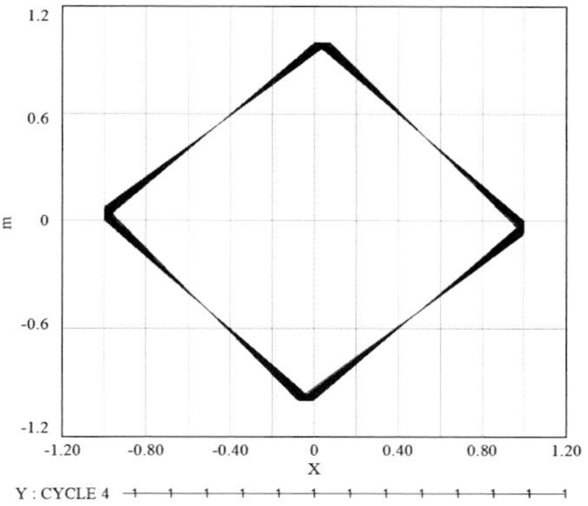

그림 9.3
시뮬레이션 결과
(원, cycle=4)

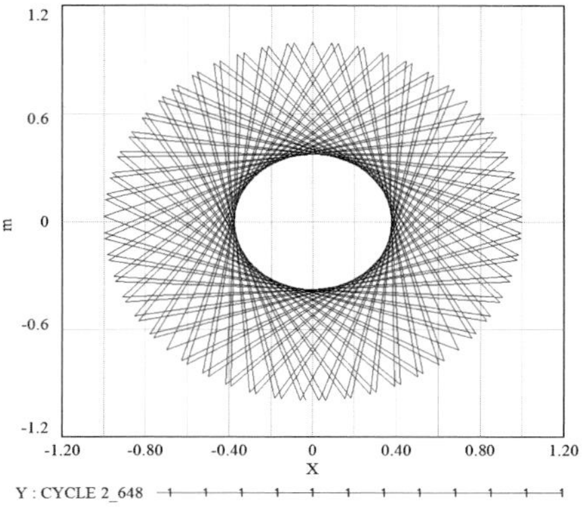

그림 9.4
시뮬레이션 결과
(원, cycle=2.648)

전을 하게 된다. 그러면 원은 약간의 어긋남이 발생해 〈그림 9.3〉과 같이 마름모 형태에 가깝다.

〈그림 9.4〉는 'cycle = 2.648'인 경우이다. 이 경우에는 원이라기보다는 별 모양에 가깝다. "9.2.4 원.mdl"의 SFD에 대하여 '동시 시뮬레이션Automatic Simulation on Change★' 기능을 이용하면 매우 다양한 모양을 확인할 수 있다.

★ 'SyntheSim'을 클릭하면 실행된다.

9.2.4 매개변수 모델의 특징

여기서 매개변수에 대해서 잠시 설명하도록 하겠다. 원의 방정식은 다음이다.

$$x^2 + y^2 = r^2 \quad \cdots\cdots \quad (9.2)$$

여기서, r: 반지름

그리고, 1사분면 및 2사분면에서 종속변수 y는 다음과 같다.

$$y = \sqrt{r^2 - x^2} \quad \cdots\cdots \quad (9.3)$$

어떤 경우는 매개변수를 사용하면 보다 편리할 때가 있다. 〈식 9.2〉 및 〈식 9.3〉으로 원을 나타내는 것이 대표적인 예인데, 이 경우 't'라는 시간변수를 매개변수로 사용한 것이다.

'$y = ax^2 + bx + c$'의 식에서 종속변수(y)와 독립변수(x)의 직접적인 관계식 대신에 시간변수(t)를 매개변수로 해 시스템을 기술한 것이다. 매개변수*를 사용할 경우에는 독립변수, 종속변수의 상관관계가 명확하지 못해서 개념을 이해하기 어려울 때가 많은데, 대신 의미가 명확해져서 모델링에 편할 경우가 많다.

★ 종속변수와 독립변수의 직접적인 이해관계가 아닌 독립변수를 대신하는 변수를 매개변수라고 할 수 있다.

〈그림 9.5〉와 같은 x와 y의 관계를 나타내는 방법을 생각해 보자.

이것도 t를 매개변수로 해 모델을 만들 수 있다. 이 모델에서는 K변수가 1일 때 정원이 되며 1보다 큰 홀수에서는 원이 함몰한다.

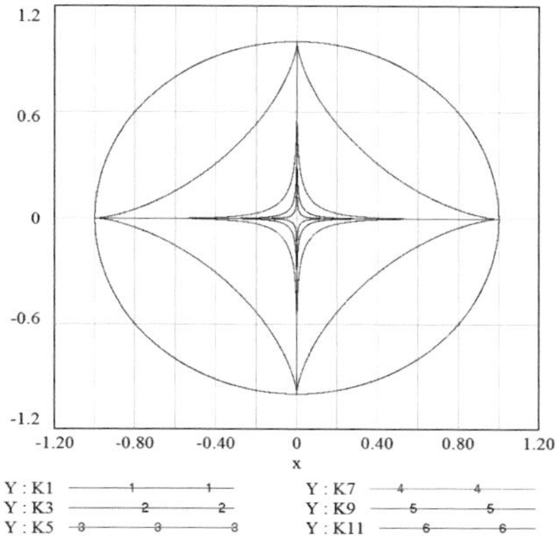

그림 9.5
매개변수를 이용한 원 그리기

9.2.4 원.mdl 참조.

그림 9.6
원 그리기의 SFD

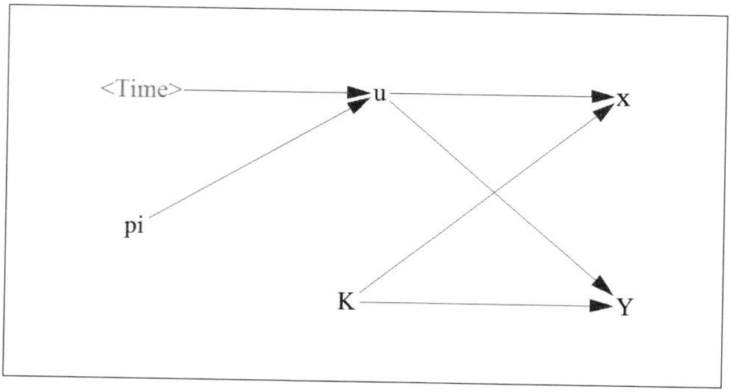

- pi = 3.14159
- time step = 0.0078125
- u = Time − quantum(Time, 2*pi)
- x = cos(u)^K
- Y = sin(u)^K
- K = 1(K≥2*n−1, n≥1인 정수)

9.3 지수함수 모델

9.3.1 개요

지수함수는 $y = a^x$의 형태를 갖는 함수이다. 이때 a는 1이 아닌 양의 숫자이다.

여기에서 물가의 상승에 대해 잠시 살펴보기로 하겠다. 일반적으로 물가상승률이 일정하다고 가정하면, 이

자율 공식과 유사하게 물가를 다음의 식★을 이용해 계산할 수 있다.

★ 〈식 9.4〉에서 지수함수의 지수는 단위가 없어야 한다.

$$P(t) = P(0) \cdot (1+e)^t \quad \cdots\cdots \quad (9.4)$$

여기서, $P(t)$ = 시간 t에서의 물가
$P(0)$ = 시간 0에서의 물가
e = 물가상승률

〈식 9.4〉는 엄밀한 의미에서 올바른 식이 아니다. 단위의 관점에서 보면 이것이 올바른 표현이 아니라는 점은 자명하다. 지수함수의 지수는 단위★★가 없어야 한다. 현재와 같은 식이라면 t의 단위에 따라 $P(t)$의 값이 변하게 된다. 따라서 〈식 9.4〉의 올바른 식은 다음과 같다.

★★ $e(\frac{1}{year}) \times \tau\,(year)$가 되면서 단위가 사라지며, 지수도 마찬가지이다.

$$P(t) = P(0) \cdot (1+e \cdot \tau)^{t/\tau} \quad \cdots\cdots \quad (9.5)$$

여기서, τ = 물가 상승 기간

〈식 9.5〉에서는 연 물가상승률★★★ e의 단위는 1/year가 되고, τ는 1year가 된다. 〈식 9.5〉는 지수함수와 로그함수가 역함수 관계가 있으므로 다음과 같이 표현이 가능하다.

★★★ 물가 P와 물가상승률 e를 구분해야 한다.

$$P(t) = P(0) \cdot e^{\ln(1+e\cdot\tau)^{t/\tau}} \quad \cdots\cdots \quad (9.6)$$

또한, 로그함수 내에 있는 지수는 곱으로 바깥으로 빠지게 되므로 〈식 9.5〉와 〈식 9.6〉은 다음과 동일하다.

$$P(t) = P(0) \cdot e^{t/\tau \cdot \ln(1+e\cdot\tau)} \qquad (9.7)$$

만약, 〈식 9.7〉을 다음과 같은 식

$$P(t) = P(0) \cdot e^{a \cdot t} \qquad (9.8)$$

으로 표현하면, 여기에서 α는

$$a = \ln(1+\mathrm{e}\cdot\tau)/\tau \qquad (9.9)$$

이 된다. 즉, 물가* P는 〈식 9.8〉과 같으며, 이는 대표적인 지수함수이다. 여기에서, 우리가 흔히 사용하는 물가상승률 e에 해당하는 α는 '매 시간마다 물가 상승이 이루어진다'는 의미에서 연속 물가상승률continuous escalation rate이라고 할 수 있다.

★ ln( )은 자연로그 함수이다.

9.3.2 지수함수의 SFD

지수함수는 〈그림 9.7〉과 같은 형태의 SFD를 갖게 되는데, 유량에 곱해지는 계수가 〈식 9.8〉의 α에 해당하는 계수이다.

즉, 〈식 9.10〉은 연속 물가상승률에 해당하는 변수인 'continuous gas price increase rate'를 다시 3개의 인자로 나누어 계산한 것이다.

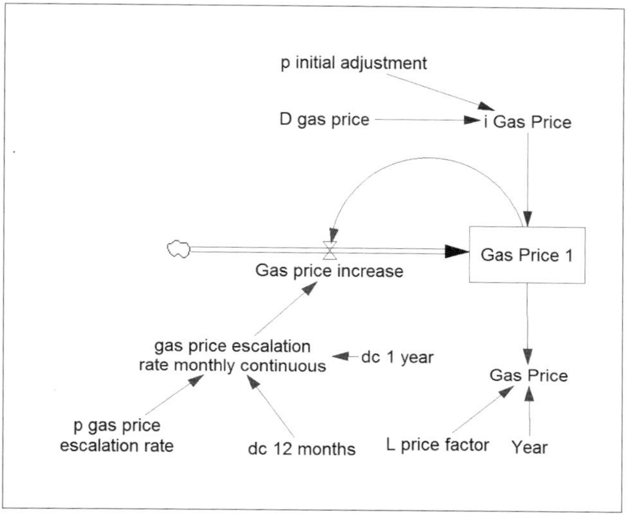

그림 9.7

지수함수 모델(물가 상승)

9.3.2 Gas Price.mdl 참조.

continuous gas price increase rate = ln(1+p gas price increase rate annual * dc 1 year) / dc 12 months …… (9.10)

〈식 9.10〉은 〈식 9.7〉의 지수에 있는 'ln( )'의 인자와 동일한 것이다.

- continuous gas price increase rate = LN(1 + p gas price increase rate annual * dc 1 year) / dc 12 months   Units: 1/Month
- D gas price   Units: Won/m^3
- dc 1 year = 1   Units: Year
- dc 12 months = 12   Units: Month
- FINAL TIME = 264   Units: Month
- Gas Price 1 = INTEG(Gas price increase, i gas price)   Units: Won/m^3
- Gas price increase = Gas Price * continuous gas price increase rate   Units: Won/(Month*m^3)
- Gas Price = Gas Price 1 * L Price factor(year)
- i gas price = INITIAL(D gas price * p initial adjustment)   Units: Won/m^3
- INITIAL TIME = 0   Units: Month
- L Price factor([(1991, 0) - (2013, 2)], (1991, 1), (2013, 1))
- p gas price increase rate annual = 0.0525176   Units: 1/Year [0, 0.05]
- p initial adjustment = 0.900603   Units: Dmnl [0.5, 2]
- SAVEPER = 1   Units: Month [0, ?]
- time step = 0.5   Units: Month [0, ?]
- Year= TIME BASE* (1991, 0.083333)   Units: Year [1991, 0.083333]

★ 기준 시간(time base)은 7.4에서 학습했다.

9.3.3 시뮬레이션

〈그림 9.7〉과 같은 지수함수 모델은 〈그림 9.8〉과 같은 단조증가 형태를 갖게 된다. 즉 〈식 9.8〉의 α의 값이 '0' 보다 크다면 〈그림 9.8〉과 같이 증가하는 형태를 갖게 된다.

- Decay rate Pa 234 = Protactinium 234 / (T half Pa 234 / ln(2))
  Units: kg/Day
- Decay rate Th 234 = Thorium 234 / (T half Th 234 / ln(2))
  Units: kg/Day
- Decay rate U 234 = Uranium 234 / (T half U 234/ln(2))
  Units: kg/Day
- Decay rate U 238 = Uranium 238 / (T half U 238/ln(2))
  Units: Moles/Day
- FINAL TIME = 1000 Units: Day
- INITIAL TIME = 0 Units: Day
- Protactinium 234 = INTEG(Decay rate Th 234 − Decay rate Pa 234, 0) Units: Moles
- SAVEPER = time step Units: Day [0, ?]
- T half Pa 234 = 27 Units: Days
- T half Th 234 = 27 Units: Days
- T half U 234 = 245500*365.25 Units: Days
- T half U 238 = 4.5e+009*365.25 Units: Days
- Thorium 234 = INTEG(Decay rate U 238 − Decay rate Th 234, 0)
  Units: kg
- time step = 1 Units: Day [0, ?]
- U 234 = INITIAL(U0 * u 234 fraction) Units: Moles
- u 234 fraction = INITIAL(0.0054/99.2742) Units: Dmnl
- U0 = 1e + 006 Units: Moles
- Uranium 234 = INTEG(Decay rate Pa 234 − Decay rate U 234, U 234) Units: Moles
- Uranium 238 = INTEG(− Decay rate U 238, U0) Units: Moles

9.5 점근 모델

9.5.1 개요

★ 어떤 특정한 값에 접근한다는 의미이다.

점근 모델Approaching Model★은 천이 모델과 함께 감소 모델로 가장 많이 사용되는 기본 모델이다. 천이 모델이 '0'으로 접근하는 데 반해, 점근 모델은 일정 수준으로 접근하는 것이 다르므로 어떻게 보면 천이 모델의 일반화된 형태로 해석할 수 있다.

9.5.2 점근 모델의 SFD

〈그림 9.17〉은 점근 모델의 SFD이다. 이 SFD의 골격은 'decay rate'로서 변수 'Level'의 값이 'p asymptotic level'의 값인 5 이하로 내려가지 않도록 하고 있다.

그림 9.17
점근 모델의 SFD

9.5.2 점근모델.mdl 참조.

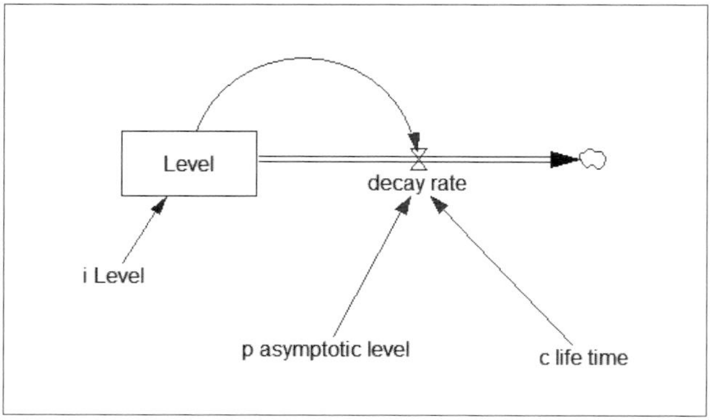

- c life time = 12 Units: Month
- decay rate = (Level - p asymptotic level) / c life time
  Units: Index/Month
- FINAL TIME = 100 Units: Month The final time for the simulation.
- i Level = 10 Units: Index
- INITIAL TIME = 0 Units: Month
- Level = INTEG(- decay rate, i Level) Units: Index
- p asymptotic level = 5 Units: Index
- SAVEPER = time step Units: Month [0, ?]
- time step = 1 Units: Month [0, ?]

시뮬레이션 9.5.3

점근 모델에 대해 시뮬레이션을 수행하면 〈그림 9.18〉과 같다. 즉 점근 모델은 어떤 목표 값을 향해 수렴해 가는 형태를 갖는다.

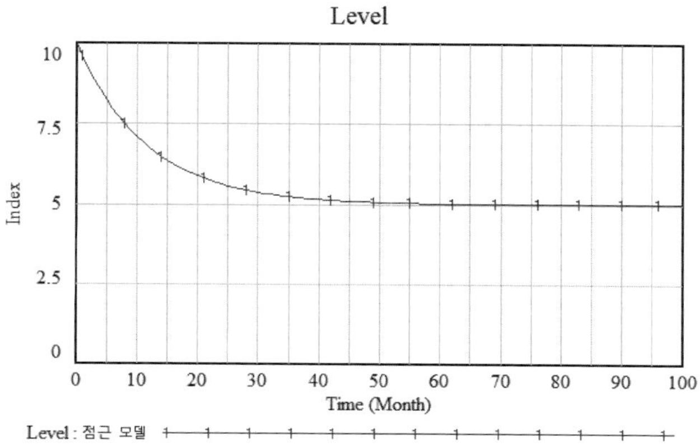

그림 9.18
점근 모델

9.5.4 응용: 커피 온도의 변화

★
점근 모델에 대한 이해를 돕기 위해 폐쇄된 시스템 내에서 열교환이 이루어지는 것을 모델링한 것이다.

〈그림 9.19〉★는 잔에 있는 뜨거운 커피가 식어 가는 것을 간단하게 모델링한 것이다. 커피 온도는 커피가 있는 실내 온도와 열교환하고 실내의 온도는 그 외부와 열교환하는 피드백이 이루어진다.

여기에서는 공기의 부피나 밀도에 대해서는 고려하지 않았음에 유의하기 바란다. 〈그림 9.19〉는 3개의 저량이 상호작용하는 것을 보여 주는 데 모델의 목적이 있다. 보다 정확한 모델을 만들기 위해서는 공간 좌표를 첨자★★로 두어 설계를 해야 할 것이며, 이것은 기후 모델로 확장이 가능하다.

★★
첨자(subscrip)는 10.4에서 다루기로 한다.

그림 9.19
커피 온도의 변화 모델

9.5.4 온도조절.mdl 참조.

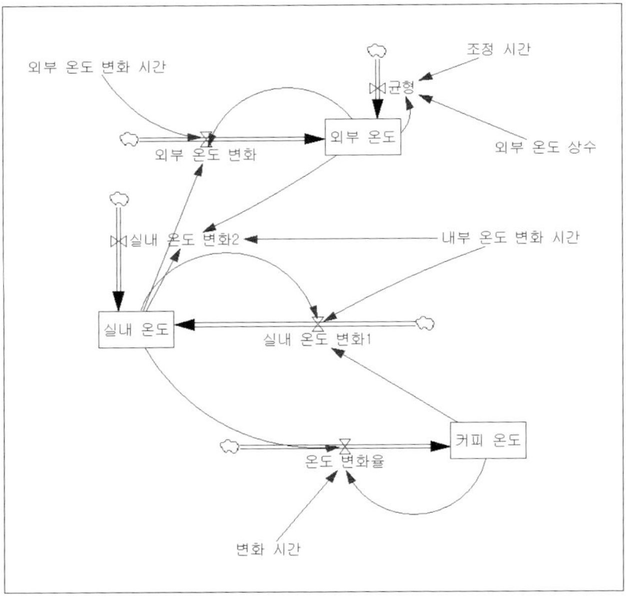

- FINAL TIME = 50 Units: Minute
- INITIAL TIME = 0 Units: Minute
- saveper = time step Units: Minute
- time step = 0.0625 Units: Minute
- 균형 = (외부 온도 상수 – 외부 온도)/조정 시간 Units: C/Minute
- 내부 온도 변화 시간 = 5 Units: Minute
- 변화 시간 = 2 Units: Minute
- 실내 온도 = INTEG(실내 온도 변화 2 + 실내 온도 변화 1, 25) Units: C
- 실내 온도 변화1 = (커피 온도 – 실내 온도)/내부 온도 변화 시간 Units: C/Minute
- 실내 온도 변화2 = (외부 온도 – 실내 온도)/내부 온도 변화 시간 Units: C/Minute
- 온도 변화율 = (실내 온도 – 커피 온도)/변화 시간 Units: C/Minute
- 외부 온도 = INTEG(균형 + 외부 온도 변화, 20) Units: C
- 외부 온도 변화 = (실내 온도 – 외부 온도)/외부 온도 변화 시간 Units: C/Minute
- 외부 온도 변화 시간 = 10 Units: Minute
- 외부 온도 상수 = 25 Units: C
- 조정 시간 = 4 Units: Minute
- 커피 온도 = INTEG(온도 변화율, 100) Units: C

여러 개의 저량이 서로 영향을 주면서 최종적으로 한 값으로 수렴한다. 즉, 이 공간이 폐쇄된 공간이라고 할 경우 모든 저량이 〈그림 9.20〉에서와 같이 한 값으로 수렴하게 된다. 이것은 균형 루프가 작용했음을 의미한다.

외부에서 태양 에너지가 들어오는 지구를 위도별로 나누어 생각했을 때에 에너지의 흐름과 위도 및 고도별 에너지의 흐름 변화도 더 복잡한 모델이 되겠지만 이와 유사하게 모델링할 수 있다.

그림 9.20

커피와 주변 온도의 수렴

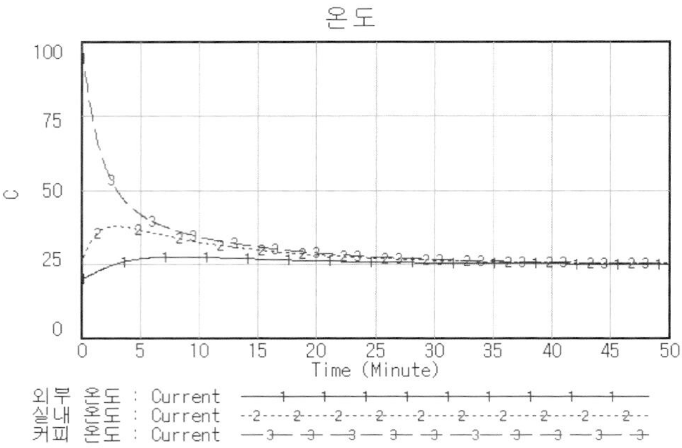

9.6 제한 모델

9.6.1 개요

사회과학에서는 리커트Likert 5점 척도 또는 10점 척도 등 변수에 대한 조작적 정의를 많이 사용한다. 조작적 정의가 잘되어 있을 경우에는 조작적 정의 자체를 저량변수로 사용하는 것이 편리한데, 문제는 변수의 치역을 조작적 정의 내에 유지해야 한다는 것이다. 제한 모델Bounded Model은 이런 상황에서 많이 사용하게 된다. 제한 모델은 어떤 변수 값이 특정 값을 넘거나 아래로 내려가지 않도록 제한하기 위해 고안된 모델이다. 제한 모델은 리커트 척도처럼 어떤 변수가 최소 1에서 최대

5 또는 10 사이의 제한된 값을 갖도록 하기 위한 모델이다. 즉, $y = f(x)$의 함수에서 y 값의 범위를 제한한다.

제한 모델의 SFD 9.6.2

〈그림 9.21〉은 제한 모델에 대한 SFD이다. 저량변수인 '시민 의식'이 치역인 'dc index max'의 값을 넘지 않도록 해야 한다. 가장 간단한 방법은 'dc index max – 시민 의식'의 값으로 증가량(시민 의식 증가)을 결정하는 것이다.

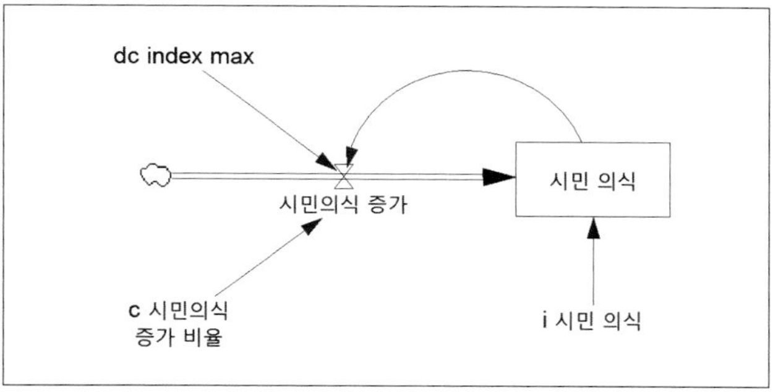

그림 9.21
제한 모델의 SFD

9.6.2 시민의식.mdl 참조.

- c 시민 의식 증가 비율 = 0.05 Units: 1/Year
- dc index max = 10 Units: Index
- FINAL TIME = 100 Units: Year
- i 시민 의식 = 5 Units: Index
- INITIAL TIME = 0 Units: Year
- SAVEPER = time step Units: Year [0, ?]
- time step = 1 Units: Year [0, ?]
- 시민 의식 = INTEG(시민 의식 증가, i 시민 의식) Units: Index
- 시민 의식 증가 = (dc index max – 시민 의식) * c 시민 의식 증가 비율 Units: Index/Year

9.6.3 시뮬레이션

제한 모델의 저량변수인 '시민 의식'은 〈그림 9.22〉와 같이 치역인 [0, 10] 범위에서 결정되게 된다.

〈그림 9.22〉의 치역 범위는 설문 조사 값을 토대로 다시 조작한 것이다. 즉, 7점 만점의 리커트 척도*를 설계한 설문 조사에서 7점을 10점으로 환산하고 리커트 척도의 1점을 0점으로 처리할 수도 있다. 다만 이러한 정의를 연구자들이 사전에 명확하게 정의해 주어야만 한다는 점에 유의하기 바란다.

★ 사회과학에서 흔히 사용하는 리커트 척도 결과를 시스템 다이내믹스와 함께 응용할 수 있다.

그림 9.22 시뮬레이션 결과(제한 모델)

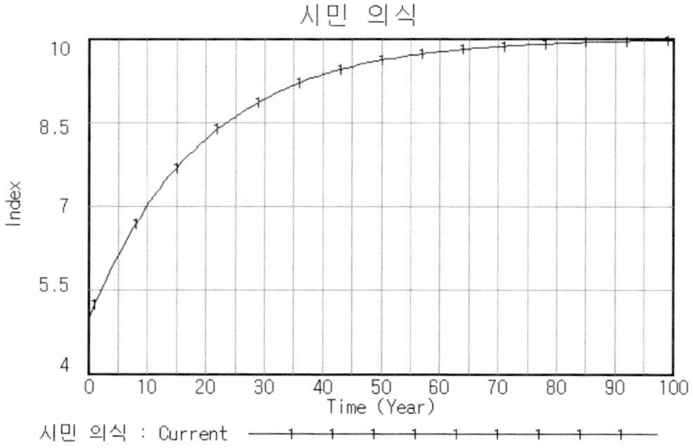

파동 모델 9.7

개요 9.7.1

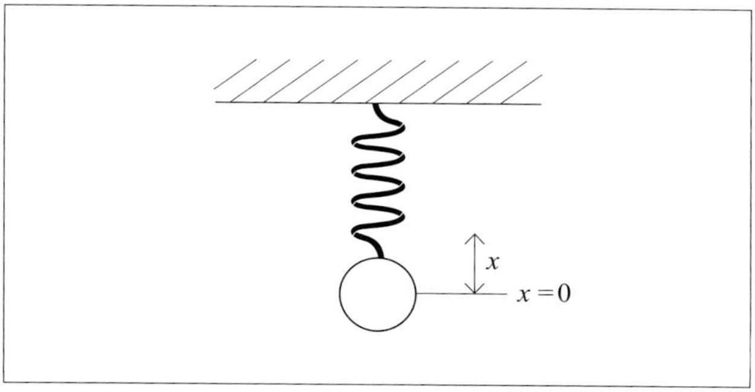

그림 9.23
스프링의 개요

스프링은 잡았다가 놓으면 진동을 한다. 〈그림 9.23〉에서와 같이 원래의 위치 $x=0$으로 돌아오려는 힘을 복원력*이라 하며, 스프링과 관련 있는 식들을 나열하면

★ 복원력은 위치 $x=0$으로 돌아오려는 힘이다.

$$F=-k \cdot x \quad \cdots\cdots \quad (9.16a)$$

$$F=m \cdot a \text{ 또는 } a=\frac{F}{m} \quad \cdots\cdots \quad (9.16b)$$

$$v=\int a \cdot dt \quad \cdots\cdots \quad (9.16c)$$

$$x=\int v \cdot dt \quad \cdots\cdots \quad (9.16d)$$

여기서, F = 힘, 복원력
x = 변위
m = 질량
a = 가속도
τ = 속도

이다. 이 식들에 따르면 복원력이 파동의 근원이다.

9.7.2 파동의 SFD

★
파동을 보여 주는 모델의 특징은 저량이 2개 이상 나타난다는 것이다. 즉 파동은 관성을 지닌 저량의 상호작용에 의해 나타난다. 저량변수가 관성이 있음은 5장에서 살펴보았다.

〈식 9.16〉을 SFD로 만들면 〈그림 9.24〉와 같다. 이는 파동을 이룰 때에는* 2개의 저량이 작용함을 보여 준다.

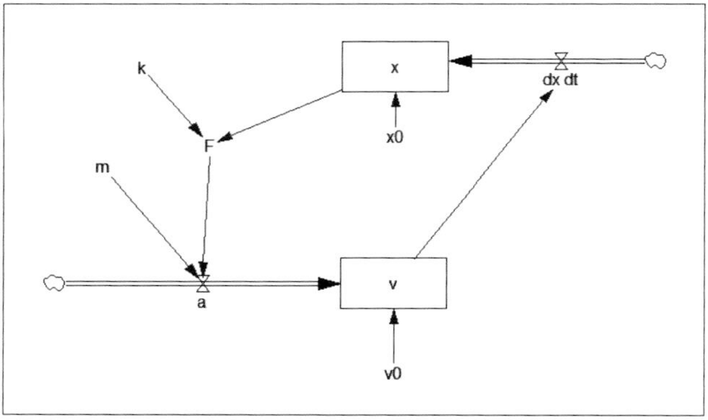

그림 9.24
스프링 시스템의 SFD

9.7.2 스프링.mdl 참조.

- a = F/m Units: cm/Second*Second
- dx dt = v Units: cm/Second
- F = −k * x Units: g*cm/Second*Second
- k= 2.5 Units: g/Second*Second
- m= 100 Units: g
- time step = 0.015625 Units: Second
- v= INTEG(a, v0) Units: cm/Second
- v0= 0 Units: cm/Second
- x= INTEG(dx dt, x0) Units: cm
- x0= 10 Units: cm

시뮬레이션

9.7.3

스프링 모델을 시뮬레이션하면 〈그림 9.25〉와 같은 곡선이 나타난다. 파동이 지속됨을 보여 준다.

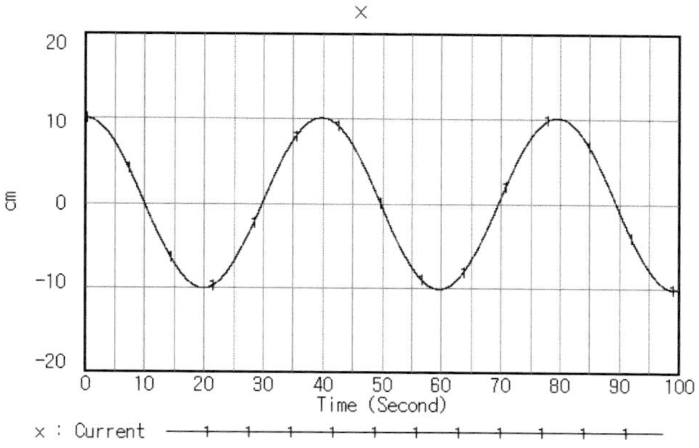

그림 9.25
시뮬레이션 결과(스프링 시스템)

피드백

9.7.4

스프링 시스템의 SFD를 잘 살펴보면 〈그림 9.26〉에서 보는 바와 같이 하나의 고리를 형성하는 것을 확인할 수 있다.

변위가 증가하면 복원력이 감소(음으로 증가)하고, 복원력이 감소하면 가속도가 줄고, 가속도가 줄면 속도도 줄고, 속도가 줄면 변위가 준다. 즉, 변위가 증가하는 것으로 시작하면 변위가 감소하는 것으로 끝나는데, 이러한 피드백을 음의 피드백이라고 부른다. 이처럼 음의 피

그림 9.26
스프링 시스템에 있는 음의 피드백

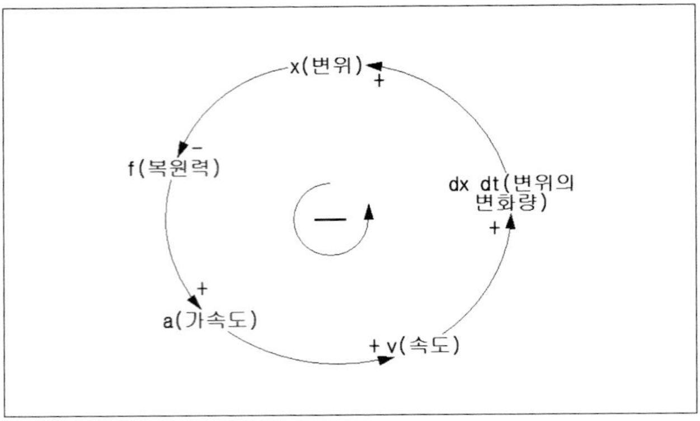

드백은 어떤 변위가 증가하면 다른 변위를 감소시키거나, 또는 반대로 어떤 변위가 감소하면 다른 변위를 증가시키는 메커니즘을 구조적으로 제공한다. 따라서 변화를 점차 줄여 나가는 방향으로 되거나 아니면 진동하는 행태를 보이게 된다. 스프링 시스템은 이 음의 피드백 때문에 진동하는 행태를 보여 주는 것이다.

양의 피드백★도 있다. 양의 피드백은 음의 피드백과 달리 한번 증가하기 시작하면 구조적으로 계속 증가하고, 감소하기 시작하면 계속 감소하게 된다.

★ 피드백의 종류는 4.3.3에서 학습했다.

재고 모델 9.8

기본 문제 9.8.1

재고 모델은 앞으로 설명할 확산 모델이나 인구 모델과 같이 범용으로 사용되는 모델은 아니다. 그러나, 이는 유명한 맥주 게임Beer Distribution Game★의 근간이 되는 모델로 내부의 구조에 따라 시스템의 동적 현상이 어떻게 나타나는지 보여 주는 유명한 모델이다.

재고 모델의 기본 문제는 작업자 수와 공장 재고량 사이의 균형 문제이다. 만약, 출고량이 '50개/일'이고, 생산성이 '5개/(일×명)'이라면 필요한 작업자 수는 정확히 '50개/일÷5개/(일×명)=10명'이 될 것이다. 문제는 "출고량(정확히는 출고 요청량)에 변화가 생기면 어떻게 대처할 것인가?" 하는 문제이다.

이 문제에 대한 SFD를 고려할 때 저량변수는 양의 보존법칙이 성립하는 '작업자 수'와 '재고량'이 된다. 이를 중심으로 SFD를 완성하면 〈그림 9.27〉과 같다.

★ 맥주 게임(Beer Distribution Game)은 공급사슬망(supply chain management)의 현상을 분석하기 위해 실제로 사람들이 보드 게임을 실시한다.

그림 9.27
재고 모델의 기본 문제

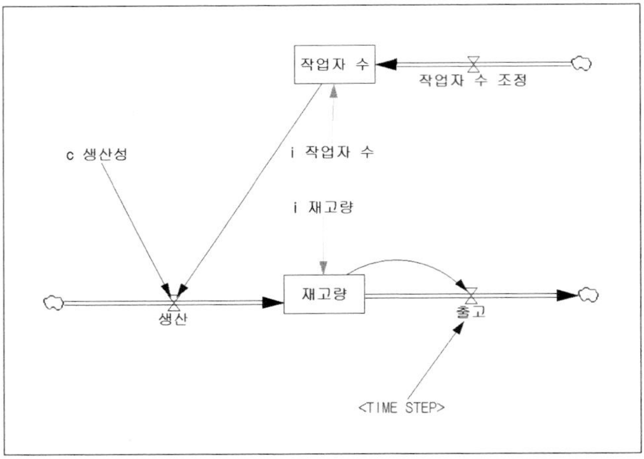

- time step = 0.0625 Units: 일
- c 생산성 = 5 Units: 개/(명*일)
- i 작업자 수 = INITIAL(10) Units: 명
- i 재고량 = INITIAL(350) Units: 개
- 생산 = 작업자 수 * c 생산성 Units: 개/일
- 작업자 수 = INTEG(작업자 수 조정, i 작업자 수) Units: 명
- 작업자 수 조정 = 0 Units: 명/일
- 재고량 = INTEG(생산−출고, i 재고량) Units: 개
- 출고 = MIN(재고량/time step, 50 + step(10, 20)) Units: 개/일

★ 재고관리 기본.mdl 참조.

〈그림 9.27〉*의 SFD를 시뮬레이션해 보면, 출고량이 Time＝20일까지 아무런 변화가 없다가(출고량＝50개/일) 갑자기 70개/일로 바뀌었을 때 〈그림 9.28〉과 같이 재고량은 계속 줄어들어 바닥이 날 것이다.

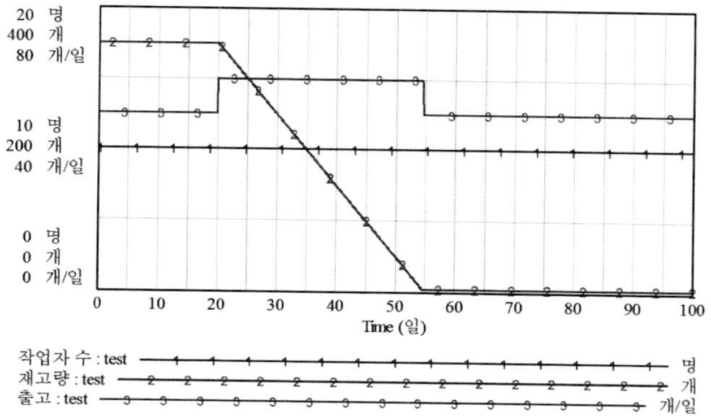

그림 9.28
재고 모델의 기본 문제 시뮬레이션 결과

재고량을 일정 수준으로 유지하기 위해서는 생산 속도를 늘려야 하므로 결국은 작업자 수를 늘려야 한다. 작업자 수를 늘리는 방법으로는 다음과 같은 몇 가지를 생각할 수 있다.

▷ 재고량을 보고 관리하는 방법

▷ 출고량을 보고 관리하는 방법

이 시스템을 올바르게 운영하기 위해서는 출고량을 계속 감시해 작업자 수를 조정해야 한다. 실제 업무★에 있어서 출고량과 같은 유량변수를 관찰하면서 이를 관리하는 것은 용이하지 않다. 왜냐하면 유량변수는 매 순간마다 변하는 양의 기복이 심하기 때문이다. 반면에 재고량과 같은 저량변수는 그 변화의 속도가 심하지 않고 기록이 용이하기 때문에 관리하기가 쉽다.

★ 실제 업무에 있어서 출고량과 같은 유량변수를 관찰하면서 이를 관리하는 것은 용이하지 않다.

9.8.2 시뮬레이션

시나리오 1

가장 먼저 생각할 수 있는 관리 모델은 얼마나 더 생산해야 하는가를 판단하는 것이다. 즉, 〈그림 9.29〉와 같은 음의 순환고리를 생각해 볼 수 있다.

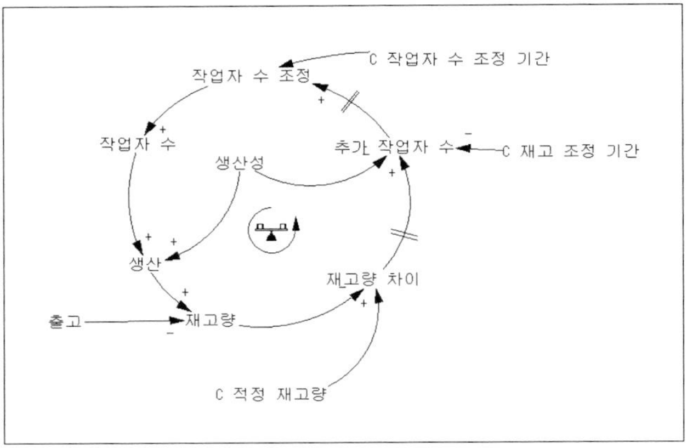

그림 9.29
재고량 조절을 위한 음의 순환고리 1

출고량이 변해 생산과 출고의 균형이 깨지면, 가령 재고량이 줄어든다면, 그 재고량을 올리기 위해 작업자를 늘려 생산을 촉진하게 된다. 여기에는 2개의 시간 지연이 개입된다. 하나는 적정 재고량과 재고량의 차이를 어느 정도의 기간을 두고 맞출 것인가(c 재고 조정 기간) 하는 문제이고, 다른 하나는 추가 작업자 수를 확보하는 가운데 발생하는 시간 지연(c 작업자 수 조정 기간)이다. '추가 작업자 수' 및 '작업자 수 조정'은

$$\text{추가 작업자 수} = \frac{\text{재고량 차이}}{\text{c 재고 조정 기간} \times \text{생산성}} \cdots\cdots\cdots\cdots\cdots \quad (9.17a)$$

$$\text{작업자 수 조정} = \frac{\text{추가 작업자 수}}{\text{c 작업자 수 조정 기간}}$$

$$= \frac{\text{재고량 차이}}{\text{c 생산성} \times \text{c 재고 조정 기간} \times \text{c 작업자 수 조정 기간}} \cdots\cdots\cdots\cdots\cdots \quad (9.17b)$$

에 의한다.

〈식 9.17a〉와 〈식 9.17b〉에 의하면 '재고 조정 기간'과 '작업자 수 조정 기간'이라는 시간 지연을 의미하는 변수가 같은 위치에서 곱해진다.이러한 점을 염두에 두고 SFD를 작성하면 〈그림 9.30〉과 같다.

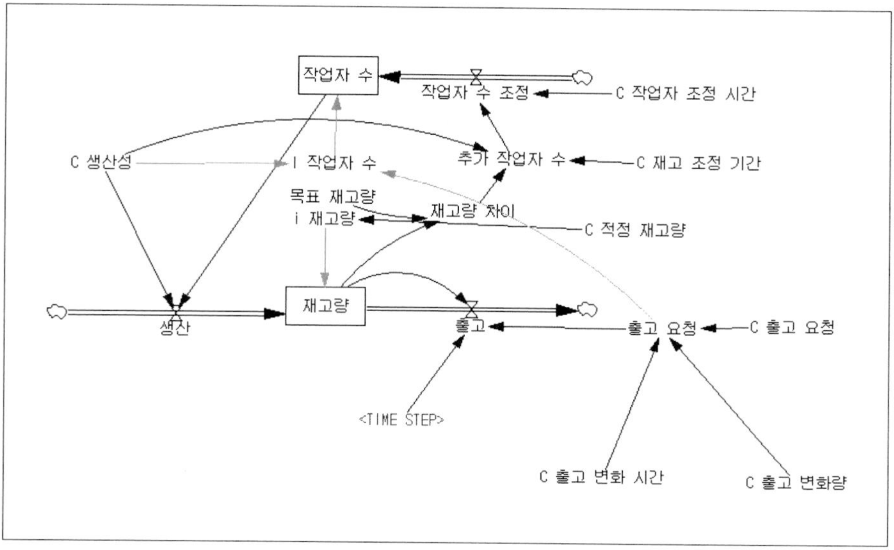

그림 9.30 기본 재고 모델 재고관리1.mdl 참조.

- time step = 0.03125 Units: 일
- c 생산성 = 5 Units: 개/(명*일)
- c 작업자 조정 기간 = 3 Units: 일
- c 적정 재고량 = 350 Units: 개
- c 재고 조정 기간 = 3 Units: 일
- c 출고 변화 시간 = 15 Units: 일
- c 출고 변화량 = 25 Units: 개/일
- c 출고 요청 = 50 Units: 개/일
- i 작업자 수 = INITIAL(출고 요청 / c 생산성) Units: 명
- i 재고량 = INITIAL(c 적정 재고량) Units: 개
- 생산 = 작업자 수 * c 생산성 Units: 개/일
- 작업자 수 = INTEG(작업자 수 조정, i 작업자 수) Units: 명
- 작업자 수 조정 = 추가 작업자 수 / c 작업자 조정 기간 Units: 명/일
- 재고량 = INTEG(생산-출고, i 재고량) Units: 개
- 재고량 차이 = 적정 재고량 - 재고량 Units: 개
- 추가 작업자 수 = (재고량 차이 / c 재고 조정 기간) / c 생산성 Units: 명
- 출고 = MIN(재고량/time step, 출고 요청) Units: 개/일
- 출고 요청 = c 출고 요청 + STEP(c 출고 변화량, c 출고 변화 시간) Units: 개/일

〈그림 9.31〉은 이러한 재고 모델의 시뮬레이션 결과이다. 〈그림 9.31〉에서 볼 수 있듯이 2개의 저량이 정보를 주고받으면 일정한 주기를 갖는 진동의 형태를 갖게 된다. 참고로 재고 모델은 타임스텝에 따라 시뮬레이션 결과가 많이 차이 난다. 〈그림 9.32〉는 time step = 1인 경우이다.

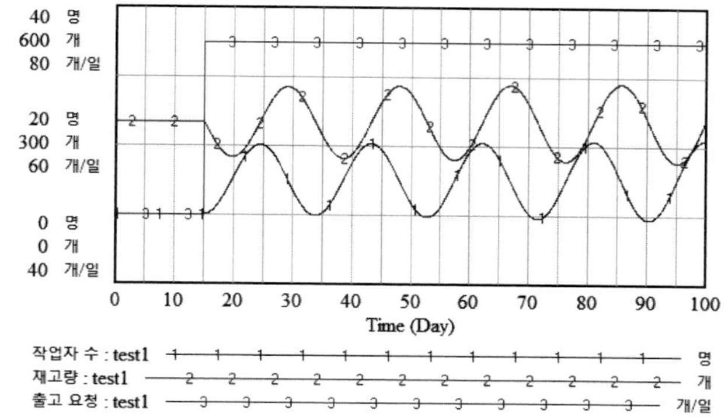

그림 9.31
재고 모델 1의 시뮬레이션 결과(time step = 0.03125)

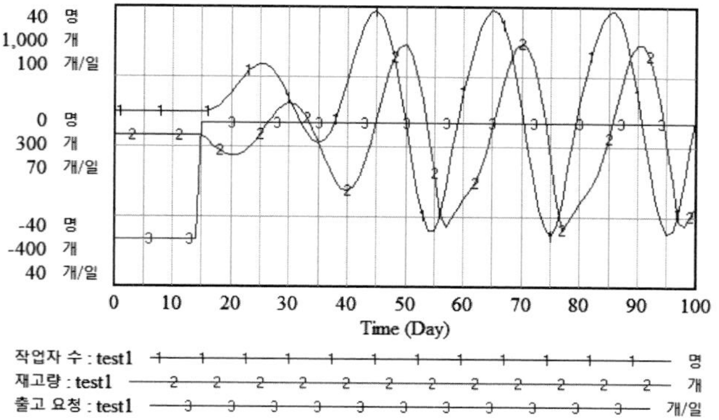

그림 9.32
재고 모델 1의 시뮬레이션 결과(time step = 1)

그렇다면 〈그림 9.31〉과 〈그림 9.32〉의 두 가지 시뮬레이션 결과 중 어느 것이 옳은 것일까? 답은 타임스텝이 작은 것이 옳은 것이며, 이러한 결론은 대부분의 경우 적용된다. 즉, 전술한 바와 같이 모델을 완성*하고 나서 가장 먼저 하는 작업 중의 하나가 타임스텝에 대한 민감도 분석이며, 시뮬레이션 결과를 보고 결과가 차이 나지 않는 작은 값의 타임스텝 중에서 적당한 것을 선택해야 한다.

* 모델을 완성하고 나서 가장 먼저 하는 작업 중의 하나가 타임스텝(time step)에 대한 민감도 분석이다.

시나리오 2

경우에 따라서는 적정 재고량을 시스템의 함수로 나타낼 수도 있다. 재고 창고의 크기가 한정되어 있다면 적정 재고량을 변화시킬 소지가 많지 않지만, 임대하는 경우처럼 재고 창고의 크기 조정이 가능하다면 이러한 논리도 생각해 볼 필요가 있다.

이 경우 적정 재고량은 수요에 맞추어 결정해야 한다. 문제는 수시로 변하는 수요에 맞추기가 어려우므로 '평균'이라는 개념이 필요한데, 시스템 다이내믹스에서는 이동 평균이나 'SMOOTH' 함수★를 사용할 수 있다. 이동 평균을 계산하는 방법은 8.2의 마크로 함수를 참조하기 바라며, 여기에서는 SMOOTH 함수를 사용해 '인식된 수요'를

★ SMOOTH 함수는 delay 효과를 나타내는 내부 함수이다. 그 형태는 smooth(입력값, 지연 시간)이다.

인식된 수요 = SMOOTH(출고 요청, c 수요 관찰기간) ‥‥‥‥‥‥‥‥‥‥‥ (9.18)

로 하여 평가하기로 한다. 전체적인 SFD는 〈그림 9.33〉과 같다.

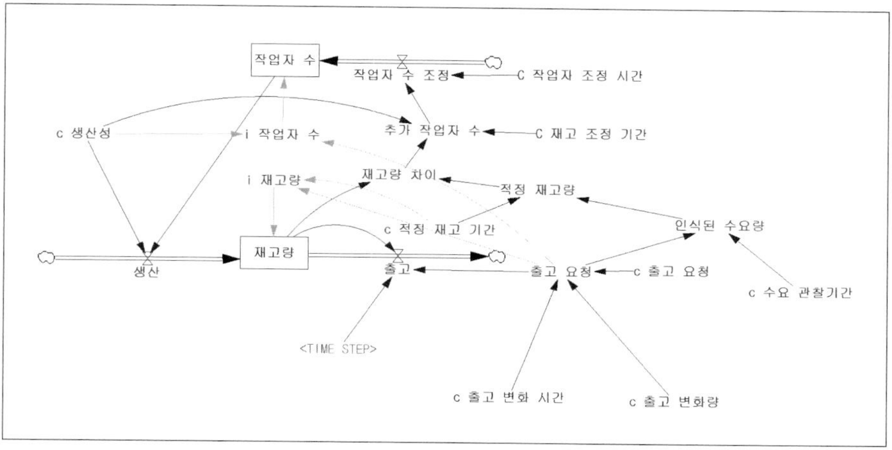

그림 9.33 재고 모델 2에 대한 SFD 재고관리2.mdl 참조.

- time step = 0.03125 Units: 일
- c 생산성 = 5 Units: 개/(명*일)
- c 수요 관찰 기간 = 5 Units: 일
- c 작업자 조정 기간 = 3 Units: 일
- c 재고 조정 기간 = 3 Units: 일
- c 적정 재고 기간 = 5 Units: 일
- c 출고 변화 시간 = 15 Units: 일
- c 출고 변화량 = 25 Units: 개/일
- c 출고 요청 = 50 Units: 개/일
- i 작업자 수 = INITIAL(출고 요청 / c 생산성) Units: 명
- i 재고량 = INITIAL(c 적정 재고 기간 * 출고 요청) Units: 개
- 생산 = 작업자 수 * c 생산성 Units: 개/일
- 작업자 수 = INTEG(작업자 수 조정, i 작업자 수) Units: 명
- 작업자 수 조정 = 추가 작업자 수 / c 작업자 조정 기간 Units: 명/일
- 인식된 수요량 = SMOOTH(출고 요청, c 수요 관찰 기간) Units: 개/일
- 재고량 = INTEG(생산-출고, i 재고량) Units: 개
- 재고량 차이 = 적정 재고량 – 재고량 Units: 개
- 적정 재고량 = 인식된 수요량 * c 적정 재고 기간 Units: 개
- 추가 작업자 수 = (재고량 차이 / c 재고 조정 기간) / c 생산성 Units: 명

- 출고 = MIN(재고량/time step, 출고 요청) Units: 개/일
- 출고 요청 = c 출고 요청 + STEP(c 출고 변화량, c 출고 변화 시간)
  Units: 개/일

'재고 모델 2'도 전술한 바와 같이 타임스텝에 따라 시뮬레이션이 많이 차이가 발생하며, 반드시 타임스텝에 대해 민감도 분석을 수행해 타임스텝을 결정해야 한다. 시뮬레이션 결과는 〈그림 9.34〉와 같다.

그림 9.34
재고 모델 2의 시뮬레이션 결과

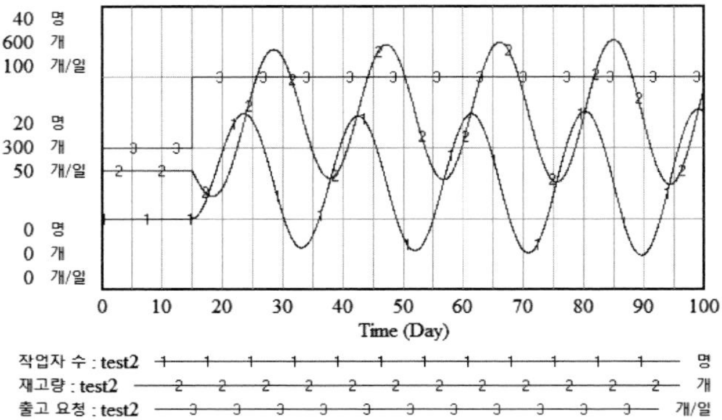

시나리오 3

'재고관리 2'의 모델에서처럼 '생산'과 같은 유량을 결정해 관리하는 것은 적정 생산량을 연속적으로 평가해야 하기 때문에 실질적으로 적용하기가 상대적으로 어렵다. 따라서 이럴 경우에는 적정 생산량의 기준을 두고

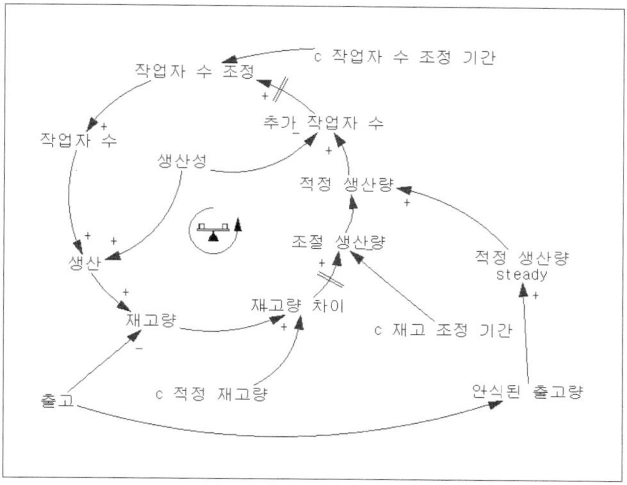

그림 9.35
재고량 조절을 위한 음의 순환고리 2

관리해야만 관리가 용이하다. 어떤 생산물의 출고량이 결정되고 그에 따라 적정 생산량을 결정하는 논리에 대한 CLD를 그리면 〈그림 9.35〉와 같다.

적정 생산량은 두 가지 성분으로 나누어진다. 첫째는 출고량에 해당하는 변수인 '적정 생산량 steady'이며, 둘째는 재고량을 적정 재고량으로 가져가기 위한 '조절 생산량'이다. 이 두 변수는

$$\text{적정 생산량 steady} = \text{인식된 생산량} \quad \cdots\cdots\cdots\cdots\cdots\cdots \quad (9.19a)$$

$$\text{조절 생산량} = \frac{\text{재고량 차이}}{\text{c 재고 조정 기간}} \quad \cdots\cdots\cdots\cdots\cdots\cdots \quad (9.19b)$$

와 같이 표현이 가능하다. 이에 따라 적정 작업자 수와 작업자 수 조정은

$$적정\ 작업자\ 수 = \frac{적정\ 생산량\ steady + 조절\ 생산량}{c\ 생산성} \quad \cdots\cdots\cdots\cdots\cdots\cdots \quad (9.20a)$$

$$작업자\ 수\ 조정 = \frac{적정\ 작업자\ 수 - 작업자\ 수}{c\ 작업자\ 조정\ 기간} \quad \cdots \quad (9.20b)$$

에 의해서 결정된다.

〈식 9.19a〉에서부터 〈식 9.20b〉를 이용해 SFD를 완성하면 〈그림 9.36〉과 같다.

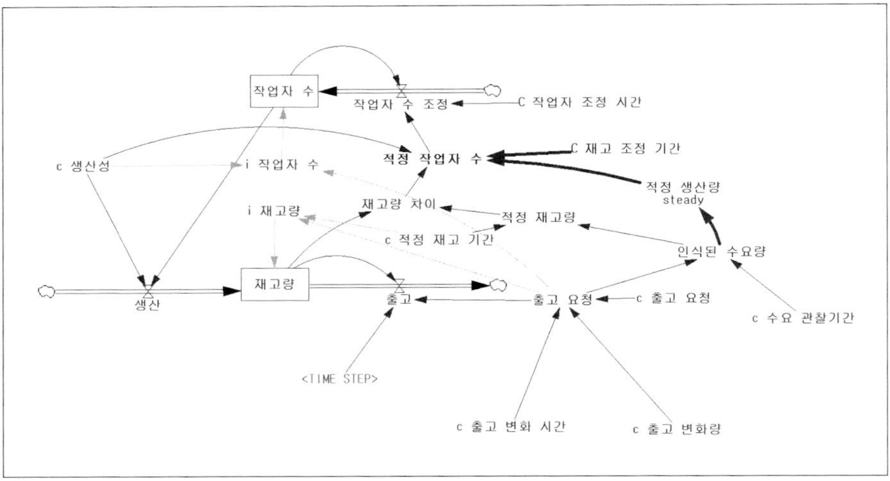

그림 9.36 재고 모델 3에 대한 SFD 재고관리3.mdl 참조.

확산 모델의 시스템 다이내믹스 모델링에서의 의미 9.9.2

확산 모델은 시스템 다이내믹스 모델링 과정에서 다음과 같은 의미가 있다.

- ▷ 시스템 다이내믹스의 대표적 기본 모델이다.
- ▷ 통계적 접근 방식과의 차이점을 현저하게 보여 준다.

확산 모델은 시스템 다이내믹스 모델링에서 가장 많이 등장하게 되는 대표적인 기본 모델로 다음과 같은 경우에 사용되고 있다.

- ▷ 신상품이 전파되는 과정
- ▷ 회사의 브랜드가 알려지는 과정
- ▷ 특정 기술이나 시설이 알려지는 과정 등

또한 확산 모델은 통계적 접근 방식으로 많이 다루어져 왔던 것이므로 같은 문제를 시스템 다이내믹스 모델로 접근하는 방식과 비교할 수 있어, 기존 통계적 접근 방식과의 명백한 방법상의 차이점을 보여 주게 된다.

9.9.3 배스 확산 모델•

배스Bass의 확산 모델에 대한 이해를 돕기 위해 '새로운 형태의 핸드폰'에 대한 문제를 가정해 보자. '새로운 형태의 핸드폰'의 확산 방법은 크게 다음과 같이 두 가지로 나눌 수 있다.

- ▷ 혁신에 의한 확산
- ▷ 모방에 의한 확산

사람들 중에는 혁신적인 태도를 갖는 사람들이 있다. 이 사람들은 새로운 기술에 항상 관심을 갖는 사람들로서 새로운 형태의 핸드폰이 나온다면 바로 구입해서 사용하게 된다. 이렇게 자발적인 의지에 의해 확산되는 형태를 혁신에 의한 확산으로 부른다.

또 다른 확산의 형태는 모방이다. 대부분 보수적인 사람들이 이러한 확산 모델을 택하게 되는데, 다른 사람들이 사용하는 것을 보고 그 장단점을 실증적으로 관찰한 다음 새로운 핸드폰을 구입하는 양상을 갖게 된다. 이러한 확산을 모방에 의한 확산이라고 부른다.

혁신에 의한 확산은 미사용자의 함수가 되며 〈그림 9.42〉와 같은 음의 순환고리를 형성하게 된다. 모방에 의한 확산은 새로운 핸드폰을 사용하는 사람에 비례한다. 그리고 미사용자의 수에 비례하게 되므로 〈그림

• Sterman (2000), *op.cit.*, p. 296 이하 참조.

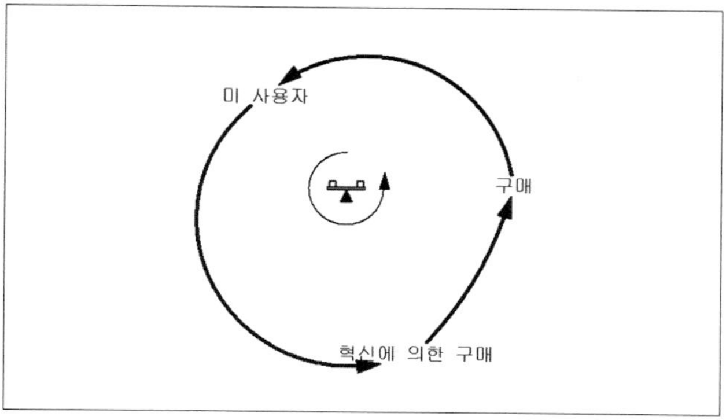

그림 9.42
혁신에 의한 확산과 관련된 음의 순환고리

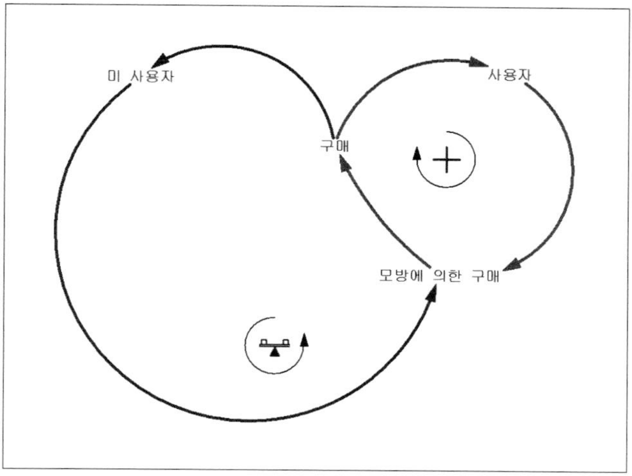

그림 9.43
모방에 의한 확산과 관련된 순환고리

9.43〉과 같은 두 가지 피드백이 관여하게 된다. 이 두 형태의 피드백을 결합하면 〈그림 9.44〉와 같은 확산 모델의 인과지도를 완성할 수 있다.

〈그림 9.44〉의 인과지도*를 SFD로 바꾸기 위해서 가장 먼저 무엇이 저량변수인가를 확인해야 한다. 인과지도에 나오는 변수들은 모두 5개이며 이 중에서 양의

★ 인과지도를 SFD로 바꾸기 위해서 가장 먼저 무엇이 저량변수인가를 확인해야 한다.

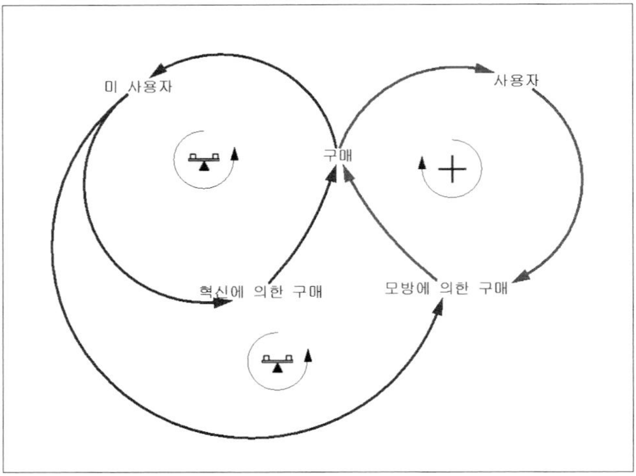

그림 9.44
확산 모델에 대한 CLD

보존법칙이 성립되는 것은 '미사용자' 및 '사용자'이다. 그리고 이 두 변수의 합은 '총인구'가 된다. 또한 이 두 양을 결정하는 '구매'는 '미사용자' 및 '사용자'의 양을 변화시키는 변동률이 될 것이고 그것은 '혁신에 의한 구매' 및 '모방에 의한 구매', 두 양의 합이 된다. 이러한 관찰에 따라 〈그림 9.45〉와 같은 SFD의 초기 모델을 만들

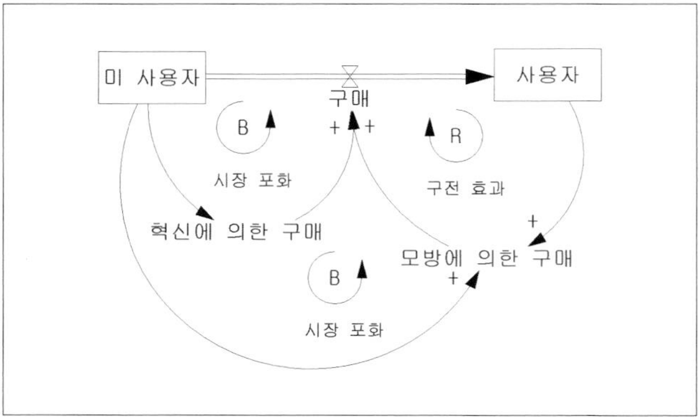

그림 9.45
확산 모델에 대한 초기 SFD

수 있다.*

보조변수로 나타나는 혁신에 의한 구매를 결정하기 위해서는 보다 분명한 개념 정립이 필요하다. 전술한 바와 같이 총인구 중 혁신적 사고를 갖는 사람과 관련이 있다. 즉, 혁신에 의한 확산은 미사용자(초기에는 전체 가능 인구. 여기에는 사람의 비율이 혁신적 사람과 보수적 사람이 같은 비율로 전파된다는 가정이 있음) 일부분(혁신 비율)만에 해당하게 된다. 그리고 그 구매 속도는 새로운 형태의 핸드폰이 어떻게 이러한 사람들에게 알려지는가에 달려 있다. 만약 그 속도(혁신 속도)가 일정하다면, 혁신에 의한 확산은 미사용자에 비례하게 되며

혁신에 의한 구매 = 미사용자 × 혁신 비율 × 혁신 속도 .... (9.22)

와 같이 표현할 수 있다.

반면에, 모방에 의한 구매는 사용자가 미사용자를 만나는 과정에서 이루어진다. 사용자가 사람들을 만나는 비율을 접촉률(명/월)이라고 정의하면

사용자가 한 달 동안 만나는 사람의 수 = 사용자 × 접촉률 .... (9.23)

이 된다.

그리고 그 만난 사람이 미사용자일 확률은 '미사용자/총인구'가 될 것이다. 따라서 다음과 같이

* 수학적인 모델은 Sterman(2000)의 책을 참고하기 바란다.

$$\text{사용자가 한 달 동안 만나는 미사용자} = \text{사용자} \times \text{접촉률} \times \frac{\text{미사용자}}{\text{총인구}} \quad \cdots\cdots (9.24)$$

이 된다. 그리고 미사용자가 사용하고 있는 핸드폰이 마음에 들어 구매할 가능성을 구매 확률로 정의한다면

$$\text{모방에 의한 구매} = \text{사용자} \times \text{접촉률} \times \frac{\text{미사용자}}{\text{총인구}} \times \text{구매 확률} \quad \cdots\cdots (9.25)$$

으로 평가될 수 있다. 이러한 논리에 의거해 SFD를 완성하면 〈그림 9.46〉과 같이 된다. 〈그림 9.44〉에서의 5개의 변수를 갖는 CLD는 10개의 변수를 갖는 SFD로 확장되었음을 볼 수 있다.

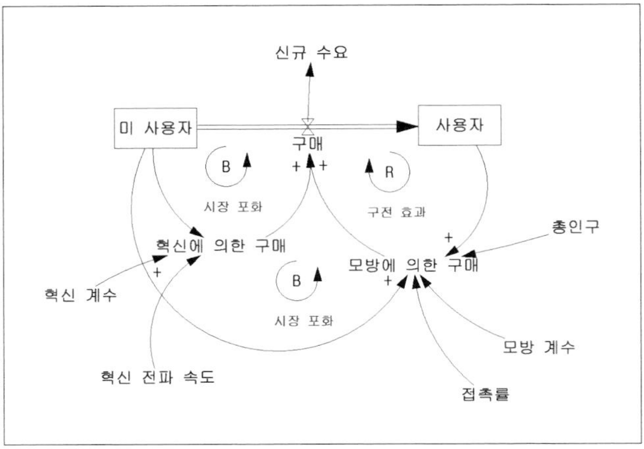

그림 9.46
확산 모델에 대한 완성된 SFD

확산 모델.mdl 참조.

- FINAL TIME = 10 Units: 월
- INITIAL TIME = 0 Units: 월
- SAVEPER = time step Units: 월
- time step = 0.0625 Units: 월
- 구매 = 혁신에 의한 구매 + 모방에 의한 구매 Units: 명/월
- 모방에 의한 구매 = 사용자 * 접촉률 * (미사용자 / 총인구) * 구매 확률 Units: 명/월
- 미사용자 = INTEG(−구매, 총인구 − 사용자) Units: 명
- 사용자 = INTEG(구매, 0) Units: 명
- 신규 수요 = 구매 Units: 명/월
- 구매 확률 = 0.025 Units: Dimensionless
- 접촉률 = 50 Units: 1/명
- 총인구 = 10^6 Units: 명
- 혁신 비율 = 0.1 Units: Dimensionless
- 혁신 구매 속도 = 0.1 Units: 1/월
- 혁신에 의한 구매 = 미사용자 * 혁신 비율 * 혁신 구매 속도 Units: 명/월

앞의 확산 모델에서 필요한 자료는 다음과 같은 것이 있다.

▷ 혁신 비율, 혁신 속도

▷ 접촉률, 구매 확률

▷ 총인구

이 중에서 '혁신 비율' 및 '혁신 속도'는 곱의 형태로 하나로 묶어 '혁신계수'로 정의하고, '접촉률'과 '구매 확률'도 곱의 형태로 묶어 '모방계수'로 정의한다면, 결국 다음과 같은 3개의 자료가 필요하다(〈그림 9.46〉 참조).

▷ 혁신계수

▷ 모방계수

▷ 총인구

이 세 가지 변수에 대한 민감도 분석을 수행해 보자.

〈그림 9.47〉은 '혁신계수'에 대한 민감도 분석 결과이다. 〈그림 9.47〉에서 보는 바와 같이 '혁신계수'는 확산의 초기에 영향을 주어 S-곡선의 포화 시기에 영향을 준다. 확산계수는 전술한 바와 같이 혁신 비율과 혁신 전파 속도의 곱으로 이루어진다. 이 중 혁신 비율은 사람의 태도이므로 영향을 줄 수 없지만, 혁신 전파 속도는 여러 가지 형태로 영향을 줄 수 있다. 가령, 광고를 통해 혁신적 태도를 갖는 사람들에게 빠르게 알려 주는 방법이 있을 수 있다.

〈그림 9.48〉은 모방계수에 대한 민감도 분석 결과를 정리한 것이다. 혁신계수와는 달리 중반 이후에 영향을 많이 주어 S-곡선의 포화 시기에 영향을 주게 된다. 모방계수는 접촉률과 전파 확률의 곱으로 구성되는데, 이 중 접촉률은 고객 고유의 특성으로 간섭하기 어려운 변수이나, 전파 확률은 상품의 질 혹은 구매 확률에 도움을 주는 광고 등으로 제어가 가능한 변수이다.

욕조 모델 9.10

개요 9.10.1

욕조 모델은 외부의 입출력 변화가 없으면 저량stock의 값이 항상 일정한 값을 유지하는 모델이다. 흔히 욕조에 들어오는 물의 양과 배수되는 물의 양이 같으면 정상 상태를 이루기 때문에 욕조 모델bath tube model이라고도 부른다.

SFD 9.10.2

〈그림 9.50〉은 욕조 모델의 기본 형태이다. 여기에서 초깃값을 보면 일정한 값을 갖지 않고 수식으로 이루어졌음을 알 수 있다. 이 식은 I(입력) =O(출력)가 되도록 하는 식이다. 즉 정상 상태를 만들기 위한 초깃값을 구하는 미분방정식이다.

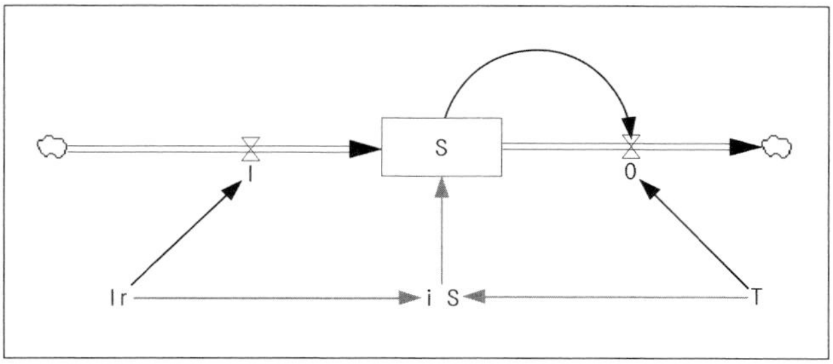

그림 9.50
기본 욕조 모델

9.10.2 욕조 모델.mdl 참조.

- I = Ir   Units: S/time
- i S = INITIAL(Ir*T)   Units: S
- INITIAL TIME = 0   Units: Month
- Ir = 10   Units: S/time
- O = S/T   Units: S/time
- S = INTEG(I−O, i S)   Units: S
- T = 10   Units: time

9.10.3 욕조 모델의 응용: 인구 모델

★ 정상 상태를 만들기 위한 초깃값을 구하는 미분방정식이다.

'인구 모델'을 이용해서 인과지도 작성의 기본을 학습하곤 한다. 〈그림 9.51〉*은 앞의 〈그림 5.2〉의 인구 인과지도를 SFD로 옮긴 것이다. 〈그림 9.51〉은 기본적인 욕조 모델과 매우 유사한 구조를 갖는다.

그림 9.51
인구 모델

9.10.3 인구 모델.mdl 참조.

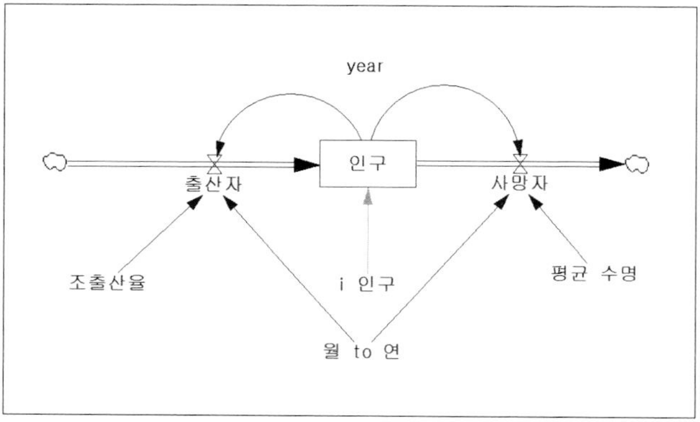

- FINAL TIME = 120 Units: Month
- I 인구 = 1e + 006 Units: 명
- INITIAL TIME = 0 Units: Month
- saveper = time step Units: Month
- time step = 0.25 Units: Month
- Year = TIME BASE (2015, 0.083333) Units: Year
- 사망자 = 인구/(평균 수명 * 월 TO 연) Units: 명/Month
- 월 TO 연 = 12 Units: Month/Year
- 인구 = INTEG(출산자-사망자, I 인구) Units: 명
- 조출산율 = 8.56/1000 Units: 1/Year
- 출산자 = 인구 * (조출산율/월 TO 연) Units: 명/Month
- 평균 수명 = 70 Units: Year
- T = 10 Units: time

〈그림 9.51〉에는 분명히 인구에 대한 균형 루프*가 존재함에도 불구하고, 시뮬레이션 결과인 〈그림 9.52〉가 보여 주듯이 인구는 어떤 특정의 값으로 수렴되지 못하는 경우가 대부분이다.

★ 인구에 대한 균형 루프가 존재함에도 불구하고 어떤 특정의 값으로 수렴되지 못한다.

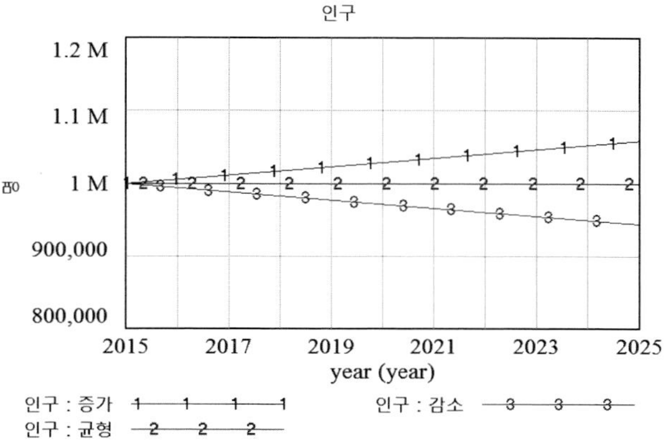

그림 9.52
인구 모델의 운용 결과

단순한 인구 모델에서 인구수가 수렴하지 못하는 현상이 나타나는 것은 모델의 결과를 분석하기 위해 저량을 충분하게 상세하게 나누지 못했기 때문이다. 이는 5.2에서 이미 설명한 바와 같다. 인구에서의 재생산은 가임 여성만이 가능하다. 가임 여성 수에 대한 정보와 가임 여성이 되기 위해 필요한 시간에 대한 고려 없이 인구를 모델링하다 보니 현실과 동떨어진 결과가 나타난 것이다.

〈그림 9.53〉은 가임 여성을 분리해 낸 모델을 이용했을 때의 총인구 결과이다. 인구의 증감이 충분히 표현되는 점을 확인할 수 있다.

그림 9.53
변형된 인구 모델(cohort)의 결과

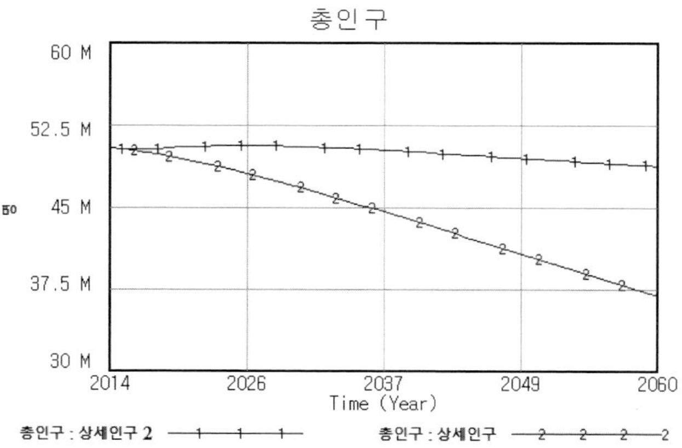

상세 인구는 〈그림 9.54〉와 같은데, 이를 충분히 학습한다면 더 좋은 모델을 만들 수 있을 것이다. 그리고 이 모델을 이용해 12장에서는 백캐스팅★을 실시할 것이다.

★ 12장에서는 이 모델을 이용해 백캐스팅을 실시할 것이다. 수식은 9.13에 함께 수록하기로 한다.

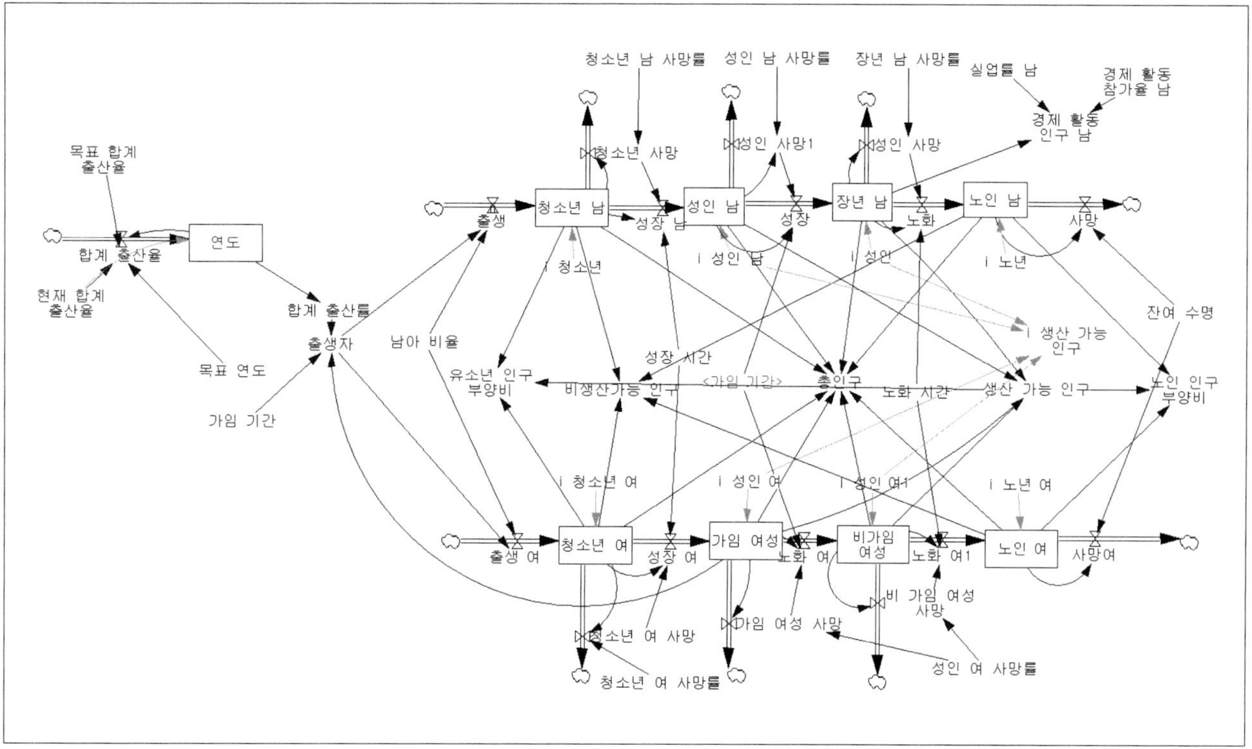

그림 9.54 상세 인구 모델 9.10.3 상세인구모델.mdl 참조.

9.10.4 파이프 라인 모델

다음은 몇 개의 연쇄적 저량이 연결된 SFD이다. 인구의 상세 모델에서 볼 수 있듯이 저량★ 중의 일부인 가임여성만이 재생산에 필요하기 때문에 가임여성을 전체 인구에서 분리해 낼 때 모델의 거동이 현실에 가까워진다.

★ 저량을 분해하는 능력도 모델링 실력이다.

물리적인 현상뿐만 아니라 주택, 에너지 시설, 도로, 공장 등 하드웨어를 건설할 때에는 계획 또는 건설 중인 설비에 대한 정보는 사용하지 않고 가동 중인 설비만을 사용하다 보니 수요와 공급이 불일치되는 파동 현상을 만들어진다. 9.7에서★★ 학습한 파동 모델에서는 단위가 다른 2개 이상의 저량이 상호작용하면서 파동을 만들었다면, 파이프 라인 모델은 단위가 같은 저량이 연속되어 있지만 정보로 사용되는 저량이 전체 저량의 일부일 때 파동이 발생하는 모델이다.

★★ 9.7에서 학습한 파동 모델에서 단위가 다른 2개 이상의 저량이 상호작용하면서 파동을 만들었다면, 파이프 모델은 단위가 같은 저량이 연속되어 있지만 정보로 사용되는 저량이 전체 저량의 일부만을 사용할 때 파동이 발생하는 모델이다.

이것에 대한 일반적인 모델이 〈그림 9.55〉이다.

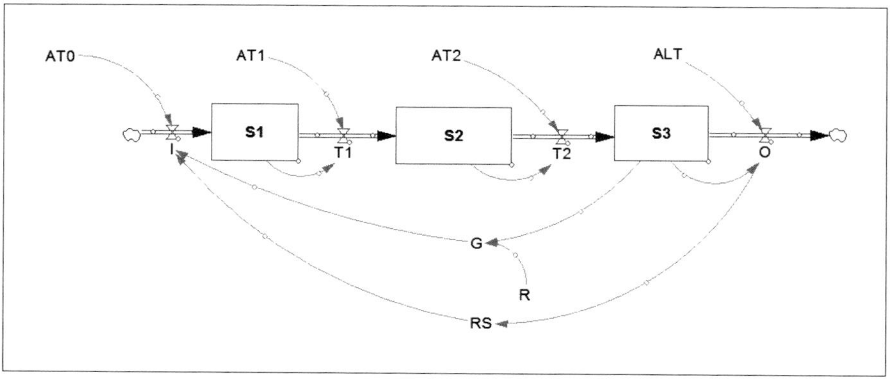

그림 9.55 파이프 라인 모델 9.10.4 파이프라인모델.mdl 참조.

- ALT3 = 100 Units: Month
- AT0 = 2 Units: Month
- AT1 = 5 Units: Month
- AT2 = 10 Units: Month
- FINAL TIME = 100 Units: Month
- g = r − S3 Units: Stock
- I = MAX(0, rs + (g/AT0)) Units: Stock/Month
- INITIAL TIME = 0 Units: Month
- o = S3 / ALT3 Units: Stock/Month
- r = 5000 + STEP (50, 10) Units: Stock
- rs = o Units: Stock/Month
- S1 = ITEG(+i − t1, i * AT1) Units: Stock
- S2 = INTEG(t1 − t2, t1 * AT2) Units: Stock
- S3 = INTEG(+t2 − o, 5000) Units: Stock
- saveper = time step Units: Month
- t1 = S1 / AT1 Units: Stock/Month
- t2 = S2 / AT2 Units: Stock/Month
- time step = 0.25 Units: Month

〈그림 9.55〉의 SFD는 3개의 저량 중 가동시설(S3)에 대한 정보만 활용하고 그 전 단계인 계획(S1) 및 건설(S2)에 대한 정보를 활용하지 않는, 또는 S1 및 S2 정보의 가치가 낮은 시스템에 대한 모델이다. 〈그림 9.56〉의 1번 선처럼 스텝 형태로 수요가 급변했을 때에 맨 마지막 S3 저량의 움직임에 파동이 발생함을 알 수 있다. 이 파동은 불확실성을 높이는 역할을 한다. 이 파동의 크기를 줄이는 방법을 이 시뮬레이션을 통해서 확인할 수 있다.

그림 9.56
수요와 저량의 변동

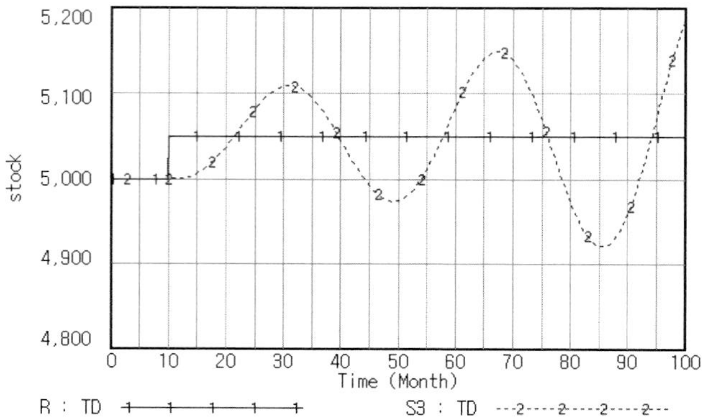

9.11 경쟁 모델과 학습 모델

9.11.1 경쟁 모델•

앞의 확산 모델*은 하나의 기술을 기준으로 모델이 전개되는 반면에 경쟁 모델은 복수의 기술과 그들의 상관성에 의한 상호 영향을 모델화할 수 있도록 한다. 경쟁에 의한 기술 구조 변화technological change를 모델화하는 데 유용한 방법이다. 경쟁 모델 중에서 가장 대표적인 모델이 로트카-볼테라Lotka-Voltera** 경쟁 모델이다. 이

★
확산 모델은 하나의 기술을 기준으로 모델이 전개되는 반면에 경쟁 모델은 복수의 기술과 그들의 상관성에 의한 상호 영향을 모델화할 수 있도록 한다.

★★
벤심의 포식자 모델로 공개되어 있다.

• 경쟁 모델은 유재국 · 최기련(2007)의 내용을 참조했으며, 한국에너지기후변화학회로부터 재출판의 허가를 받았음을 밝혀 두는 바이다.

모델은 하나의 기술 성장이 다른 기술 성장에 영향을 미치는 구조를 가지며, 동시에 로지스틱logistic 모델의 특징을 보유한다. 어떤 기술의 성장은 자신의 시장 점유율과 동시에 다른 기술의 시장 점유율에 의해 영향을 받도록 구조화되어 있다. 따라서 성장률 및 타 기술의 시장점유율에 대한 인자가 모델에 반영되어 기술 간 간섭 효과가 반영되어 있다. 로트카-볼테라 경쟁 모델은

$$\frac{dN_1}{dt} = \frac{r_1}{K_1} N_1 (K_1 - N_1 - \alpha_{12} N_2) \cdots\cdots\cdots\cdots\cdots\cdots \quad (9.26a)$$

$$\frac{dN_2}{dt} = \frac{r_2}{K_2} N_2 (K_2 - N_2 - \alpha_{21} N_1) \cdots\cdots\cdots\cdots\cdots\cdots \quad (9.26b)$$

여기서, α_{12} : 기술 1이 기술 2의 성장에 미치는 영향력
α_{21} : 기술 2가 기술 1의 성장에 미치는 영향력
r_i : i 기술의 성장률
K : Carrying Capacity
N : 개체 수 또는 보급량

이다.

배스 확산 모델로는 기술 간 경쟁관계를 표현할 수 없었으나, 〈식 9.26a〉 및 〈식 9.26b〉에서 확인할 수 있듯이 로트카-볼테라 모델에서는 기술 간 경쟁을 표현할 수 있게 된다. 즉, 로지스틱 모델에 기술 간 상호 영향 계수인 α_{12}와 α_{21}이 추가되었다. 로트카-볼테라 경쟁 모델은 기술 상호 간 영향력을 설명하는 데 좋은 모델이기는 하지만, 모델의 매개변수들에 의해 그래프의 형태가 결정되는데, 로트카-볼테라 모델에서의 성장률은 α_{12},

α_{21}, K, N의 크기에 따라서 다음의 네 가지 상태 중에 하나의 상태에 도달하게 된다.•

배지킨Bazykin에 의한 새로운 식을 전개하면

$$\tau = r_1 t \quad \cdots\cdots (9.27a)$$

$$\gamma = \frac{r_2}{r_1} \quad \cdots\cdots (9.27b)$$

$$u_1 = \frac{N_1}{K_1} \quad \cdots\cdots (9.27c)$$

$$u_2 = \frac{N_2}{K_2} \quad \cdots\cdots (9.27d)$$

$$\varepsilon_1 = \frac{\alpha_1 K_1}{K_2} \quad \cdots\cdots (9.27e)$$

$$\varepsilon_2 = \frac{\alpha_2 K_2}{K_2} \quad \cdots\cdots (9.27f)$$

단, $\gamma > 0$, $\varepsilon_1 > 0$, $\varepsilon_2 > 0$

이다.

〈식 9.27〉을 원 식에 대입하면

$$\frac{du_1}{d\tau} = u_1(1 - u_1 - \varepsilon_1 u_2) \quad \cdots\cdots (9.28a)$$

• Bazykin, A. (1998), Nonlinear dynamicsof interacting population, in: A.I. Khibnik, B. Krauskopf (Ed.), *World Scientific Serieson Nonlinear Science,* Series A. Vol. 11, World Scientific, River Edge.; Morris, Steven A., Pratt, David (2003), "Analysis of the Lotka-Volterra competition equations as a technological substitution model," *Technological Forecasting and Social Change,* pp. 106-107에서 재인용.

$$\frac{du_2}{d\tau} = u_2(1 - u_2 - \varepsilon_1 u_1) \cdots\cdots\cdots\cdots\cdots \quad (9.28b)$$

이 성립된다. 〈식 9.28a〉와 〈식 9.28b〉는 초기 $\varepsilon_1 = \frac{\alpha_1 K_1}{K_2}$ 및 $\varepsilon_1 = \frac{\alpha_1 K_1}{K_2}$의 값이 무엇이냐에 따라서 네 가지 상태 중에서 하나의 해를 갖는다.

- ▷ $\varepsilon_1 > 1$이고 $\varepsilon_2 < 1$이면 기술 2가 도태되며,
- ▷ $\varepsilon_1 < 1$이고 $\varepsilon_2 > 1$이면 기술 1이 도태되고,
- ▷ $\varepsilon_1 < 1$이고 $\varepsilon_2 < 1$이면 두 기술이 상호 공존하며,
- ▷ $\varepsilon_1 > 1$이고 $\varepsilon_2 > 1$이면 초깃값 조건에 의해 기술 1 또는 기술 2 중에 하나의 기술이 도태되는 상태가 된다.

특히 $\frac{\alpha_{12} K_1}{K_2} > 1$이고 $\frac{\alpha_{21} K_2}{K_1} > 1$의 조건이 성립되면, 모델의 초깃값 크기의 조합에 의해서 하나의 기술이 다른 한 기술의 성장을 억제하는 록아웃lockout★ 효과가 발생한다. 로트카-볼테라 모델은 상호 간섭 효과를 모델에 반영함으로써 기술 간의 경쟁을 모델화하는 데 기여했으나, 모델의 매개변수인 $\alpha_{12}, \alpha_{21}, K, N$의 초깃값에 의해 기술의 시장 진입 성공 여부가 사전에 결정되어 버리는 단점을 보여 준다. 또한 로지스틱 모델과 마찬가지로 기술의 수명을 고려하지 못했다는 단점 역시 극복하지 못하고 있다.

★ 록아웃(lockout) 효과란 우연한 초기 사건이 종의 생존에 유리하게 작용해 개체 수가 증가하고, 개체 수가 개체 수의 증가에 긍정적 영향을 미쳐 다른 종보다 우위를 갖는 것을 말한다.

9.11.2 학습 효과 모델

매개변수를 추정해 기술의 성장을 알아보는 다른 하나의 방법은 학습 효과 모델learning by doing effect이다. 어떤 기계 또는 장치의 설치용량이 증가할수록 단위 생산 비용이 절감되는 관계식을 찾는 방법이다. 학습 효과 모델은 기술 변화technical change★를 모델링하는 데에 효과적이다.

★ 기술 변화는 technical change이며, 기술 구조 변화는 technological change로 번역하는 것이 타당할 것이다.

학습곡선은 〈식 9.29a〉와 〈식 9.29b〉와 같은 기본적인 식으로 구성되며 누적 용량(생산량)의 증가에 따라서 지수적으로 하향하는 추세를 갖는다.●

$$C = \alpha \times K^{\varepsilon} \quad \cdots\cdots (9.29a)$$

$$LR = 1 - 2^{-\varepsilon} \quad \cdots\cdots (9.29b)$$

여기서, C: 기술의 단위 비용
K: 누적 용량(생산량 등)
ε: 학습 탄력성
LR: 학습률

학습곡선은 추세선을 추정하는 형태를 띠며, 보급용량이라는 단일 요인으로도 원가 감소를 모델링할 수 있다. 이는 기술확산의 접근에서와 같이 연구개발R&D에 대한 투자의 문제를 간과한다는 비판이 있다. 즉, 학습곡선의 문제점으로 지적되는 것은 무엇이 비

● 박영구(2006), "온실가스 감축잠재량 분석을 위한 기술평가모델 개선에 관한 연구", 아주대학교 박사학위논문, pp. 28-32.

용 절감을 유도하는가에 대한 명확한 설명이 부족하다는 점이다. 즉 기술 변화에 대한 블랙박스Black box에 대한 탐구적 노력이 부족하다는 지적을 받고 있는데, 사가Sagar와 즈완Zwaan•은 단위 비용은 단순히 용량에 의해서 절감된다기보다는 제조기술에 의한 학습learning-by-manufacturing, 복사에 의한 학습learning-by-copying, 운용에 의한 학습learning-by-operating, 개념연구의 실현에 의한 학습learning-by-implementing, 실현을 통한 학습learning-through-implementing에 의해서 학습이 이루어지고 있음을 지적하면서 이러한 요인을 어떻게 분리해 낼 것인가를 지적한다. 이 문제를 극복하기 위해 최근에는 학습곡선에 영향을 미치는 요인을 분해해 다요인으로 비용 절감을 표현하는 연구도 있다.••

학습곡선을 모델링하면 〈그림 9.57〉과 같은 기본 구조를 갖는다.

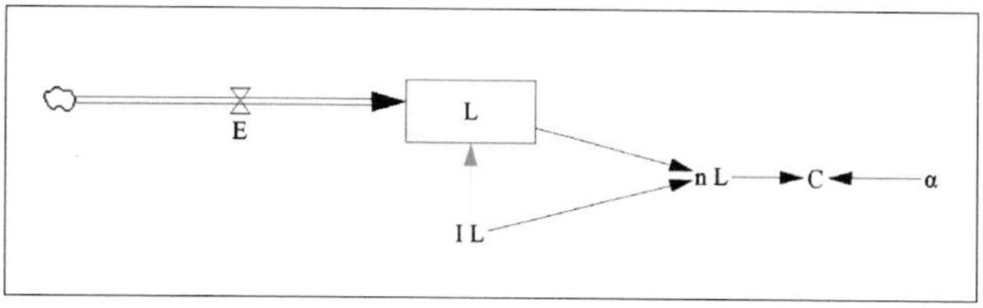

그림 9.57
학습곡선의 모델링

9.11.2 학습곡선.mdl 참조.

• Sagar, Abuj D., Bob van der Zwaan (2006), "Technological innovation in the energy sector: R&D, development, and learning-by-doing," *Energy Policy*, Vol. 36, pp. 2604-2606.

•• Kobos, Peter H., Jon d. Erickson, and Thomas E. Frennen (2006), "Technological Learning and renewable energy costs: Implications for US Renewable Energy Policy," *Energy Policy*, Vol. 34, pp. 1645-1658.

- C=(n L)^α
- E=10
- FINAL TIME = 100
- I L = 100
- INITIAL TIME = 0
- L= INTEG(E, I L)
- n L = L/I L
- α = −0.25
- time step = 0.25 Units: Month

〈그림 9.58〉에서 볼 수 있듯이 학습곡선 모델이 적용되면, 'L'이 누적되면서 'C'가 지수적으로 감소하는 것을 볼 수 있다. 이것이 학습곡선이다.

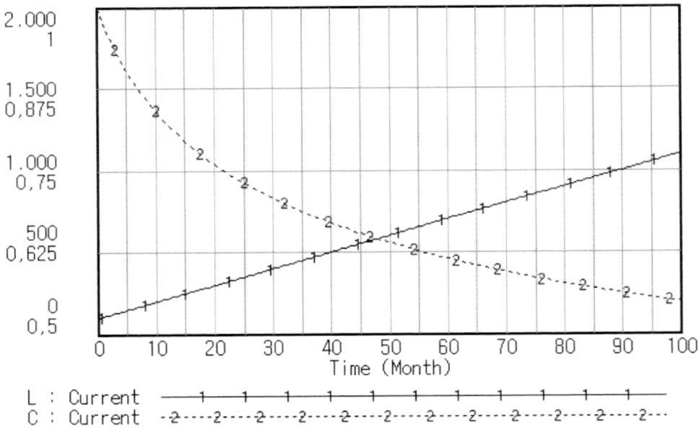

그림 9.58
학습곡선 시뮬레이션 결과

경쟁 모델과 학습 모델의 결합 9.11.3

경쟁 모델은 토끼와 여우의 모델에서처럼 개체 수에 상호 효과적으로 파동이 있도록 모델링하는 경우와, 공산품처럼 구기술과 신기술이 경쟁하다가 구기술이 사라지도록 모델링하는 경우로 구분할 수 있다. 후자의 상황을 모델링하기 위해서는 신기술이 구기술보다 경쟁력이 좋아져 시장 점유율을 높이도록 모델을 구성해야 한다. 신기술의 경쟁력을 모델링하기 위해서는 앞에서 언급된 학습곡선을 이용하면 좋을 때가 많다.

〈그림 9.59〉는 신기술$_{new}$과 구기술$_{old}$의 경쟁을 모델링한 것인데, 여기에서도 신기술의 학습률이 고려되어 있다.

- C R1 = 0.05 Units: 1/Month
- C R2 = 0.05 Units: 1/Month
- FINAL TIME = 600 Units: Month
- I N1 = INITIAL(S INITIAL RATIO OF OLD TECHNOLOGY*INITIAL TOTAL SUPPLY) Units: Cu
- I N2 = INITIAL(INITIAL TOTAL SUPPLY*(1-S INITIAL RATIO OF OLD TECHNOLOGY)) Units: Cu
- impact on r1 of pr1 = TABLE FOR IMPACT ON GROWTH RATE(rp[T1]) Units: Dmnl
- impact on r1 of pr2 = TABLE FOR IMPACT ON GROWTH RATE(rp[T2]) Units: Dmnl
- INITIAL TIME = 0 Units: Month
- INITIAL TOTAL SUPPLY = 300 Units: Cu
- INITIAL UNIT COST NEW = INITIAL(UNIT COST AT MARKET ENTRANCE TIME NEW * ((New * OLD CU DMNL)^(-1 * LEARNING RATE NEW))) Units: Money/Cu

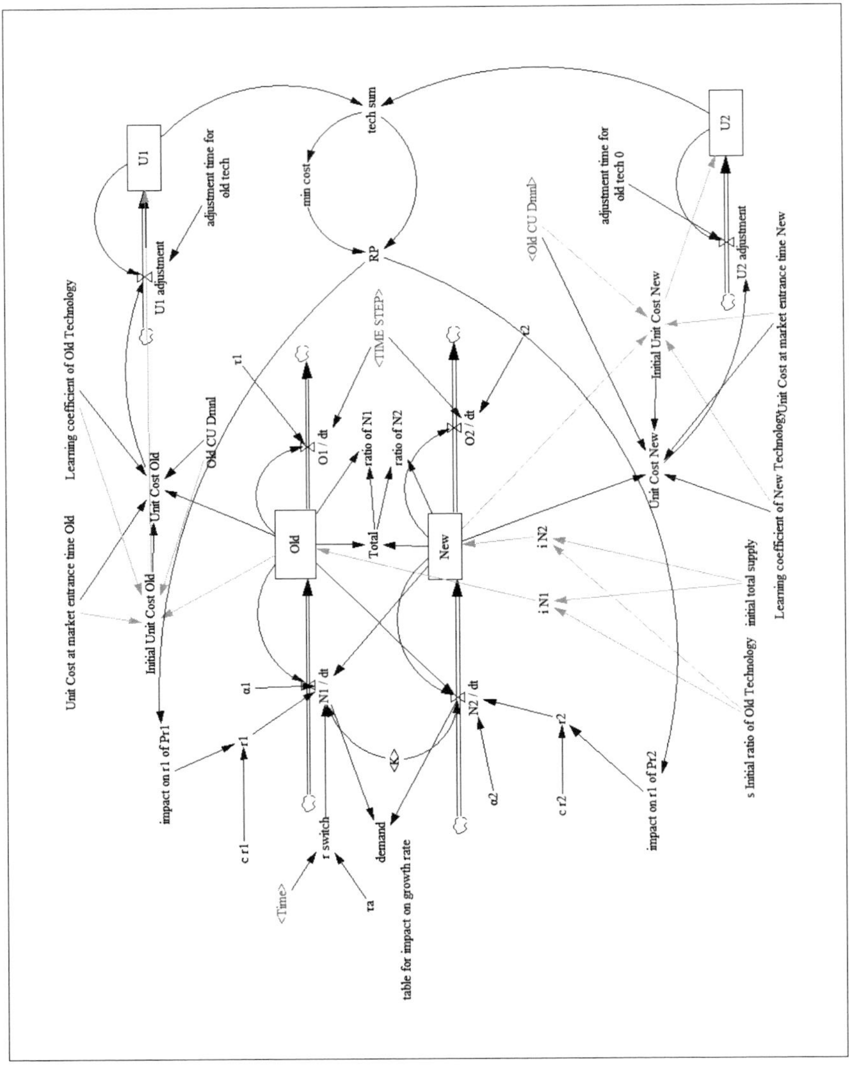

그림 9.59 경쟁 모델 9.11.3 경쟁 및 학습 모델.mdl 참조.

- INITIAL UNIT COST OLD = INITIAL(UNIT COST AT MARKET ENTRANCE TIME OLD * ((Old * OLD CU DMNL)^(-1 * LEARNING RATE OLD))) Units: Money/Cu
- K = 500 Units: Cu
- LEARNING RATE NEW = 0.01 Units: Dmnl
- LEARNING RATE OLD = 0.01 Units: Dmnl
- min cost = VMIN(tech sum[x tech!]) Units: Money/Cu
- n1 / dt = MAX(0, r1*r switch*Old/K*(K-Old-A1*New)) Units: Cu/Month
- n2 / dt = MAX(0, r2 * New/K * (K-New-(A2) * Old)) Units: Cu/Month
- New = INTEG("n2 / dt"-"o2 / dt", I N2) Units: Cu
- o1 / dt = MIN(Old/time step, Old/τ1) Units: Cu/Month
- o2 / dt = MIN(New/time step, New/T2) Units: Cu/Month
- Old = INTEG("n1 / dt"-"o1 / dt", I N1) Units: Cu
- OLD CU DMNL = 1 Units: 1/Cu
- r switch = IF THEN ELSE(Time 〉 100 : AND : Time 〈 100 + TA, 0, 1) Units: Dmnl
- r1 = C R1 * impact on r1 of pr1 Units: 1/Month
- r2 = C R2 * impact on r1 of pr2 Units: 1/Month
- ratio of n1 = Old/total Units: Dmnl
- ratio of n2 = New/total Units: Dmnl
- rp[x tech] = tech sum[x tech]/min cost Units: Dmnl
- S INITIAL RATIO OF OLD TECHNOLOGY = 0.8 Units: Dmnl
- SAVEPER = 1 Units: Month1
- TABLE FOR IMPACT ON GROWTH RATE([(0, 0)-(2, 2)], (0, 2), (1, 1), (2, 0)) Units: Dmnl
- tech sum[T1] = U1 tech sum[T2] = U2 Units: Money/Cu
- time step = 0.125 Units: Month
- total = Old+New Units: Cu
- U1 = INTEG(+u1 adjustment, INITIAL UNIT COST OLD) Units: Money/Cu
- u1 adjustment = IF THEN ELSE(unit cost old 〈 U1, (unit cost old-U1)/time step, 0) Units: (Money/Cu)/Month
- U2 = INTEG(+u2 adjustment, INITIAL UNIT COST NEW) Units: Money/Cu
- u2 adjustment = IF THEN ELSE(unit cost new 〈 U2, (unit cost new-U2)/time step, 0) Units: Money/(Month*Cu)
- UNIT COST AT MARKET ENTRANCE TIME NEW = 1 Units: Money/Cu

- UNIT COST AT MARKET ENTRANCE TIME OLD = 1 Units: Money/Cu
- unit cost new = MIN(INITIAL UNIT COST NEW, UNIT COST AT MARKET ENTRANCE TIME NEW * ((New * OLD CU DMNL)^(-1 * LEARNING RATE NEW))) Units: Money/Cu
- unit cost old = MIN(INITIAL UNIT COST OLD, UNIT COST AT MARKET ENTRANCE TIME OLD * ((Old * OLD CU DMNL)^(-1 * LEARNING RATE OLD))) Units: Money/Cu
- x tech: T1, T2
- A1 = 1.2 Units: Dmnl
- A2 = 1.2 Units: Dmnl
- τ1 = GAME (100) Units: Month
- T2 = 100 Units: Month
- TA = 0 Units: Month

9.11.4 시뮬레이션

이 모델을 시뮬레이션하면 〈그림 9.60〉과 같이 구기술과 신기술이 시장을 점유하는 형태의 결과가 도출된다.

그림 9.60
신기술과 구기술의 경쟁과 학습 모델 시뮬레이션 결과

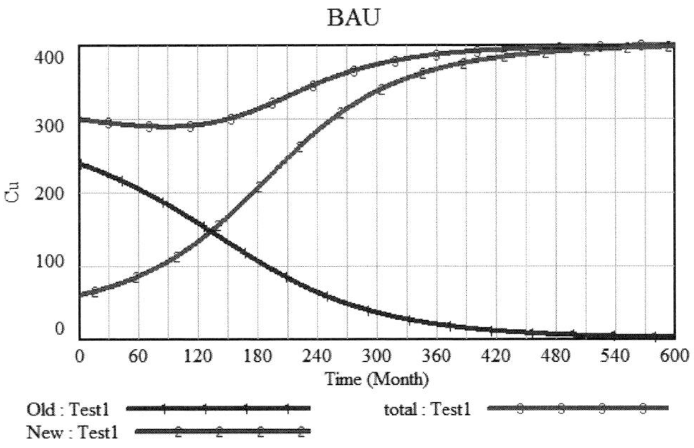

물론 두 기술의 학습계수의 관계는

$$\text{LEARNING RATE NEW} \geq \text{LEARNING RATE OLD} \quad \cdots\cdots (9.30)$$

이다.

네트워크 모델 9.12

개요 9.12.1

네트워크는 노드node와 엣지edge로 구성된다. 네트워크는 어떤 정보와 물질의 흐름의 경로를 말하며, 복잡 네트워크 분석complex network analysis 기법이 주로 사용된다. 이 방법은 네트워크의 구조structure와 모양configure에 방점이 있다. 시스템 다이내믹스도 네트워크 분석 기법에서 사용하는 방법을 충분히 검토할 수 있다.

〈그림 9.61〉에서와 같이 6개의 노드로 구성된 네트워크가 있다고 하자. 그리고 이 네트워크 모델에서 노드 간에 어떤 정보가 흐르고 있다고 가정한다.

그림 9.61
일반적인 네트워크의 형태

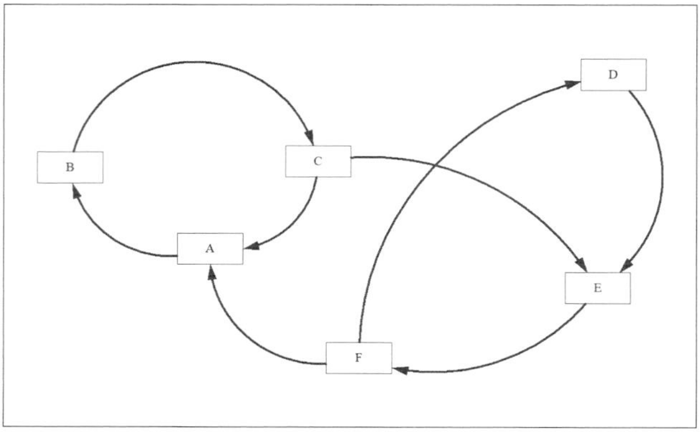

〈그림 9.61〉에서 루프는 총 3개*가 있다. 이를 살펴보기 위한 방법은 간단하다. 먼저 A라는 변수를 클릭해 활성화한 후에 분석 툴에 있는 

를 클릭하면 모델에 있는 루프의 개수와 구조에 대한 〈그림 9.62〉와 같은 결과물이 나온다. A와 관련 있는 피드백 루프는 두 개임을 확인할 수 있다.

★
- ▷ A → B → C → A
- ▷ F → D → E → F
- ▷ A → B → C → E → F → A

그림 9.62
피드백 구조의 분석

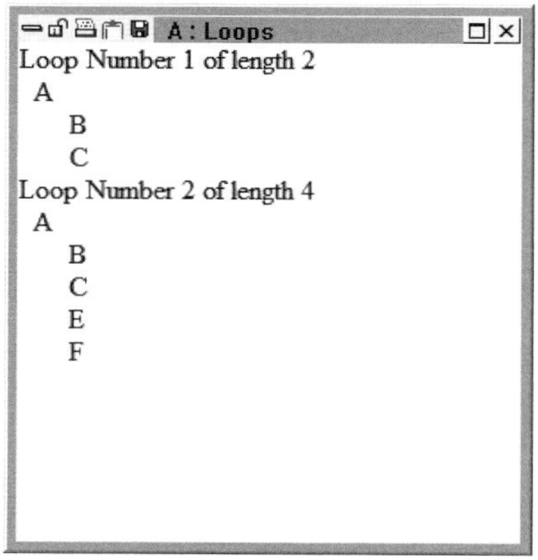

저량 · 유량 모델

9.12.2

〈그림 9.61〉을 시스템 다이내믹스 모델로 바꾼 것이 〈그림 9.63〉이다. 〈그림 9.63〉에서 볼 수 있듯이 네트워크 간의 구체적인 영향관계가 모델링되어 있다. 네트워크 모델을 SFD로 변환★할 때에는 네트워크의 노드를 저량으로 바꾸는 것이 기본이 된다.

그리고, 만약 각 노드의 과거 행태가 있고 이러한 실적 데이터를 기반으로 계수의 추정이 정확하다면 향후 네트워크 간의 영향에 의한 각 변수들의 변화를 예상해 볼 수 있다.

★ 네트워크 모델을 SFD로 변환할 때에는 네트워크의 노드를 저량으로 바꾸는 것이 기본이 된다.

- A = INTEG(ra−oa, IA)
- b dmnl 1 = A/IA
- b dmnl = B/IB
- B = INTEG(rb−ob, IB)
- c dmnl = C/IC
- C = INTEG(rc−oc, IC)
- d dmnl = D/ID
- D = INTEG(rd−od, ID)
- DB = 5
- DC = 10
- DD = 20
- DE = 2
- DF =2
- e dmnl = E/IE
- E = INTEG(re−oe, IE)
- EA = 1.49
- EA2 = −0.6
- EB = 1.07

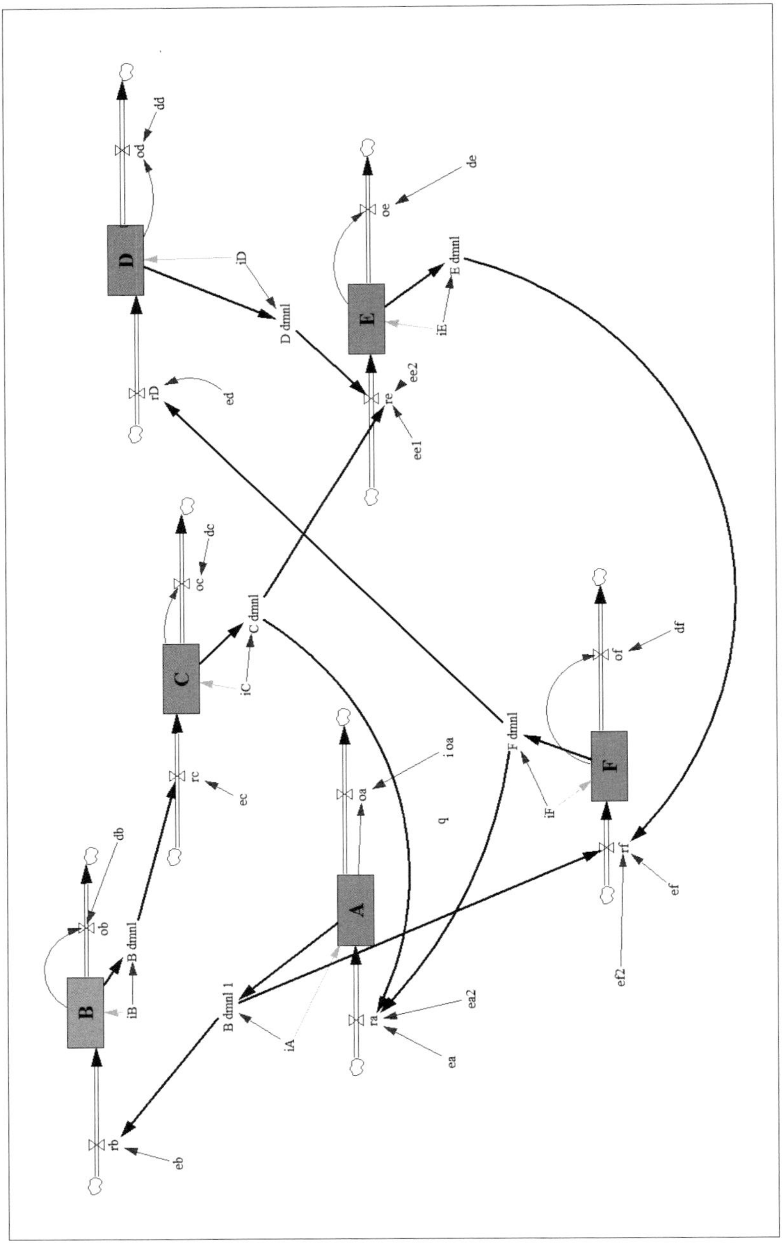

그림 9.63 시스템 다이내믹스에서의 네트워크

9.12.2 network.mdl 참조.

- EC = −1.73
- ED = 1.5
- EE1 = −1.25
- EE2 = 1.2
- EF = 0.1
- EF2 = 0.5
- f dmnl = F/IF
- F = INTEG(rf−of, IF)
- IA = 10
- IB = 10
- IC = 10
- ID = 10
- IE = 10
- IF = 10
- IIIII 0 = 10
- INITIAL TIME = 0
- oa = A/IIIII 0
- ob = B/DB
- oc = C/DC
- od = D/DD
- oe = E/DE
- of = F/DF
- Q = 10
- ra = c dmnl^EA) * (f dmnl^EA2)
- rb = b dmnl 1^EB
- rc = b dmnl^EC
- rd = f dmnl^ED
- re = (d dmnl^EE1) * (c dmnl^EE2)
- rf = (e dmnl^EF) * (b dmnl 1^EF2)
- saveper = time step
- time step = 1
- FINAL TIME = 150

9.12.3 시뮬레이션

각 노드가 상호 영향을 미치는 정도는 파라미터의 값과 관련이 있다. 그리고 각 노드에 저장된 정보의 유효 기간에 따라서 노드의 특성도 변화한다. 각 노드에 미치는 영향 계수에 따라 노드와 노드의 관계와 각 노드의 거동 특성을 보여 주는 것이 〈그림 9.64〉와 〈그림 9.65〉이다.

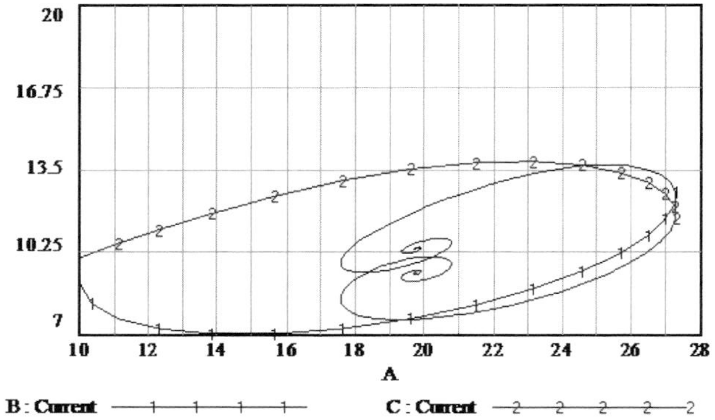

그림 9.64
저량 A와 B · C의 관계

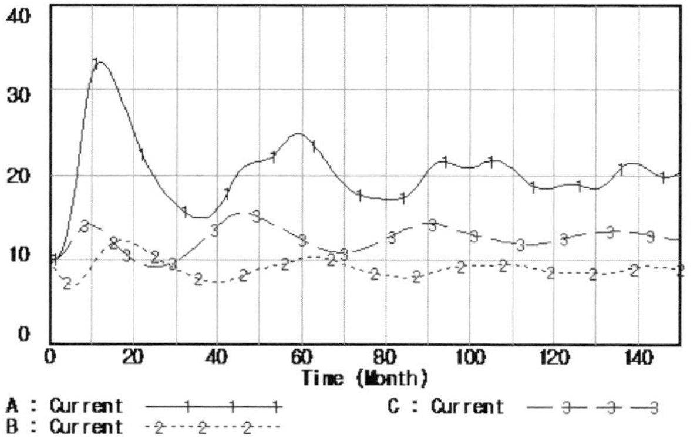

그림 9.65
노드 값의 변화

모델의 통합 9.13

지금까지는 어떤 시스템의 하위 시스템의 거동을 중심으로 한 기본 모델을 살펴보았다. 그러나 실제 모델의 대상이 되는 시스템은 여러 모듈이 결합되어야 비로소 완성된다.

〈표 9.1〉에는 예시로 제시한 모델의 모듈 이름과 그 기본 모델을 적시했다.

분야	기본 모델
인구	인구 모델(코호트 모델)
자본재	욕조 모델
생산	학습 모델
효율 향상	학습 모델
에너지 설비	욕조 모델
온실가스 배출	욕조 모델
에너지 소비	–

표 9.1
예시 모델의 모률 특성

〈그림 9.66〉은 각 모듈을 모델화시킨 것이다.

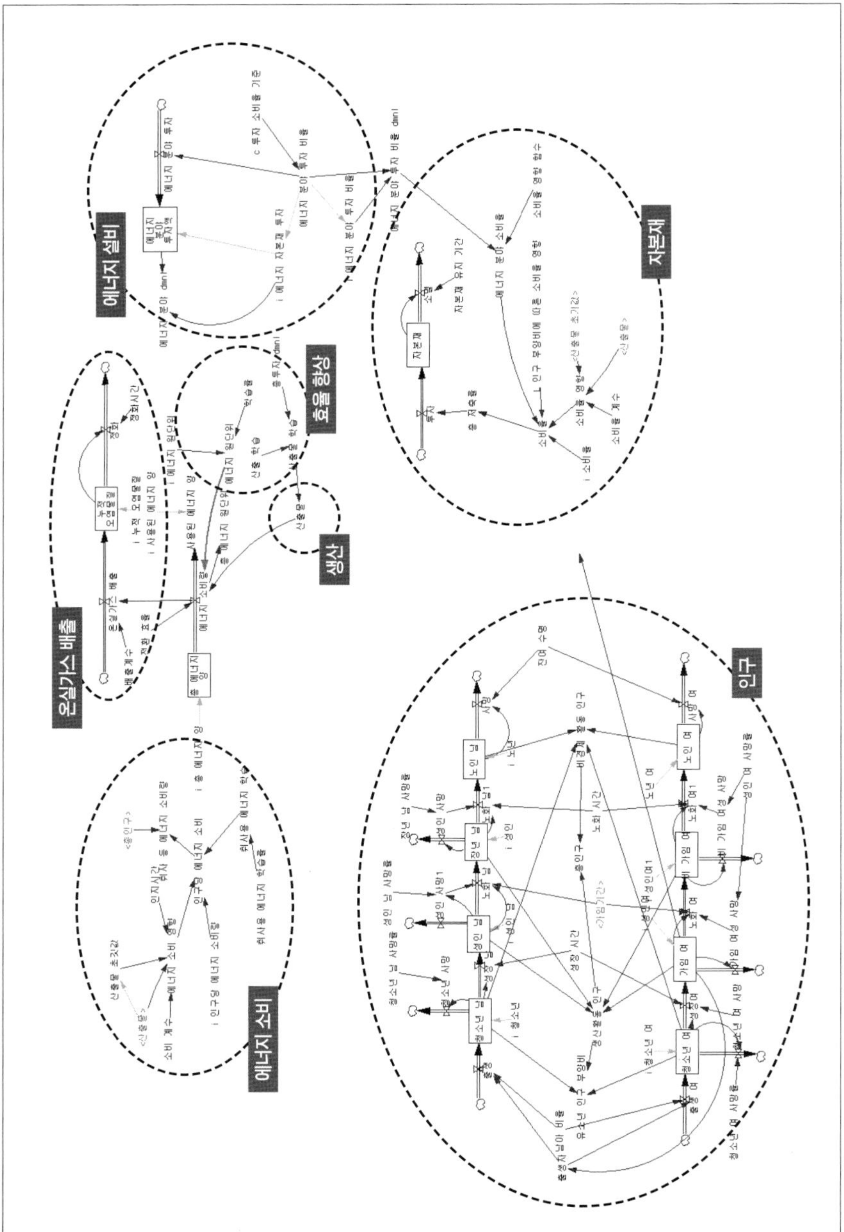

그림 9.66 여러 개의 모듈 9.13 통합모델.mdl 참조.

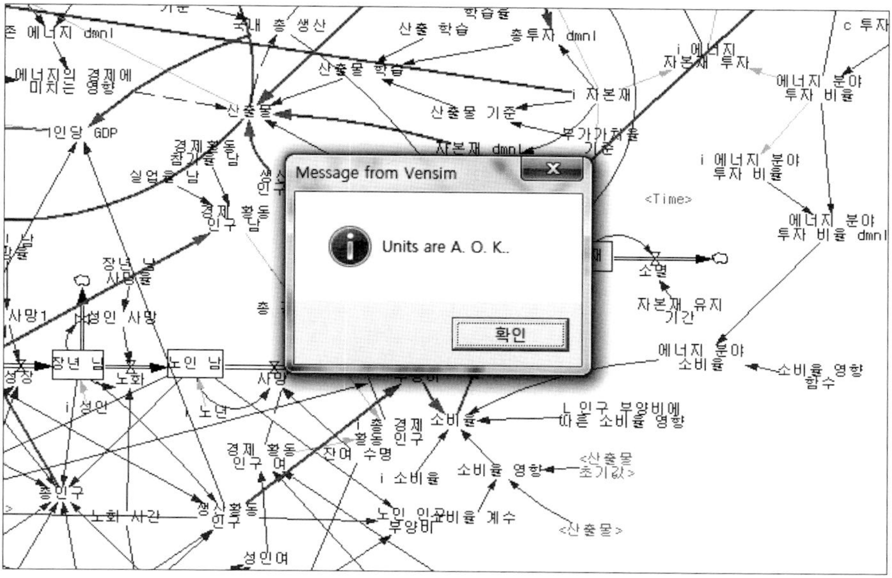

그림 9.67 **통합 모델에 대한 단위 점검**

이 하위 모델을 연결한 후에도 단위는 일치되어야 한다. 〈그림 9.67〉은 하위 시스템을 모두 연결한 후에도 단위가 모두 일치함을 보여 준다. SFD를 만들 때에는 단위를 일치시켜야 함을 다시 한 번 더 강조하는 바이다.

하위 시스템을 연결하기 위해서는 추가적인 정보가 지속적으로 요구된다. 이 정보를 상호 연결해야만 하나의 모델로서 시스템적으로 움직인다. 〈그림 9.68〉은 모든 하위 모델, 즉 모듈들 간에 생성되는 정보를 연결한 SFD이다.

이 모델의 결과나 정책적 함의에 대한 설명은 생략

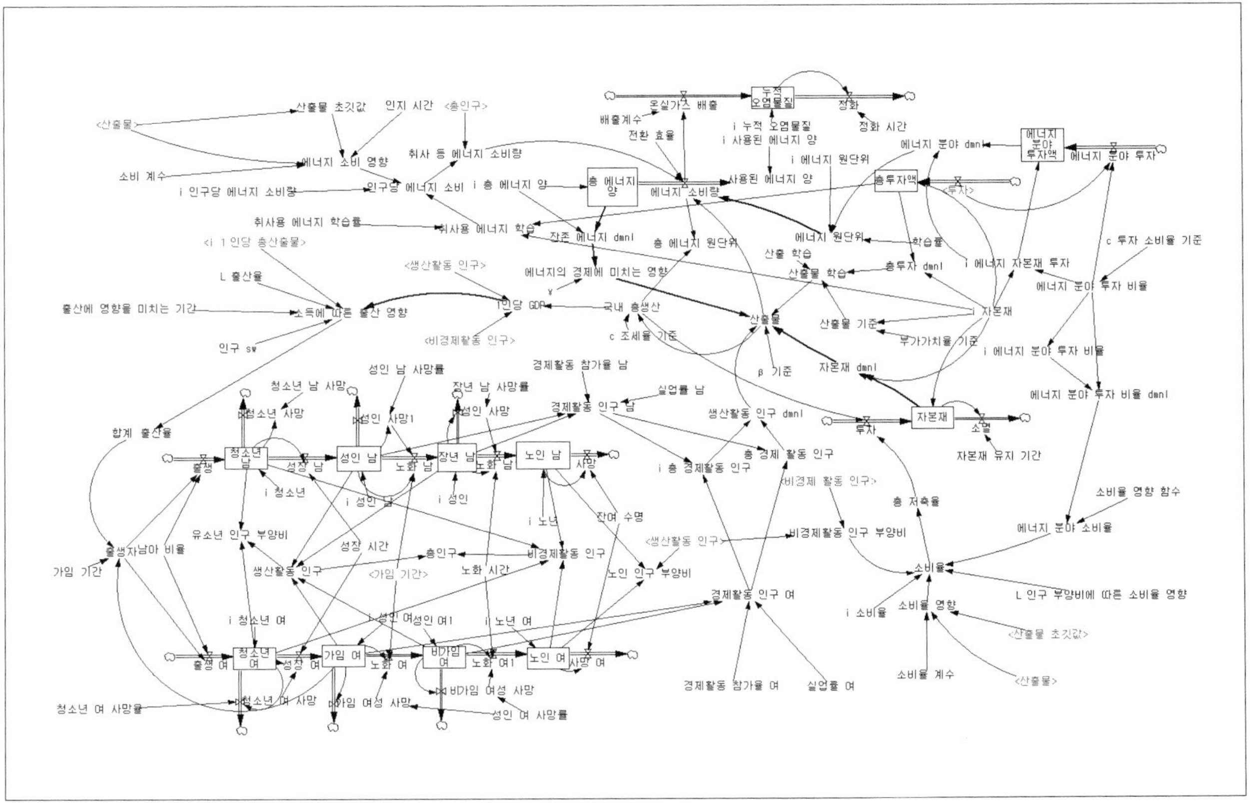

그림 9.68 모델의 통합

※ 모듈별로 페이지를 나누어 작성하는 것을 권고한다.

한다. 독자들도 모델을 그려 보고 추가적인 변수를 넣어 모델을 확장해 보길 바란다.

- "1인당 GDP" = 국내 총생산/(비경제활동 인구 + 생산활동 인구)
  Units: 백만 원/명/Year
- c 조세율 기준 = 0.3 Units: Dmnl
- c 투자 소비율 기준 = 0.05 Units: Dmnl
- FINAL TIME = 2050 Units: Year
- i 노년 = 2.65806e + 006 Units: 명
- i 노년 여 = 3.7275e + 006 Units: 명
- i 누적 오염물질 = 100 Units: 온실가스
- i 사용된 에너지 양 = 1000 Units: 에너지
- i 생산활동 인구 = INITIAL(i 성인 + i 성인 여 + I 성인 여 1 + i 성인 남)
  Units: 명
- i 성인 남 = 1.3614e + 007 Units: 명
- i 성인 = 5.22148e + 006 Units: 명
- i 성인 여 = 1.27182e + 007 Units: 명
- I 성인 여 1 = 5.22148e + 006 Units: 명
- i 소비율 = INITIAL(0.68) Units: Dmnl
- i 에너지 분야 투자 비율 = INITIAL(에너지 분야 투자 비율) Units: Dmnl
- i 에너지 원단위 = INITIAL(0.000133506) Units: 에너지/백만 원
- i 에너지 자본재 투자 = INITIAL(i 자본재 * 에너지 분야 투자 비율)
  Units: 백만 원
- i 인구당 에너지 소비량 = INITIAL(0.000776) Units: 에너지/명/Year
- i 1인당 총 산출물 = INITIAL("1인당 GDP") Units: 백만 원/명/Year
- i 자본재 = 3.25e + 009 Units: 백만 원
- i 청소년 = 3.72626e + 006 Units: 명
- i 청소년 여 = 3.47273e + 006 Units: 명
- i 총 경제활동 인구 = INITIAL(경제활동 인구 남 + 경제활동 인구 여)
  Units: 명
- i 총 에너지 양 = 2.62e + 007 Units: 에너지
- INITIAL TIME = 1980 Units: Year
- L 인구 부양비에 따른 소비율 영향([(0, 0)-(2, 2)], (0, 0.763158), (0.0631579, 0.868421), (0.147368, 0.912281), (0.259649, 0.938596), (0.3799, 1), (0.5, 1.2), (1, 2))★ Units: Dmnl

★ 연성 변수이다.

★
룩업 함수의 자료이식 설명 부분 참조.

- L 출산율([(0, 0)-(4, 2)], (0,0.2), (0.358209, 0.714286), (0.701754, 1.40351), (1.0386, 1.60526), (1.26567, 1.4386), (1.37313, 0.947368), (1.4806, 0.675439), (1.68358, 0.473684), (1.8807, 0.394737), (2.03509, 0.412281), (2.11343, 0.447368), (2.37612, 0.685714), (2.54328, 0.838095), (2.73433, 0.904762), (2.92537, 0.971429), (3.2597, 1.01905), (3.98806, 1.0381))★ Units: Dmnl
- SAVEPER = IME STEP Units: Year [0,?]
- The initial time for the simulation.
- Year = TIME BASE(1981, 0.0833333) Units: 년
- β 기준 = 0.7 Units: Dmnl
- γ = 0.1 Units: Dmnl
- 가임 여 = INTEG (성장여 – 노화 여 – 가임 여성 사망, i 성인 여) Units: 명
- 가임 여성 사망 = 성인 여 사망률 * 가임 여 Units: 명/Year
- 가임 기간 = 35 Units: Year
- 경제활동 인구 남 = (성인 남 + 장년 남) * 경제활동 참가율 남 * (1 – 실업률 남) Units: 명
- 경제활동 인구 여 = (가임 여 + 비가임 여) * 경제활동 참가율 여 * (1 – 실업률 여) Units: 명
- 경제활동 참가율 남 = 0.73 Units: Dmnl
- 경제활동 참가율 여 = 0.5 Units: Dmnl
- 국내 총생산 = 산출물 * (1 – c 조세율 기준) Units: 백만 원/Year
- 남아 비율 = 0.505 Units: Dmnl
- 노인 남 = INTEG(노화 남 1 – 사망, i 노년) Units: 명
- 노인 여 = INTEG(노화 여 1 – 사망 여, i 노년 여) Units: 명
- 노인 인구 부양비 = (노인 남 + 노인 여)/생산활동 인구 Units: Dmnl
- 노화 남 = 성인 남 / 가임 기간 – 성인 사망 1 Units: 명/Year
- 노화 남 1 = (장년 남 / 노화 시간) – 성인 사망 Units: 명/Year
- 노화 시간 = 15 Units: Year
- 노화 여 = (가임 여 / 가임 기간) – 가임 여성 사망 Units: 명/Year
- 노화 여 1 = (비가임 여 / 노화 시간) – 비가임 여성 사망 Units: 명/Year
- 누적 오염물질 = INTEG(온실가스 배출 – 정화, i 누적 오염물질) Units: 온실가스
- 배출계수 = 1.6 Units: 온실가스/에너지
- 부가가치율 기준 = 0.35 Units: Dmnl/Year
- 비가임 여 = INTEG(노화 여 – 노화 여 1 – 비가임 여성 사망, i 성인 여 1) Units: 명
- 비가임 여성 사망 = 성인 여 사망률 * 비가임 여 Units: 명/Year

- 비경제활동 인구 = 노인 남 + 노인 여 + 청소년 남 + 청소년 여 Units: 명
- 비경제활동 인구 부양비 = 비경제활동 인구/생산활동 인구 Units: Dmnl
- 사망 여 = 노인 여 / (잔여 수명) Units: 명/Year
- 사망 = 노인 남 / (잔여 수명) Units: 명/Year
- 사용된 에너지 양 = INTEG(에너지 소비량, i 사용된 에너지 양) Units: 에너지
- 산출 학습 = 0.5 Units: Dmnl
- 산출물 기준 = i 자본재 * 부가가치율 기준 Units: 백만 원/Year
- 산출물 초깃값 = INITIAL(산출물) Units: 백만 원/Year
- 산출물 학습 = 산출물 기준 * ((총투자 dmnl)^산출 학습) Units: 백만 원/Year
- 산출물 = 산출물 학습 * (생산활동 인구 dmnl^(1-β 기준)) * (자본재 dmnl^(β 기준)) * 에너지의 경제에 미치는 영향★ Units: 백만 원/Year
- 생산활동 인구 dmnl = 총 경제활동 인구 / i 총 경제활동 인구 Units: Dmnl
- 생산활동 인구 = 장년 남 + 가임 여 + 비가임 여 + 성인 남 Units: 명
- 성인 남 사망률 = 0.005 Units: 1/Year
- 성인 남 = INTEG(성장 남 - 성인 사망 1 - 노화 남, i 성인 남) Units: 명
- 성인 사망 = 장년 남 * 장년 남 사망률 Units: 명/Year
- 성인 사망 1 = 성인 남 사망률 * 성인 남 Units: 명/Year
- 성인 여 사망률 = 0.002 Units: 1/Year
- 성장 남 = 청소년 남 / 성장 시간 Units: 명/Year
- 성장 시간 = 15 Units: Year
- 성장 여 = 청소년 여 / 성장 시간 - 청소년 여 사망 Units: 명/Year
- 소득에 따른 출산 영향 = IF THEN ELSE(인구 sw = 0, 1, smooth3(L 출산율("1인당 GDP" / i 1인당 총산출물), 출산에 영향을 미치는 기간))★★ Units: Dmnl
- 소멸 = 자본재 / 자본재 유지 기간 Units: 백만 원/Year
- 소비 계수 = 0.01 Units: Dmnl
- 소비율 계수 = 0.3 Units: Dmnl
- 소비율 영향 함수([(0, 0)-(2, 2)], (0, 0.75), (0.435088, 0.789474), (0.8, 0.885965), (1, 1), (1.32632, 1.12281), (1.62807, 1.19298), (2, 1.25)) Units: Dmnl
- 소비율 영향 = (산출물 / 산출물 초깃값)^소비율 계수 Units: Dmnl
- 소비율 = i 소비율 * L 인구 부양비에 따른 소비율 영향(비경제활동 인구 부양비) * 소비율 영향 * 에너지 분야 소비율 Units: Dmnl
- 실업률 여 = 0.033 Units: Dmnl
- 실업률 남 = 0.04 Units: Dmnl

★
콥-더글라스(Cobb-Douglas) 생산함수를 이용했다.

★★
IF THEN ELSE 함수의 인자는 (조건, 조건이 참일 때의 반환값, 조건이 거짓일 때의 반환값)이다.

★
smooth3 함수와 delay3 함수는 같으나, 일반적으로 smooth 함수는 정보의 지연에, delay 함수는 물질의 지연에 사용된다.

- 에너지 분야 dmnl = 에너지 분야 투자액 / i 에너지 자본재 투자
  Units: Dmnl
- 에너지 분야 소비율 = 소비율 영향 함수(에너지 분야 투자 비율 dmnl)
  Units: Dmnl
- 에너지 분야 투자 비율 dmnl = 에너지 분야 투자 비율 / i 에너지 분야 투자 비율 Units: Dmnl
- 에너지 분야 투자 비율 = c 투자 소비율 기준 Units: Dmnl
- 에너지 분야 투자 = 투자 * 에너지 분야 투자 비율 Units: 백만 원/Year
- 에너지 분야 투자액 = INTEG(에너지 분야 투자, i 에너지 자본재 투자)
  Units: 백만 원
- 에너지 소비 영향 = smooth3((산출물 / 산출물 초깃값)^소비 계수, 인지 시간)* Units: Dmnl
- 에너지 소비량 = (산출물 * 에너지 원단위 + 취사 등 에너지 소비량) / 전환 효율 Units: 에너지/Year
- 에너지 원단위 = i 에너지 원단위 * ((에너지 분야 dmnl)^학습률)
  Units: 에너지/백만 원
- 에너지의 경제에 미치는 영향 = 잔존 에너지 dmnl^γ Units: Dmnl
- 온실가스 배출 = 배출계수 * 에너지 소비량 Units: 온실가스/Year
- 유소년 인구 부양비 = (청소년 남 + 청소년 여) / 생산활동 인구
  Units: Dmnl
- 인구 sw = 1 Units: Dmnl
- 인구당 에너지 소비 = i 인구당 에너지 소비량 * 에너지 소비 영향 * 취사용 에너지 학습 Units: 에너지/명/Year
- 인지 시간 = 5 Units: Year
- 자본재 dmnl = 자본재 / i 자본재 Units: Dmnl
- 자본재 유지 기간 = 20 Units: Year
- 자본재 = INTEG(투자 - 소멸, i 자본재) Units: 백만 원
- 잔여 수명 = 15 Units: Year
- 잔존 에너지 dmnl = 총 에너지 양 / i 총 에너지 양 Units: Dmnl
- 장년 남 사망률 = 0.003 Units: 1/Year
- 장년 남 = INTEG(노화 남 - 노화 남 1 - 성인 사망, i 성인) Units: 명
- 전환 효율 = 0.7 Units: Dmnl
- 정화 = 누적 오염물질 / 정화 시간 Units: 온실가스/Year
- 정화 시간 = 100 Units: Year
- 청소년 남 사망 = 0.001 Units: 1/Year
- 청소년 남 = INTEG(출생 - 성장 남 - 청소년 사망, i 청소년) Units: 명
- 청소년 사망 = 청소년 남 * 청소년 남 사망 Units: 명/Year
- 청소년 여 사망 = 청소년 여 사망률 * 청소년 여 Units: 명/Year

- 청소년 여 사망률 = 0.001 Units: 1/Year
- 청소년 여 = INTEG(출생 여 - 성장 여 - 청소년 여 사망, i 청소년 여) Units: 명
- 총 경제활동 인구 = 경제활동 인구 남 + 경제활동 인구 여 Units: 명
- 총 에너지 양 = INTEG(-에너지 소비량, i 총 에너지 양) Units: 에너지
- 총 에너지 원단위 = 에너지 소비량 / 국내 총생산 Units: 에너지/백만 원
- 총저축률 = 1 - 소비율 Units: Dmnl
- 총인구 = 비경제활동 인구 + 생산활동 인구 Units: 명
- 총투자 dmnl = 총투자액 / i 자본재 Units: Dmnl
- 총투자액 = INTEG(투자, i 자본재) Units: 백만 원
- 출산에 영향을 미치는 기간 = 10 Units: Year
- 출생 = 출생자 * 남아 비율 Units: 명/Year
- 출생 여 = 출생자 * (1 - 남아 비율) Units: 명/Year
- 출생자 = 가임 여 * 합계 출산율 / 가임 기간 Units: 명/Year
- 취사 등 에너지 소비량 = 인구당 에너지 소비 * 총인구 Units: 에너지/Year
- 취사용 에너지 학습 = ((총투자액 / i 자본재)^취사용 에너지 학습률) Units: Dmnl
- 취사용 에너지 학습률 = -0.05 Units: Dmnl
- 투자 = 국내 총생산 * 총저축률 Units: 백만 원/Year
- 학습률 = -0.21 Units: Dmnl
- 합계 출산율 = 소득에 따른 출산 영향 Units: Dmnl

10

변수의 연결

변수 값의 변경 10.1

완성된 모델의 변수(상수) 값을 변경해야 하는 경우가 자주 발생한다.

- ▷ 영구적 변경
- ▷ 일시적 변경

영구적인 변화인 경우는 수식편집기Equation Editor에서 바꾸어 주면 된다. 영구적인 변경은 시뮬레이션 초기 시간에서 최종 시간까지 값의 변화가 없다는 것을 의미한다.

값을 시뮬레이션 초기 시간과 최종 시간 사이에서 일시적으로 변경해야 하는 경우는 다음과 같은 방법이 있을 수 있다.

- ▷ 시나리오별 · 시뮬레이션별로 변경(Set and Simulation 방법 참조)
- ▷ 외부 입력 파일 변경(시나리오 파일을 이용한 시뮬레이션 방법 참조)

10.2 곱의 결합 방식과 합의 결합 방식

여러 가지 요인*을 결합하는 방식Method of Combining Factors으로 대표적인 것은 곱의 결합 방식과 합의 결합 방식이 있다. 이 두 방식을 설명하기 위해 경쟁력과 그 요인에 대한 예를 들기로 한다.

★ 여러 가지 요인을 결합하는 방식(Method of Combining Factors)으로 대표적인 것은 곱의 결합 방식과 합의 결합 방식이 있다.

10.2.1 경쟁력의 모델링

경쟁력이라는 어휘는 어떤 제품이 시장에서 어느 정도 경쟁의 우위에 있는가를 나타내는 연성 변수이다. 경쟁력을 측정하기에 가장 좋은 변수는 현재 사용하고 있는 상품 중에서 특정 제품이 차지하고 있는 비율을 나타내는 '시장 점유율'과 특정 기간 동안 구매하는 양 중에서 특정 제품이 차지하고 있는 '판매 점유율'이 있다.

일반적으로 직접적으로 측정 가능한 변수는 저량변수이고, 유량변수는 간접적으로 측정한다. 예를 들어 자동차의 속도는 직접 측정하지 못하고, 과거 1분 동안 주행한 거리를 측정해 '거리/시간'이라는 공식에 의해서 간접적으로 측정한다.

경쟁력**이라는 어휘를 사용하기 위해서는 그 명확한 정의가 필요한데, 일반적인 정의로 '어느 순간에 특정 제품이 팔리는 비율'의 유량변수에 해당하는 '순간 경쟁력'이다. 이 변수가 정의되면, 시장 점유율, 판매 점

★★ 일반적으로 저량은 직접 측정이 가능하고 유량은 측정이 어렵다는 특징이 있다.

유율 등 모든 경쟁력 관련 변수들을 계산할 수 있다.

곱의 결합 방식 10.2.2

개 념

순간 경쟁력으로 정의되는 경쟁력을 묘사하기 위한 대표적인 모델이 곱의 법칙Multiply Method이다. 가령, 경쟁력에 영향을 주는 요인을 가격, 품질, 인지도 등으로 나눌 수 있다면 경쟁력은 다음 〈식 10.1〉로 표현할 수 있다.

$$Competition = Competition_n \cdot \text{Price Factor} \cdot \text{Quality Factor} \cdot \text{Perception Factor} \quad (10.1)$$

여기서, $Competition$ = 순간 경쟁력
$Competition_n$ = 순간 경쟁력 기준
Price Factor = 가격 요인
Quality Factor = 품질 요인
Perception Factor = 인지도 요인

즉, 순간 경쟁력을 $t = 0$일 때의 순간 경쟁력 기준값과 여러 가지 경쟁력 요인의 곱으로 표현하는 것이다. 순간 경쟁력과 순간 경쟁력 기준값이 같은 단위를 사용하므로 여러 가지 요인들은 모두 무차원* 수가 되고, 각 요인의 값들이 '1'인 경우 순간 경쟁력은 순간 경쟁력 기준값과 같게 된다. 따라서 각 요인들을 순간 경쟁력

★ 무차원이란 단위가 없는 것으로, 단위가 있는 개념의 경우 같은 단위로 나누면 단위가 사라진다. 이를 정규화라고 한다.

기준값을 결정할 때 사용된 값과의 비로 나타낼 수 있으면 편리하다.

가격 요인 등의 식은

$$\text{Price Factor} = f(\text{Price}/\text{Price}_n) = f(\text{Price}_{dmnl}) \quad \cdots\cdots\cdots \quad (10.2a)$$

$$\text{Quality Factor} = f(Quality/Quality_n) = f(Quality_{dmnl}) \quad \cdots\cdots\cdots \quad (10.2b)$$

$$\text{Perception Factor} = f(Perception/Perception_n) = f(Perception_{dmnl}) \quad \cdots\cdots\cdots \quad (10.2c)$$

여기서, Price = 가격 (at time = t)

Price_n = 가격의 기준값

Price_{dmnl} = 가격의 무차원 수

$Quality$ = 품질 (at Time = t)

$Quality_n$ = 품질의 기준값

$Quality_{dmnl}$ = 품질의 무차원 수

$Perception$ = 인지도 (at time = t)

$Perception_n$ = 인지도의 기준값

$Perception_{dmnl}$ = 인지도의 무차원 수

이다.

이렇게 되면 무차원(無次元: dmnl, 혹은 dimensionless)★ 수로 나타낼 수 있으므로 모델링할 때 개념적으로 접근하기가 편리하다.

★ 무차원이란 단위가 없다는 것을 의미한다. 이는 로그함수나 지수함수와 같이 단위가 없는 값을 입력값으로 받는 함수를 이용할 때 매우 중요한 개념이다. 값을 정규화화여도 단위가 사라지는데, 이는 다음의 '정규화' 부분을 참고하기 바란다.

특히, 기준값을 정할 때 초깃값(Time = 0, 혹은 INITIAL TIME)들로 하게 되면 모든 모델링 과정에서 기준값의 혼동을 피할 수 있어 더욱 용이하다.

여기에서, 함수 $y = y_n \cdot f(x/x_n)$에 대해 간단히 생

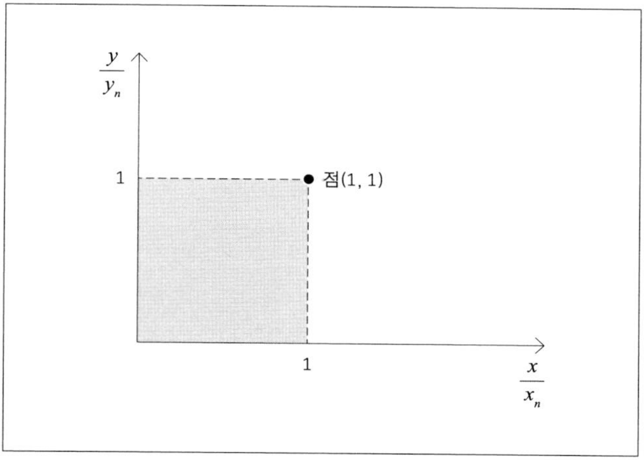

그림 10.1
곱의 결합 방식에서 거듭제곱 식이 지나는 점

각해 보자. 이 함수는 〈그림 10.1〉과 같이 $x-y$ 평면에서는 점(x_n, y_n), 혹은 $x/x_n - y/y_n$ 평면에서는 점(1, 1)을 지나는 곡선 혹은 직선이 될 것이다. 왜냐하면 이 x_n과 y_n은 같은 기준 시점의 값이기 때문이다.

이 점을 지나는 가장 간단한 곡선 혹은 직선 식은 $y = y_n \cdot (x/x_n)^\alpha$이다. 〈그림 10.2〉는 이 식이 나타낼 수 있는 그래프의 종류를 보여 주고 있다.

〈그림 10.2〉에서 보듯이 $y = y_n \cdot (x/x_n)^\alpha$는 α 값에 따라 네 가지 종류의 그래프군을 표현할 수 있다.

- ▷ α 〈 0: 반비례 곡선
- ▷ 0 〈 α 〈 1: 기울기가 점차 감소하는 곡선
- ▷ α = 1: 직선
- ▷ α 〉 1: 기울기가 점차 증가하는 곡선

그림 10.2
곱의 결합 방식에서 거듭제곱 식이 갖는 곡선 및 직선의 종류

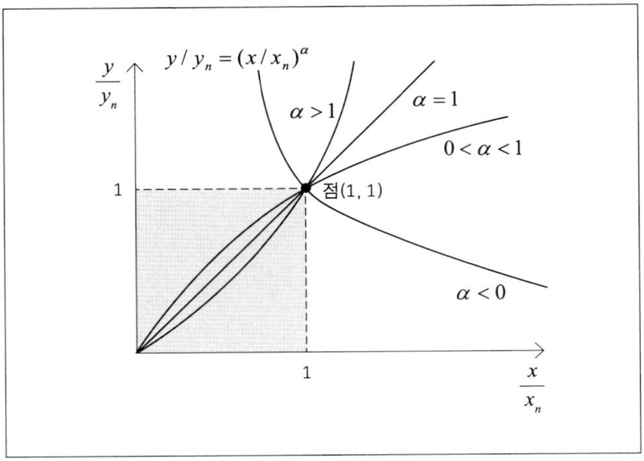

역으로 이러한 특성들을 나타내는 곡선 혹은 직선들은 모두 $y = y_n \cdot (x / x_n)^\alpha$으로 나타낼 수 있음을(최소한 근사식으로) 의미한다.

의 미

이러한 논리를 일반화하면 다음의 식과 같다.

$$y = y_n \cdot \prod_i \left(\frac{x_i}{x_{i,n}}\right)^{\alpha_i} \quad \cdots\cdots (10.3)$$

여기서 양변을 y_n으로 나누고($y_n \neq 0$일 때) 자연로그를 취하면 다음 식과 같이 된다.

수식편집기를 활용한 첨자변수 생성 방법 10.4.3

벤심 DSS에서 모든 변수는 수식편집기에서 관리할 수 있다. 첨자변수도 수식편집기를 이용해 생성, 수정, 삭제 등을 할 수 있다. 첫째, 수식편집기의 중간 왼쪽 부분에는 〈그림 10.10〉과 같이 변수의 'Type'을 결정하는 항이 있다. 여기에서, 'Subscript'를 선택하면 왼쪽 상단의 등호(=)가 콜론(:)으로 바뀌면서 벤심은 이 변수를 첨자변수로 간주하게 된다.

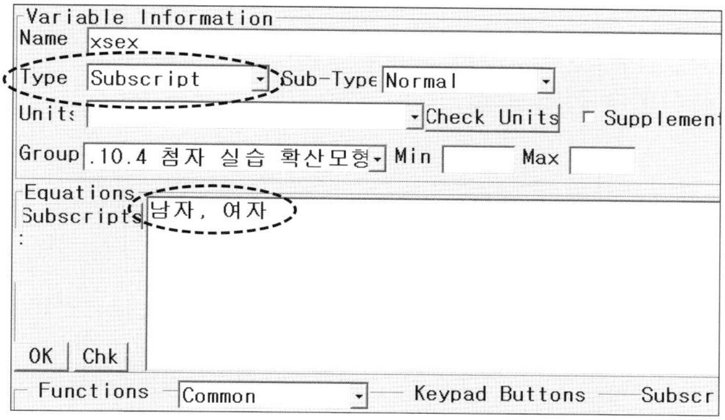

그림 10.10
수식편집기

둘째, 수식편집기를 이용해 스크립트 변수를 생성하는 작업은 〈그림 10.11〉에서와 같이 수식편집기 오른쪽 윗부분의 'New Variable' 버튼을 누르면서 시작한다.

셋째, 이 다음 작업은 앞의 '첨자 제어를 활용한 첨자변수 생성 방법'의 〈그림 10.7〉 이후의 과정과 동일하다.

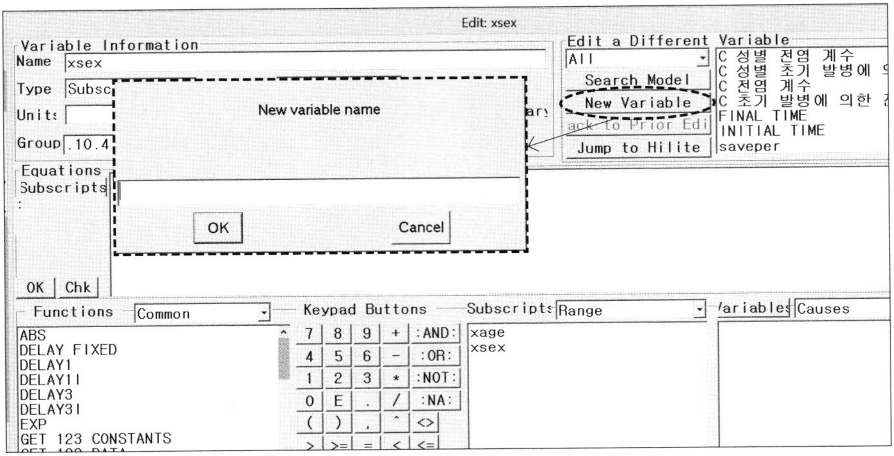

그림 10.11 첨자에 대한 수식편집기

10.4.4 첨자변수 정의 방법

첨자를 지정하는 방법은 다음과 같이 두 가지가 있다.

- ▷ Element를 하나씩 입력하는 방법(예: xSex: 남자, 여자)
- ▷ Element를 순서가 있는 기호화를 해 범위로 입력하는 방법(예: xAge: (Y0-Y100))★

★ '변수명 시작번호-변수명 끝번호' 형식으로 입력한다.

첨자를 활용해야 하는 변수는 다음의 예에서 보듯이 괄호([ ])를 이용해 첨자를 표시한다.

- ▷ 예: 인구[×Age], 출생[×Age], 사망[Y50], 나이 먹음[×Age]

그림 10.12
수식편집기에서 첨자 지정 전(上)과 후(下)의 모습

첨자를 정의하게 되면 〈그림 10.12〉와 같이 일반 변수에 대한 수식편집기의 일부가 변형되어 첨자에 대한 정보를 활용할 수 있다.

한 변수에 첨자를 적용한다는 의미는 한 변수 이름이 여러 개의 값을 나타낸다는 것이다. 수식편집기를 이용해 두 가지 이상의 값을 정의하는 방법은 크게 세 가지가 있다.

- ▷ 한 화면에서 쉼표(,)를 이용해 여러 값을 할당하는 방법(예: 성별 모방계수[×Age]= 0.1, 0.2)
- ▷ 한 화면에서 첨자변수만을 활용하는 방법(예: 사망[×Age] = 연령별 인구[×Age] * 연령별 사망률[×Age])
- ▷ 여러 화면에서 값이나 식을 입력하는 방법

쉼표를 활용하는 방법은 상수 값만 가능하다. 만약 모든 첨자에 같은 값이 적용된다면 굳이 쉼표를 쓸 필요는 없다(예: 성별 모방계수[×Age] = 0.1). 수식의 경우는 첨자만을 사용하는 것이 편리하나, 필요에 따라서는 여러 화면을 만들어 정의해야 할 때가 있다. 새로운 화면을 만들 때는 수식편집기의 오른쪽 위에 있는 'Add Eq' 버튼을 사용하면 된다.

10.4.5 변수에 첨자 지정 방법

변수에 첨자를 지정하는 방법으로는 다음과 같은 두 가지가 있다.

- ▷ 메뉴의 Set Subscript를 이용하는 방법
- ▷ 수식편집기를 이용하는 방법

메뉴를 이용해 첨자를 지정하는 방법은 그 변수를 사용하는 모든 변수의 내용까지 자동으로 변경시키므로 편리하고 오류가 발생할 염려가 없으나, 일괄 지정이기 때문에 수식편집기를 활용하는 방법도 같이 알아 두어야 한다.

메뉴를 이용해 첨자를 지정하는 방법

첫째, 첨자 지정 대상이 되는 변수를 먼저 선택한다. 하나의 변수를 선택할 수도 있고 〈그림 10.13〉과 같이 여러 개의 변수를 지정해도 무방하다.

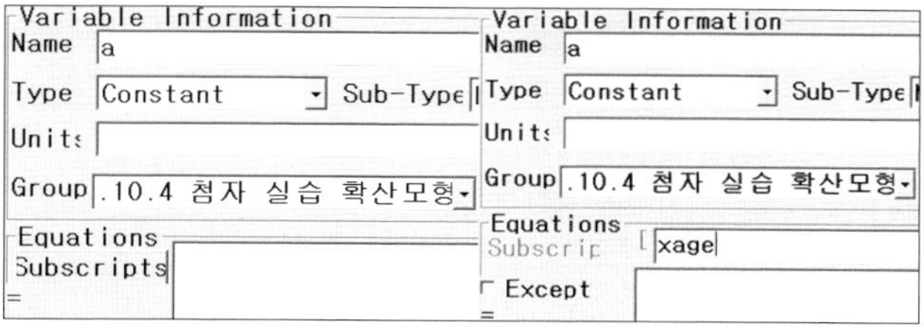

그림 10.13
여러 개의 첨자변수를 한꺼번에 지정할 때(Step 1)

10.4 첨자 실습 확산모델.mdl 참조.

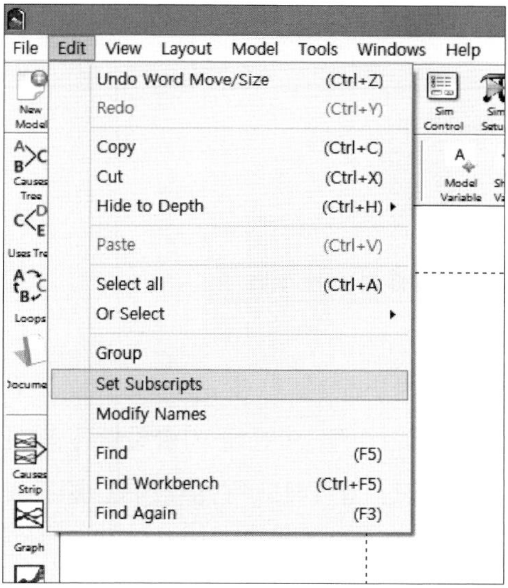

그림 10.14
여러 개의 첨자변수를 한꺼번에 지정할 때(Step 2)

둘째, 〈그림 10.14〉와 같이 메뉴*에서 'Set Subscripts'를 선택한다.

★ Edit 〉 Set Subscripts

셋째, 〈그림 10.15〉와 같이 첨자 지정 화면이 나오면, 원하는 첨자변수를 선택해 이를 지정하면 된다.

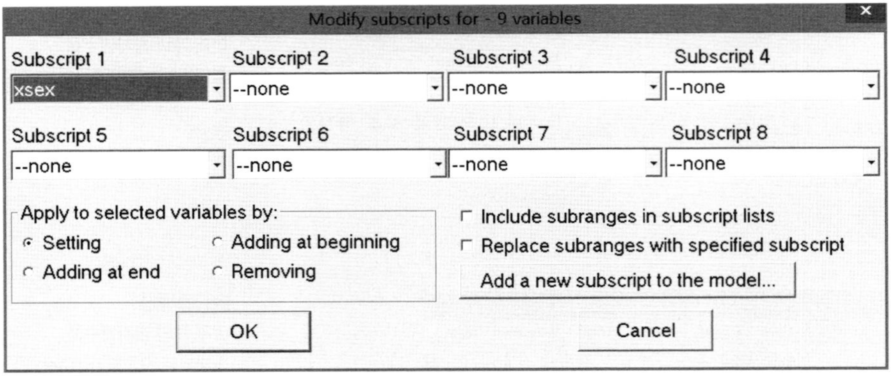

그림 10.15 여러 개의 첨자변수를 한꺼번에 지정할 때(Step 3)

수식편집기를 이용해 첨자를 지정하는 방법

수식편집기에서 첨자변수나 인자Argument는 〈그림 10.16〉과 같이 대괄호([ ])를 이용해 기술하도록 되어 있다. 자판을 통해 직접 입력해도 무방하지만, 중간에 있는 'Subscripts Tab'을 이용하면 오타의 염려를 줄일 수 있다.

필요에 따라서는 첨자변수의 인수에 따라 다른 식이나 값을 입력해야 하는데, 이 경우는 〈그림 10.17〉에서와 같이 오른쪽의 'Add Eq' 버튼을 활용하면 된다.★

★ '여자'를 추가해야 한다면 'Add Eq'를 누른 후 '여자'를 입력하면 된다.

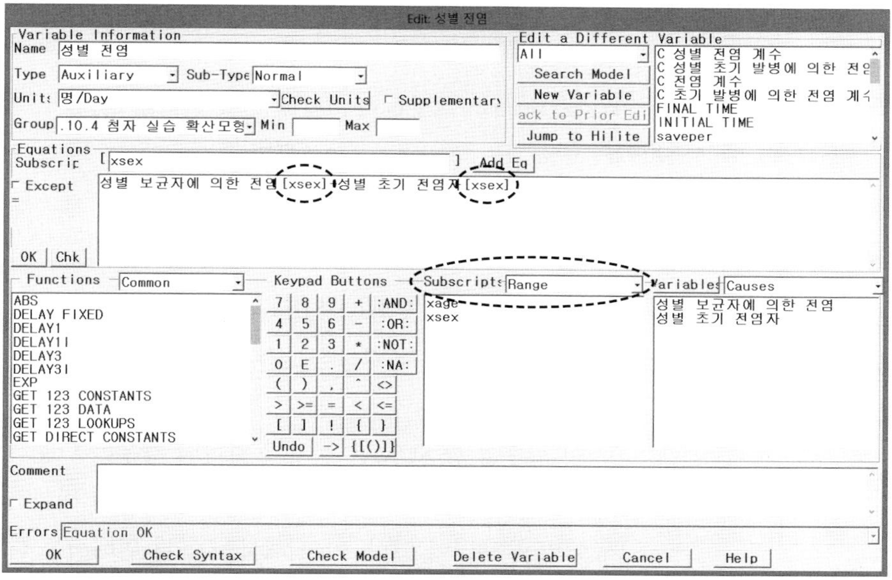

그림 10.16 수식편집기를 통한 첨자 지정(Range)

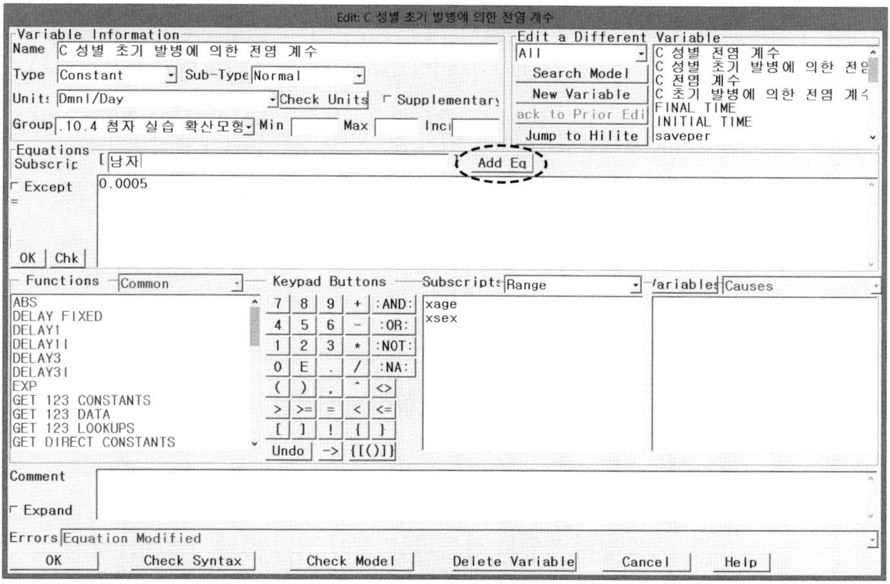

그림 10.17 수식편집기를 통한 첨자 지정(인수)

10.4.6 첨자와 관련된 함수들

첨자와 관련된 함수로는 다음과 같은 것들이 있다.

- ▷ SUM(x[s!]), 합: x[S1]+ x[S2]+ ……
- ▷ PROD({x[s!]), 곱: x[S1]* x[S2]* x[S3]* ……
- ▷ VMAX(x[s!]), 최댓값: x[S1], x[S2], …… 중 가장 큰 값
- ▷ VMIN(x[s!]), 최솟값: x[S1], x[S2], …… 중 가장 작은 값

이 함수들 중 SUM은 첨자가 하나인 경우는 단순한 첨자들의 합을 의미하지만, 하나 이상인 경우는 해석하기 어려운 측면이 있다. 이의 해석을 돕기 위해서는 다음 예를 들어 둔다.

- ▷ SUM(a[xA!]) = a[A1] + a[A2]
- ▷ SUM(a[xA!]*a f[xA!]) = a[A1]* a f[A1] + a[A1]* a f[A1]
- ▷ SUM(ab[xA!, xB!]) = ab[A1, B1] + ab[A1, B2] + ab[A2, B1] + ab [A2, B2]
- ▷ SUM(a[xA!] + b[xB!]) = (a[A1] + b[B1]) + (a[A1] + b[B2]) + (a[A2] + b[B1]) + (a[A2] + b[B2])

10.4.7 하부 첨자변수 및 첨자의 대응

첨자변수를 정의할 때, 경우에 따라서는 그 일부를 다른 첨자변수로 정의하는 것이 편리할 때가 있다. 한 예로

▷ xCarSegement: 경승용, 소형, 준중형, 중형, 대형, SUV 소형, SUV 중형, 미니밴 소형, 미니밴 중형, 영업용

과 같은 첨자변수를 정의했다고 가정하자. 필요에 따라

▷ x미니밴: 미니밴 소형, 미니밴 중형

혹은

▷ x세단: 경승용, 소형, 준중형, 중형, 대형

이라는 또 다른 첨자변수를 정의해야 한다. 이 경우 주의해야 할 점은 첨자 인수Element를 모두 포함하는 첨자변수가 반드시 있어야 한다는 것이다.

첨자변수 중에는 대응 관계를 설정할 필요가 있는 경우가 있다. 한 예로 인구 모델에는 다음과 같은 첨자변수들이 필요하다.

▷ xAge: (Y0-Y100)
▷ xYoungAge: (Y0-Y99)
▷ xOldAge: (Y1-Y100)

여기에서, xYoungAge 및 xOldAge는 xAge 변수의 Subsets Subscript 변수들로, 나이가 먹어 감에 따라 xYoungAge는 모두 xOldAge가 된다. 이러한 대응 관계를 표시하기 위해서 다음과 같은 식이 필요하다.★

★ 여기에서 '→'는 벤심에서의 연산자이다. →의 왼쪽에 있는 행렬을 →의 오른쪽에 있는 행렬과 대응시킨다는 것을 의미한다.

▷ xYoungAge: (Y0-Y99) → xOldAge

그리고 이와 같은 대응 관계를 이용해

▷ 나이 먹음으로 늘어나는 연령별 인구[xOldAge] = 나이 먹음으로 줄어드는 연령별 인구[xYoungAge]

라는 식이 성립한다. 만약 앞에서와 같은 대응 관계를 정의하지 않으면 등호의 오른쪽에 있는 첨자변수인 xYoungAge가 등호의 왼쪽 항에 나타나지 않기 때문에 벤심 DSS는 프로그램 오류로 판단한다.

첨자 관련 출력물 관리

첨자변수를 사용할 때 첨자 인수 중에서 어느 것을 선택하느냐는 'Main Tool Bar'의 오른쪽에 있는 '첨자 제어Subscript Control'를 사용해 지정한다.

첨자의 인수 수가 작을 경우 '첨자 제어' 화면은 〈그림 10.18〉과 같다. 여기에서, 'Selected Elements' 부분에 활성화Mark되어 있는 것이 선택된 인수로서 모든 출력물은 선택된 인수에 대한 값이 나온다.

가령, 남자만 선택되어 있는 경우의 그래프를 보면 〈그림 10.19〉와 같이 나타난다.

사용자 그래프의 경우는 인수까지 지정할 수도 있으며, 지정하지 않은 경우는 '첨자 제어Subscript Control'에

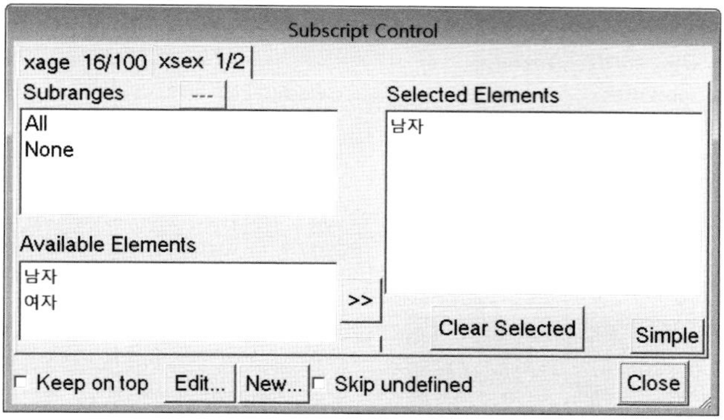

그림 10.18
첨자의 인수 선택

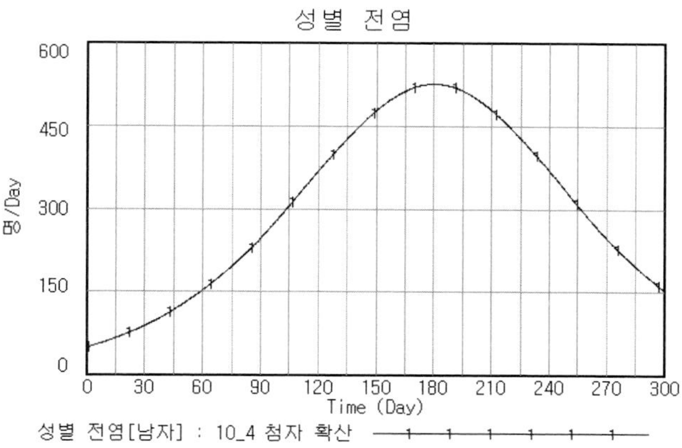

그림 10.19
첨자를 사용하는 변수의 출력 예

의해 선택된 인수에 대한 그래프가 출력된다.

참고로, 첨자 Subscript에 인수가 많은 경우에는 〈그림 10.20〉과 같이 첨자 제어 화면을 'Full Mode'로 바꿔서 사용하는 것이 편리하다. 특히 하부 첨자를 사용하는 경우에는 이 옵션이 첨자 인수를 관리하기에 더 편리하다.

그림 10.20
첨자 관리 화면

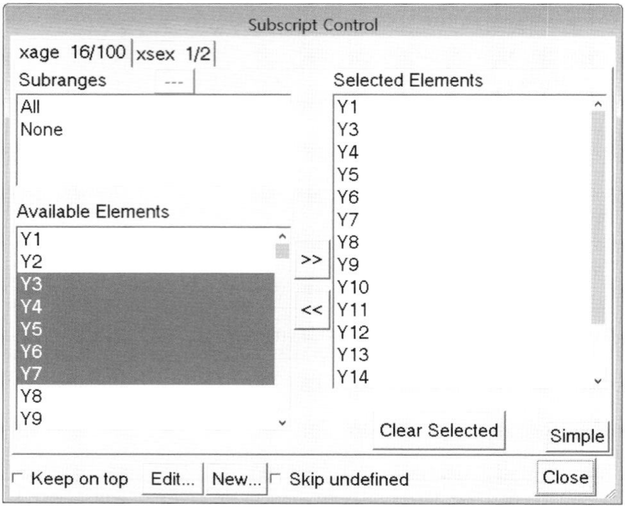

10.4.8 첨자와 관련된 이름 정하기

첨자변수, 인수 등과 관련되어 이름을 정하는 데는 특별한 규정은 없다. 그러나 이름*을 잘 정하면 여러 가지로 유리한 점이 많다. 이름을 정하는 데는 다음과 같은 특성을 고려할 필요가 있다.

★ 첨자의 이름을 잘 정하면 여러 가지로 유리한 점이 많다.

- ▷ 첨자변수와 같은 이름의 다른 변수를 사용할 수 없다.
- ▷ 첨자변수의 인수와 같은 이름의 다른 변수를 사용할 수 없다.
- ▷ 같은 내용의 첨자를 사용하는 변수와 사용하지 않는 변수가 있을 수 있다.(예, 연령별 인구[xAge], 성별연령별 인구[xSex, xAge])
- ▷ 변수 리스트는 알파벳 순서로 되어 있다.
- ▷ 첨자변수는 Sketch 화면에 나타나지 않는다.

이러한 점을 고려해 필자는 다음과 같이 변수를 정한다.

- ▷ 첨자변수: x로 시작(예: xAge, xSex 등)
- ▷ 인수: 영문 대문자 혹은 한 단어의 국문(예: A1-A100, 승용, 영업용, 남자, 여자)
- ▷ 첨자가 지정된 변수: '-별'이라는 단어로 시작한다.(예: 성별 인구, 성별연령별 인구, 등)

계절 요인 10.5

개요 10.5.1

시스템 다이내믹스 모델링에서 흔히 계절에 따른 변화를 반드시 고려해야 하는 경우가 발생한다. 예를 들어, 농산물 가격, GDP, 항만을 출입하는 물류량 등이 이에 해당한다. 이를 계절 요인이라고 하는데, 과거 자료가 있다면 별도의 분석이 없이 캘리브레이션을 이용해서 시스템 다이내믹스 모델에 포함시켜 쉽게 해결할 수 있다.

〈그림 10.21〉은 부산항의 수출입 물류량에 대한 자료이다.

〈그림 10.21〉에서 보듯이 이는 전반적으로 증가하는 추세이며, 자세히 보면 매년 같은 모양이 주기적으로 나

그림 10.21

부산항의 수출입 물류량

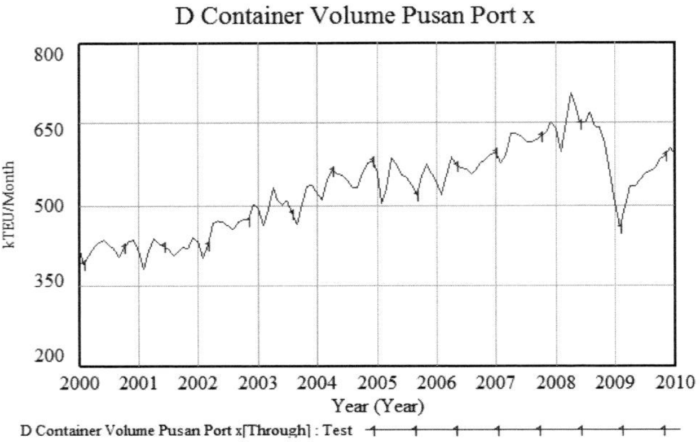

타난다. 계절 요인 모델링이 어려운 점은 해마다 증가하는 추세를 제외하고 순수한 계절 요인 성분만을 분류해야 한다는 점이다. 만약 다른 요인이 없다면 엑셀을 이용해서 과거 자료에서 바로 계절 요인을 평가할 수 있을 것이다.

10.5.2 주기변수

계절 요인이 1년을 주기로 하는 것이므로, 1년 중 어느 때인가를 알 수 있는 변수가 필요하다. 이 변수를 주기변수라고 부르고, 여기에서는 주기변수에 해당하는 변수 이름을 'Month of the year'라고 하자. 이 'Month of the year'는 다음 식과 같이 간단히 생성할 수 있다.★

★ 함수 QUANTUM에 대해서는 Vensim Manual을 참조.

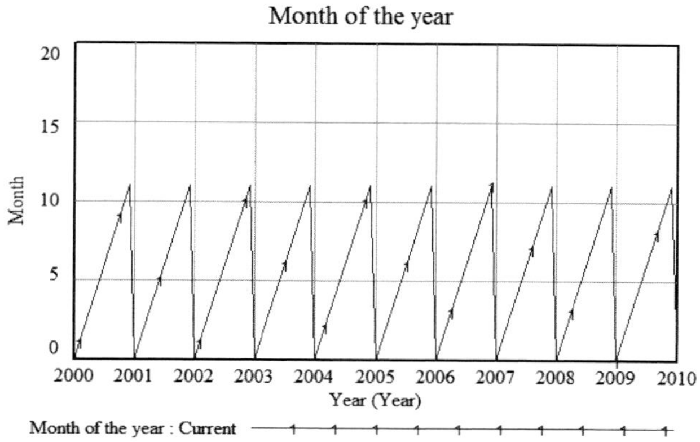

그림 10.22
Cycle Time(Month of the year)의 행태

Month of the year = Time - QUANTUM(Time, 12)

이렇게 생성된 'Month of the year'는 〈그림 10.22〉와 같이 [0, 12)* 범위를 움직이며, Time의 값이 1년 중 어떤 달에 해당하는지를 결정해 준다. 이 경우는 Time의 단위가 Month인 경우인데, 다른 시간 단위를 사용할 때도 같은 논리로 주기변수를 생성할 수 있다. 따라서 특정한 값이 나올 때마다. 이것을 입력시키면 일day이든 월month이든 시간이 흘러가는 것이 묘사된다. 일정한 시간마다 1의 값을 증가시키면 〈그림 10.23〉에서와 같은 SFD를 통해 시간을 표현할 수 있다.

---

* 범위를 나타내는 괄호 중, ' ['와 '] '는 끝 점까지 포함, ' (' 및 ') '는 끝 점은 불포함.

그림 10.23
시간을 표시하는 SFD

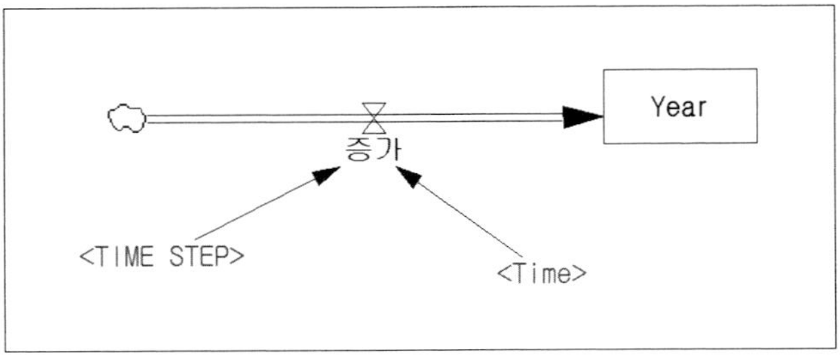

이때 유량은

★
IF THEN ELSE 함수는 3개의 인자로 구성되며, (A(논리조건), B(논리조건이 참일 때의 값), C(논리조건이 거짓일 때의 값))이다. 어떤 값(k)을 저량에 기억해 두고 싶다면 $B=\frac{k}{time\ step}$이 된다. 이 문제는 6.1.5에서 학습했다.

증가 = IF THEN ELSE((time-quantum(time, 12))
= (0, 1/time step*, 0) ·························· (10.11)

이다. 〈식 10.11〉을 이용하면 'Year'라는 변수에는 12개월마다 1씩 더해져(적분되어) 연도 표시가 가능한 것이다.

10.5.3 룩업 함수를 이용한 계절 요인 고려 방법

벤심 DSS의 룩업Lookup 함수는 그래프나 표를 이용해 사용자가 임의로 만들 수 있는 함수이다. 아래는 룩업 함수로 계절 요인을 입력하는 방식인데, 다른 방식에 의해 구해진 계절 요인이 이미 있을 경우 이를 룩업 함수로 만들어 사용하는 것이 편리하다.

룩업 함수를 만드는 방법**은 8.1.2. "룩업 함수"에서 이미 설명했으므로 이를 참조하면서 다음 과정을 수행해야 한다.

★★
룩업(Lookup) 함수를 만드는 방법은 8.1.2. "룩업 함수"에서 이미 설명했다.

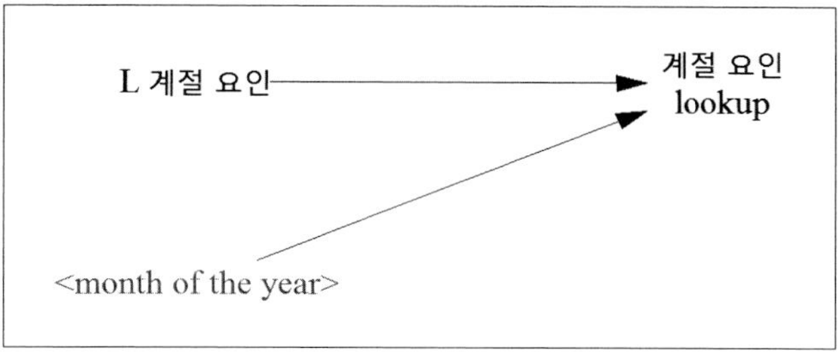

그림 10.24
계절 요인을 만들기 위한 SFD

10.5.3 룩업 계절 요인.mdl 참조.

우선 룩업 변수로 'L 계절 요인'을 만들고 주기를 만들기 위한 변수인 'Month of the year'를 만든다. 이 두 변수를 이용해 〈그림 10.24〉와 같은 SFD를 만든다.

여기에서, 변수 '계절 요인 lookup'은 'L 계절 요인'에 입력된 자료가 정규화Normalization되었는가에 따라 식이 다르게 되는데, 다음과 같이 정규화까지 포함식으로 정의하면 어느 경우나 적용이 된다.

$$\text{계절 요인 } Lookup = \frac{L\ \text{계절 요인}(month\ of\ the\ year)}{LOOKUP\ AREA(L\ \text{계절요인}, 0, 12) \times 12} \quad \cdots\cdots\cdots \quad (10.12)$$

〈식 10.12〉에서 분모는 정규화를 위한 것이다. 여기에서, 'LOOKUP AREA()' 함수는 벤심의 내장함수이다. 이 함수는 3개의 인자arguments★가 필요한데, 첫 번째는 룩업 변수, 두 번째는 룩업 변수의 x축의 임의적인 시작점, 세 번째는 룩업 변수의 x축의 임의적인 마지막 점이다. 이는 룩업 변수의 x축의 임의적인 시작점에서 x축의 임의적인 마지막 점까지의 면적을 계산한다. 〈식

★ 인자(arguments)란 내장함수에서 정한 입력값이며, 단위 및 입력 순서는 함수 제작자가 정한 대로 따라야 한다.

그림 10.25
룩업 함수를 이용한 계절 요인의 가중치

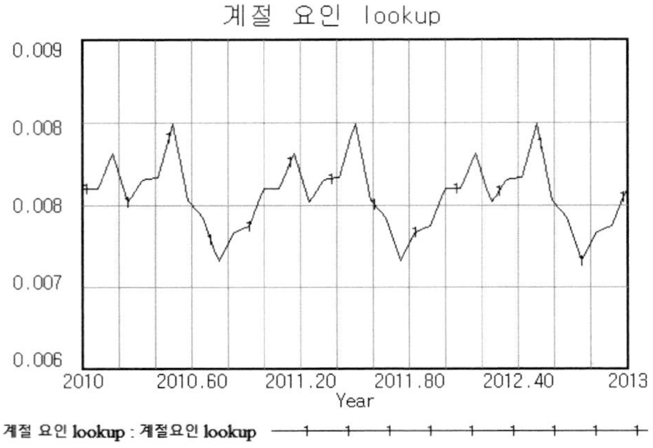

10.12>는 전체 12개월에서 해당 월이 차지하는 가중치를 계산한 것이다. 1년 전체의 값이 1일 때 각 월이 차지하는 가중치를 의미한다. 따라서 각 월의 가중치의 합은 1이다.

10.5.4 첨자변수를 이용한 계절 요인 고려 방법

첨자변수★를 이용하면 별도로 계절 요인을 고려하지 않고, 벤심 DSS의 캘리브레이션★★ 기능을 활용해 직접 분석할 수 있다. 캘리브레이션을 위한 자료가 있다면, 융통성Flexibility 면에서 이 방법을 추천한다.

만약 열두 달의 패턴이 어느 정도 균질하다면 1년을 열두 달로 나누고 각 월의 계절 요인을 캘리브레이션★★★을 이용해 구하는 것이다. 12개의 점을 구한 다음 이 점들을 활용하는 방법에 따라 크게 다음과 같은 세 가지

★ 첨자와 관련된 내용은 10.4에 있다.

★★ 11.3에서 상세히 다루기로 한다.

★★★ 앞의 룩업 변수를 이용할 경우에는 룩업 함수가 고정되어 패턴이 고정되나 첨자를 이용할 경우에는 패턴을 표현하는 수식과 연결해 일정한 경향을 표현할 수 있다.

표현 방식을 생각할 수 있다.

- ▷ 각 구간 내 일정
- ▷ 각 점을 직선으로 연결
- ▷ 각 점을 곡선으로 연결

이 세 가지 방법을 그래프로 비교하면 〈그림 10.26〉과 같다. 이 세 가지 방식 중에서 두 번째 방식은 시스템 다이내믹스를 이용해 룩업 함수를 통해서 간단하게 표현될 수 있다. 세 번째 방식인 곡선으로 표현하는 것은 점과 점 사이의 방식을 2차 방정식 이상의 식을 두고 풀어야 하기 때문에 미지수를 찾기 위한 캘리브레이션 등의 방법을 사용해야 한다. 투입되는 노력에 비해 모델의 결과에 미치는 차이가 작은 경우가 많다.

각 구간에서 일정한 값을 갖도록 하는 방식은 시스템 다이내믹스 모델링에서 사용하는 전형적인 방법이다. 이를 위해서 제일 먼저 해야 할 작업은 첨자변수를 만드는 것이다. 여기에서는 변수 이름을 'xMonth'라고

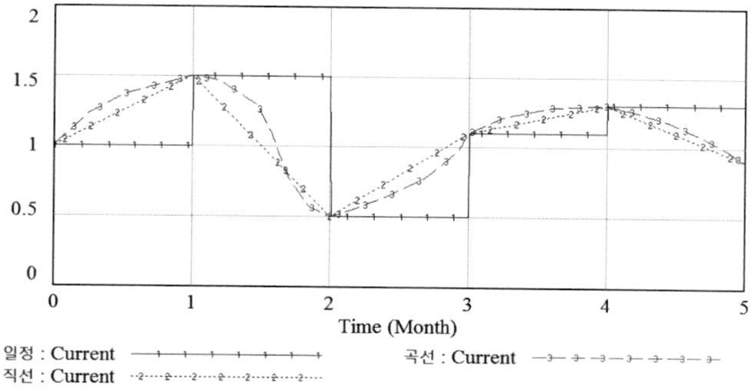

그림 10.26
계절 요인 사용 방법

그림 10.27

첨자를 이용한 계절 요인 모델링

10.5.4 첨자 계절 요인.mdl 참조.

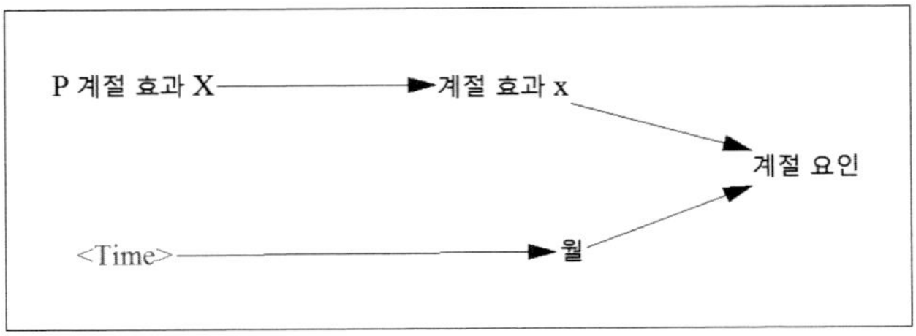

하자. 첨자변수를 만드는 과정은 10.4의 내용을 참조하기 바란다. 일단 첨자변수 'xMonth:=(M1-M12)'가 만들어졌으면, 이를 이용해 계절 요인을 〈그림 10.27〉과 같이 SFD에 포함시킨다.

변수 이름이 'x'로 끝나는 변수는 첨자변수를 사용하고 있다는 필자들의 표현법이다. 여기에서는 모두 'xMonth'를 사용하고 있다. 즉, 변수 'P 계절 효과 X'는 12개의 변수를 대표로 나타낸 것이다. 변수 '계절 효과 x'도 12개의 변수를 나타내며 평균값이 '1'이 되도록 정규화한 변수이다.

계절 효과 x[xmonth] =

P 계절 효과 X[xmonth]/P 계절 효과 X[M1]

마지막으로 계절 요인은 '월' 값에 따라 12개의 '계절 효과 x' 값 중 하나를 선택(〈그림 10.26〉에서 '일정' 방법을 사용했을 경우)해 결정한다. 계절 요인은 다음과 같다.

계절 요인=

IF THEN ELSE(월〉 = 0:AND:월〈1, 계절 효과 x[M1],

IF THEN ELSE(월〉 = 1:AND:월〈2, 계절 효과 x[M2],

IF THEN ELSE(월〉 = 2:AND:월〈3, 계절 효과 x[M3],

IF THEN ELSE(월〉 = 3:AND:월〈4, 계절 효과 x[M4],

IF THEN ELSE(월〉 = 4:AND:월〈5, 계절 효과 x[M5],

IF THEN ELSE(월〉 = 5:AND:월〈6, 계절 효과 x[M6],

IF THEN ELSE(월〉 = 6:AND:월〈7, 계절 효과 x[M7],

IF THEN ELSE(월〉 = 7:AND:월〈8, 계절 효과 x[M8],

IF THEN ELSE(월〉 = 8:AND:월〈9, 계절 효과 x[M9],

IF THEN ELSE(월〉 = 9:AND:월〈10, 계절 효과 x[M10],

IF THEN ELSE(월〉 = 10:AND:월〈11, 계절 효과 x[M11], 계절 효과 x[M12])))))))))))

위의 SFD에 대해 시뮬레이션을 수행하면 〈그림 10.28〉과 같다.

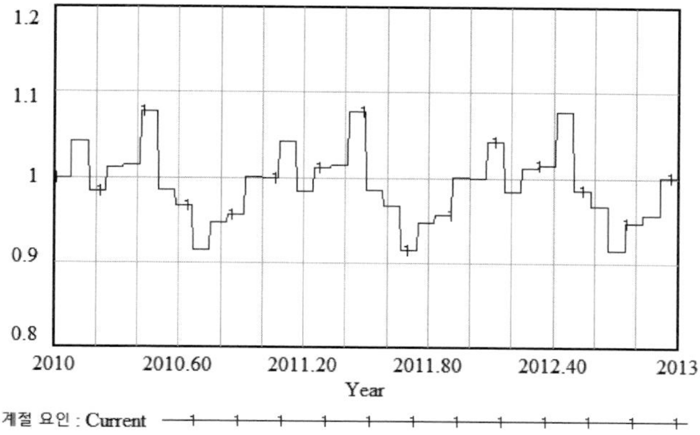

그림 10.28
시뮬레이션 결과(계절 요인; time step = 0.0625)

〈그림 10.28〉에서 볼 수 있듯이 이 계절 요인은 구간에서 값이 일정하게 만들어진다. 여기에서, 기간 동안의 값이 일정한 것이 좋은지 아니면 기울기를 갖는 것이 좋은지에 대하여 언급할 필요가 있다. 〈그림 10.28〉은 타임스텝이 약 하루(0.0625Month) 정도인데, 타임스텝을 2주일 정도(0.5)로 하고 동일한 모델을 시뮬레이션하면 〈그림 10.29〉와 같다. 마지막으로 타임스텝을 1로 하고 시뮬레이션을 수행하면 〈그림 10.30〉과 같다. 〈그림 10.29〉에서 평평한 부분들이 〈그림 10.30〉에서는 사라지고 보다 뾰족한 형태를 띤다.

결론적으로 타임스텝이 구간의 크기보다 크다면,★ 굳이 직선이나 곡선으로 모델링할 필요가 없으며, 1에 가까울 경우에도 그 결과는 유사하다. 다만 타임스텝이 1보다 매우 작을 경우에는 구간 내의 값을 일정하게 하면 그래프의 모양에서 약간 이상한 결과를 얻게 된다. 물론 전반적으로 그 이상한 현상이 어떤 영향을 줄지는 사안에 따라 다르며, 대부분은 이로 인한 오차는 크지 않다.

★ 모델의 시간이 '분기(quarter)'인데 월별로 된 자료를 가지고 있다면 타임스텝(time step)을 충분히 작게 해 12개월을 표현할 수 있다. 반면에 모델 시간이 '월'인데 분기 자료를 가지고 있다면 직선의 그래프로 표현하기는 쉽다.

일단 계절 요인에 대한 변수를 만들었으면 그 변수를 적당한 변수에 적용시켜야 한다. 어느 변수에 적용시킬 것인가는 사안에 따라 달라질 수밖에 없는데, 일반적으로 다음과 같은 사항에 유의하면 된다.

- ▷ 될 수 있으면 한 변수에만 적용한다.
- ▷ 다른 요인에 영향을 주지 않도록 하는 것이 바람직하다.

- ▷ 타임스텝마다 난수를 발생시키는 것으로 난수의 발생은 무작위 보행Random Tour과 유사한 모델화 방식이다. 이는 모델이 진행되는 동안 지속적으로 난수를 발생시키며 시뮬레이션이 다시 실행되면 초깃값을 바꾸어 새로운 난수를 발생시킨다. 가격 등에 대한 시뮬레이션이 이 경우에 속한다. 따라서 타임스텝마다의 상태는 전(前) 시간의 상태에 의존하게 된다.
- ▷ 일정 주기 또는 특정 조건이 형성될 때 난수를 생성하는 방식이다. 이는 주로 의사결정과 관련된 변수로서 탄소세의 부과 여부 등 어느 시점에서의 제도 시행 여부 확률이 그 예이다. 이러한 성격의 변수는 주로 어떤 조건이 형성되면 발생되고 일정 주기 범위 내에서 시행이 되기 때문에 난수의 발생이 주기성을 갖는다.

난수의 발생이 어떤 형태이든 모델에서는 난수를 발생시키고 발생된 난수에 의해 의사결정을 채택하거나 기각하거나, 상태를 변화시켜야 한다. 따라서 모델을 설계할 때 변수의 특징이 갖는 성격에 따라서 적당한 난수 발생 기법을 모델 내부에 설계해야 한다.

이상에서 논의한 난수의 발생 시점에 대한 개념도를 그림으로 표현하면 〈그림 11.1〉과 같다.

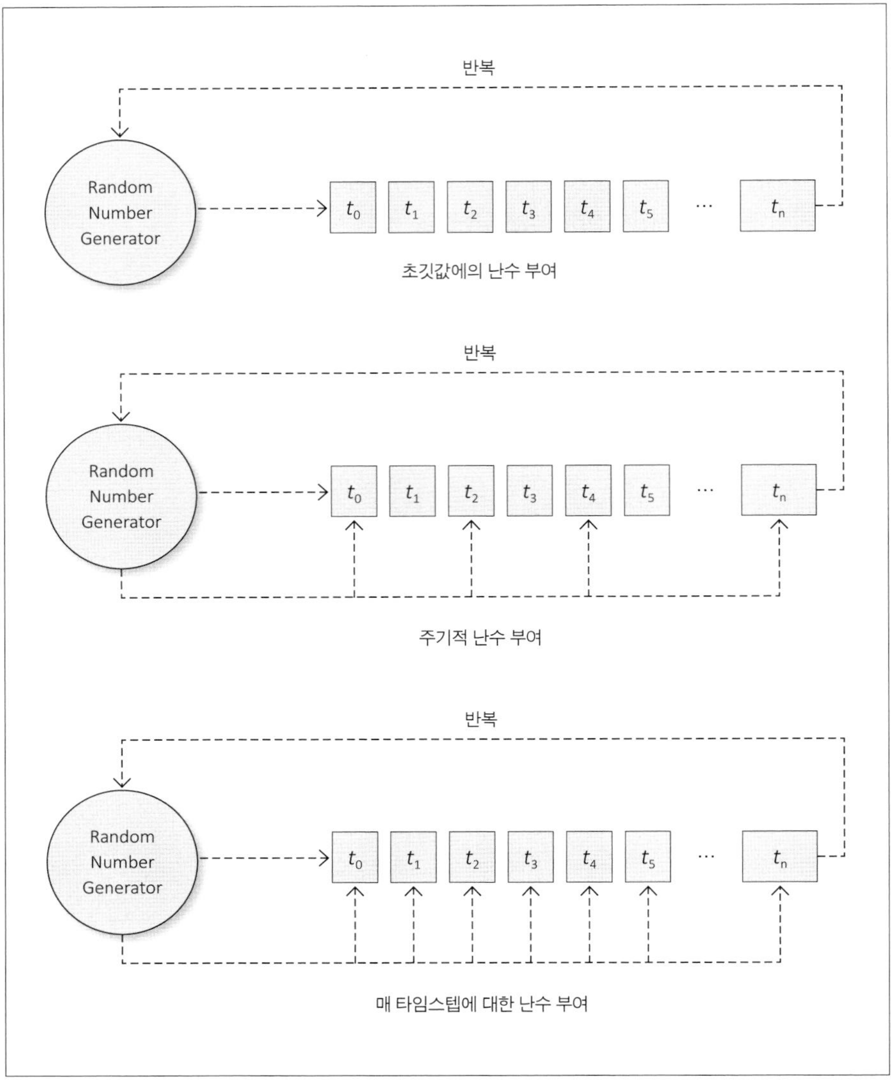

그림 11.1 동적 시스템 모델에서의 난수 부여 방법

자료: 유재국(2007).

시계열 속성을 갖는 변수의 난수 발생

계열의 모집단이 평균분산 및 공분산이 유한한 상수이며 시간 가변적이지 않은 안정성 조건을 만족하지 못하는 불안정 시계열인 경우에는 시계열에서 시행하는 난수 발생 기법을 따르면 된다. 일반적으로 시계열에서 단위근unit root이 1인 경우에는 불안정 시계열로 분류되며 AR(1)에서의 불안정 확률과정은 〈식 11.1〉과 같이 표현할 수 있다.•

$$x_t = x_{t-1} + \alpha_t = \sum_{j=0}^{\infty} \alpha_{t-j} = \alpha_t + \sum_{j=0}^{\infty} \alpha_{t-j},\ \alpha_{t \sim (0,\ \sigma^2)} \cdots\cdots\cdots\cdots\cdots \quad (11.1)$$

〈식 11.1〉의 x_t 값은 현시점을 포함해 과거의 모든 잔차항들의 합계이므로 $\{\alpha_t\}$ 계열을 모두 적분한 것과 마찬가지이다. 따라서 과거의 변동분에 대한 적분이 현재의 상태이므로 과거의 변동분을 모델화해야 한다.

즉 t 시점에서 일정분포에서 무작위적으로 변화하는 양의 적분이 현재의 상태가 되도록 모델화해야 한다. 시스템 다이내믹스에서 이를 표현하기 위해서는 상태를 변화시키는 변화율 변수에서 난수를 발생시켜 이를 처리해야 한다. 이상에서와 같이 동적 시스템 모델에서는 난수를 발생시키는 방법과 동시에 난수를 언제 발생시켜야 하는가에 대한 난수 발생 주기를 모델을 운영하기

• 김명직 · 장국현(1995), 《금융시계열분석(제2판)》, 경문사, pp. 171-174.

표 11.1 동태적 모델에서의 난수 발생 주기의 유형

난수 발생 주기	방법	대상	모델링 시 주의점
초깃값에만 1회 발생	난수를 반복 초기 부여 후 1회의 시뮬레이션 동안 변동 없음	모델의 주요 가정 상황과 관련된 변수	변수가 상호 독립적 성격을 지님으로 판단될 때
주기적으로 발생	난수를 일정 주기 또는 의사결정 조건에서만 계산함	의사결정과 관련된 변수	의사결정의 확률분포에 대한 가정
매 타임스텝마다 발생	모델에서의 모든 타임스텝마다 난수 발생	모든 타임스텝마다 변화가 일어나는 변수	안정적 시계열인가 불안정적 시계열인가에 따라 난수의 발생 부분을 결정할 것임

자료: 유재국(2007).

전에 설계해야 한다. 난수의 발생 시점에 대한 특징을 〈표 11.1〉에서 정리했다.

11.1.3 첨자에 난수 부여하는 방법

제10장에서 논의한 첨자에 난수를 부여하는 법을 여기에서 살펴보겠다. 이것은 ABM과 관련이 깊다. 왜냐하면 시스템 다이내믹스에서 개체agent는 첨자로 표시하고 개체의 고유번호는 첨자로 부여할 수 있기 때문이다. 즉 어떤 개체군의 특성property에 대한 평균과 분포가 알려져 있을 때 평균을 상수로 사용하지 않고 통계적 특징을 ABM의 개체에 난수의 형태로 반영할 수 있다.

여기에서, 아래와 같은 문제를 제기하기로 하겠다.

문제

예를 들면 평균 키가 100cm인 100그루의 동일한 나무의 군락이 있다고 하자. 각 나무 한 그루 한 그루는 키가 제각각일 것이다. 다만 분포는 정규분포를 따르고 최대 키가 120cm이고 최소 키는 80cm이며 표준편차가 10cm로 알려져 있다. 이것의 성장률은 연간 3%이며 최대 200cm까지 자란다고 하자. 앞으로 3년 후에 이 나무 군락의 평균 키는 얼마이며 어떤 분포를 가질 것인가?

이 문제의 해법은 분포에서의 난수를 발생시키되 나무마다 성장률이 달라야 한다는 것이다. 나무마다 성장률을 달리하기 위해서는 첨자의 엘리먼트element마다 서로 다른 시드 번호seed number를 부여하면 된다.★

★ 엘리먼트마다 고유의 특징으로 성장한다는 것을 반영하기 위한 모델링 방법이다.

1. 해당 모델을 완성한다.
2. 첨자를 만든다.
3. 해당되는 변수에 첨자를 지정한다.
4. 시드 번호를 부여하는 변수를 생성한다.
5. 엑셀에서 첨자의 요소 개수와 동일한 숫자만큼 서로 다른 숫자를 만들며, 이를 복사(Ctrl+C)해 시드 번호를 부여하는 변수에 붙여넣기(Ctrl+V)를 한다.
6. 필요한 난수를 생성하도록 난수 발생함수를 사용한다.

위의 과정 중에서 1-3의 과정은 제10장의 첨자 부분에서 상세히 설명한다. 여기에서는 4-6의 과정을 집중적으로 살펴본다.

앞에서 제시한 문제는 제한이 있는 지수성장 모델★★이다. 즉 지수 모델과 제한 모델을 결합시킨 것이다. 나

★★ 단순한 지수성장 모델은 9.3을 참조하기 바란다.

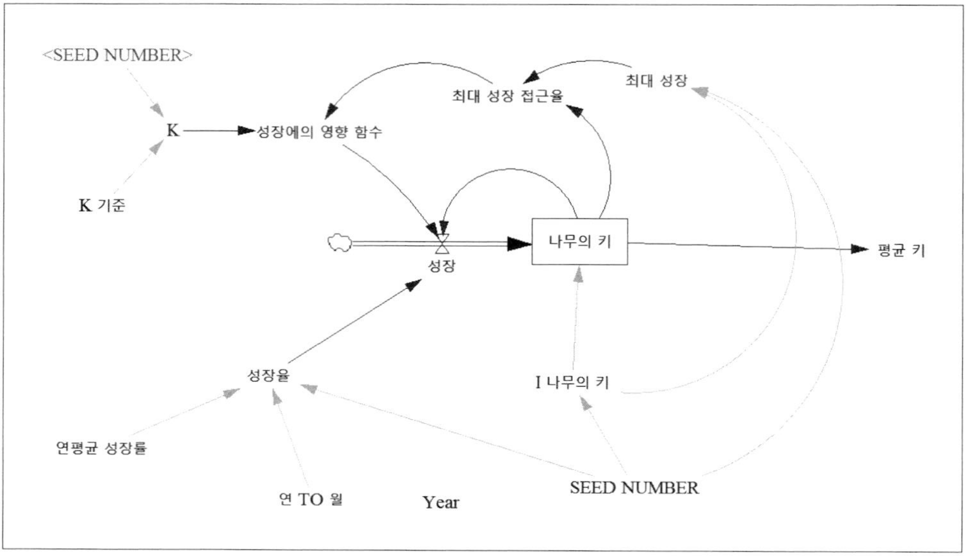

그림 11.2 **100그루 나무의 평균 키를 계산하기 위한 모델링** 11.1.3 난수.mdl 참조.

무가 무한대로 크는 것이 아니며, 최대 성장에 접근할수록 그 성장률이 작아진다는 것을 의미한다. 그런데, 본 문제는 100그루의 나무를 상정해야 한다는 점에서 통계적인 평균뿐만 아니라 표준편차, 최댓값, 최솟값 및 분산의 종류에 대한 정보도 함께 있어야 한다.

- FINAL TIME = 120 Units: Month
- I 나무의 키[xtree] = initial(RANDOM NORMAL(80, 120, 100, 10, SEED NUMBER[xtree])) Units: cm
- INITIAL TIME = 0 Units: Month
- K[xtree] = INITIAL(K 기준 * RANDOM NORMAL(0.8, 1.2, 1,0.2, SEED NUMBER[xtree])) Units: Dmnl
- K 기준 = 0.7 Units: Dmnl
- saveper = TIME STEP Units: Month
- SEED NUMBER[xtree] = 1, 2, 3, 4, 5, 6, 7, 8, 9, 10, 11, 12, 13, 14, 15, 16, 17, 18, 19, 20, 21, 22, 23, 24, 25, 26, 27, 28, 29, 30, 31, 32, 33, 34, 35, 36, 37, 38, 39, 40, 41, 42, 43, 44, 45, 46, 47, 48, 49, 50, 51, 52, 53, 54, 55, 56, 57, 58, 59, 60, 61, 62, 63, 64, 65, 66, 67, 68, 69, 70, 71, 72, 73, 74, 75, 76, 77, 78, 79, 80, 81, 82, 83, 84, 85, 86, 87, 88, 89, 90, 91, 92, 93, 94, 95, 96, 97, 98, 99, 100 Units: Dmnl★
- TIME STEP = 0.03125 Units: Month
- xtree : (T1 – T100)
  Year = TIME BASE (2015, 0.08333) Units: Year
- 나무의 키[xtree] = INTEG(성장[xtree], I 나무의 키[xtree]) Units: cm
- 성장[xtree] = 나무의 키[xtree] * 성장률[xtree] * 성장에의 영향 함수[xtree] Units: Cm/Month
- 성장에의 영향 함수[xtree] = −1/(1−K[xtree]) * 최대 성장 접근율[xtree] + 1/(1−K[xtree]) Units: Dmnl
- 성장률[xtree] = INITIAL(RANDOM NORMAL(0.05, 0.09, 연평균 성장률, 0.02, SEED NUMBER[xtree])/연 TO 월) Units: 1/Month
- 연 TO 월 = 12 Units: Month/Year
- 연평균 성장률 = 0.12 Units: 1/Year
- 최대 성장[xtree] = INITIAL(I 나무의 키[xtree] * 2 * RANDOM NORMAL(0.9, 1.1, 1, 0.1, SEED NUMBER[xtree])) Units: cm
- 최대 성장 접근율[xtree] = 나무의 키[xtree]/최대 성장[xtree] Units: Dmnl
- 평균 키 = SUM(나무의 키[xtree!]) / ELMCOUNT★★(xtree) Units: cm

★ 첨자의 인자마다 난수의 시드 넘버가 다르므로 초깃값은 난수 발생 분포에 의해 제각각 주어진다.

★★ ELMCOUNT는 첨자의 인자 개수를 반환하는 함수이다.

평균, 표준편차, 최댓값, 최솟값 및 분산의 종류에 대한 정보가 모두 있을 경우에 해당 변수를 통계적으로 처리해야 한다.

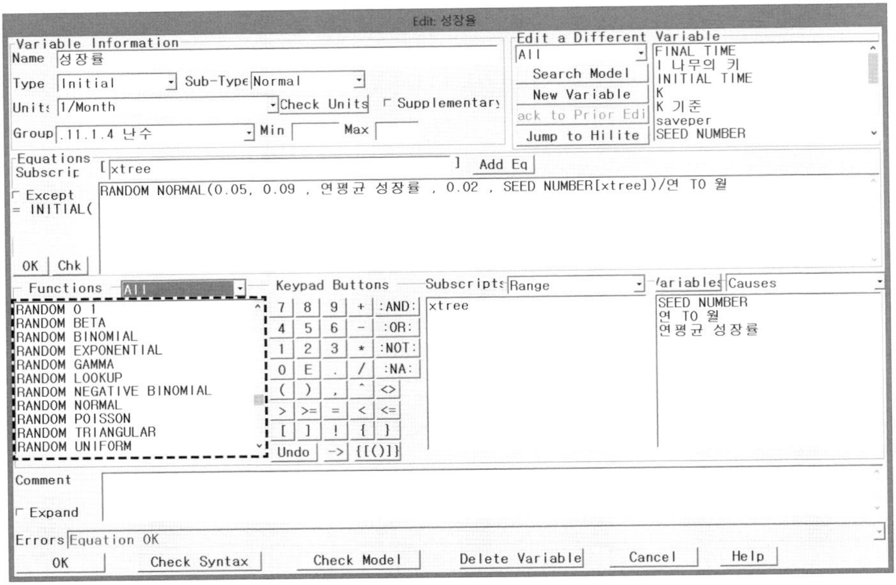

그림 11.3 난수 분포의 선택

- ▷ 나무들의 초기 연도인 2015년의 키
- ▷ 각 나무의 최대 성장 가능 키
- ▷ 나무별 성장의 속도

이것과 관련된 변수는 각 첨자의 요소마다 난수를 발생시켜 특정 분포의 범위에서 값을 갖도록 해야 한다.

첨자의 요소 각각에 난수를 발생시켜 대입하는 것은 수식편집기를 이용해야 한다. 〈그림 11.3〉에서와 같이 점선 박스에 난수 발생 분포를 넣는 함수들이 있는데, 난수 발생에 대한 적당한 함수를 선택해야 한다. 함수들에 대한 간단한 설명은 다음과 같다.

- ▷ RANDOM 0 1( ): 0과 1 값 사이에서의 난수 발생
- ▷ RANDOM BETA(m, x, A, B, h, r, s): alpha=A와 beta=B 사이에서의 베타 분포BETA distribution
- ▷ RANDOM BINOMIAL(m, x, P, N, h, r, s): 확률 P를 갖는 N번의 시도에서의 이항분포에 의한 난수
- ▷ RANDOM EXPONENTIAL(m, x, h, r, s): 평균 1을 가지면 0에서 시작하는 지수함수 분포
- ▷ RANDOM GAMMA(m, x, O, h, r, s): 감마분포GAMMA distribution
- ▷ RANDOM LOOKUP(look, m, x, h, r, s): 룩업 함수에 의한 확률 밀도함수PDF에서의 난수 발생
- ▷ RANDOM NEGATIVE BINOMIAL(m, x, P, N, h, r, s): 확률 P를 갖는 N번의 시도에서의 음의 이항분포NEGATIVE BINOMIAL distribution
- ▷ RANDOM NORMAL(m, x, h, r, s): 정규분포
- ▷ RANDOM POISSON(m, x, M, h, r, s): 평균 M을 갖는 쁘와송 분포POISSON
- ▷ RANDOM TRIANGULAR(m, x, S, P, T, s): S와 T의 값을 가지며 피크가 P인 삼각분포
- ▷ RANDOM UNIFORM(m, x, s): 균일분포
- ▷ RANDOM WEIBULL(m,x,S,h,r,s): 와이불 분포

〈그림 11.2〉에서, 'K'라는 변수는 룩업 함수의 한계점*을 극복하기 위한 변수이다. 첨자가 있는 모델에서 룩업 함수를 정확하게 사용하기 위해서는 첨자의 요소마다 해당되는 룩업 함수를 사용해야 한다. '나무의 성장'과 관련된 본 모델에서는 100개 요소에 대한 룩업 함

★
첨자의 요소마다 서로 다른 룩업 함수를 갖도록 하는 것은 효율적인 모델링이 아니다. 따라서 룩업 함수 대신에 수식을 이용할 것을 권고한다. 수식을 이용할 때에는 첨자의 요소마다 서로 다른 모양의 함수를 부여하기 위해 계수 또는 차수에 난수를 부여할 수 있다.

그림 11.4
나무 성장에 영향을 미치는 파라미터에 대한 난수 발생 방법

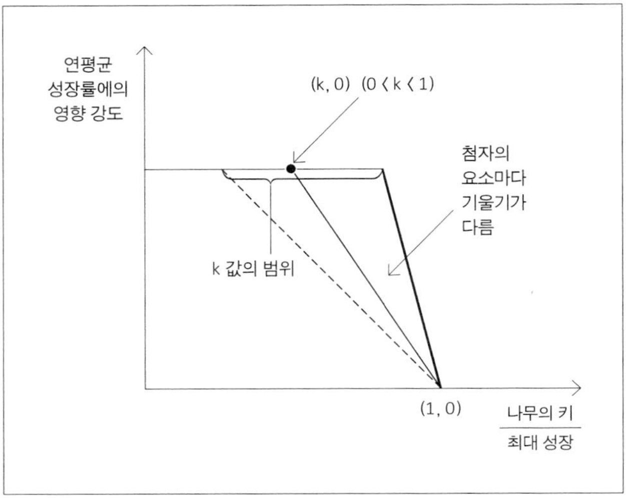

수가 있어야만 하는데 이를 계측하는 것은 어렵다. 그리고 이를 요소마다 일일이 입력하는 데에도 오랜 시간이 걸린다.

이러한 문제를 해결하는 방법은 통계적으로 이를 처리하는 것이다. 통계적 처리를 위해서 대략적인 나무의 성장 함수를 우선 생각하고, 나무 한 그루 한 그루의 특징을 결정짓는 매개변수인 'k' 값에 대하여 난수를 발생시킨다.

〈그림 11.4〉에서 보는 바와 같이 나무가 자신의 최대 성장 값에 접근하면 접근할수록 성장 둔화 속도는 나무마다 다를 수 있다. 즉 나무의 성장률*은 한계체감하는데, 한계체감의 값이 바로 기울기가 된다. 기울기가 급격하다는 것은 즉, 'k' 값이 1에 가까운 것은 나무가 더 빠른 성장을 한다는 것을 의미한다. 100그루의 나무마

★ 나무의 성장률은 한계체감하며, 한계체감이 기울기가 된다.

다 'k' 값을 일정한 분포에서 달리 줌으로써 100그루 나무에 통계적 특징을 부여할 수 있다.

k-1 구간에서의 1차 함수의 식은 다음과 같다.

성장에의 영향 함수[xtree] = -1/(1-K[xtree]) × 최대 성장 접근율[xtree] + 1/(1-K[xtree]) ························ (11.2)

이 모델에서는 모두 초깃값 한 번만 난수를 부여했으며, 난수가 부여된 SFD에서의 변수 식은 〈식 11.3a〉에서 〈식 11.3d〉와 같다.

I 나무의 키[xtree] =INITIAL(RANDOM NORMAL(80, 120, 100, 10, SEED NUMBER[xtree])) Units: cm ·················· (11.3a)

K[xtree] =INITIAL(K 기준 ×RANDOM NORMAL(0.8, 1.2, 1, 0.2, SEED NUMBER[xtree])) Units: Dmnl ·················· (11.3b)

성장률[xtree] =INITIAL(RANDOM NORMAL(0.05, 0.09, 연평균 성장률, 0.02, SEED NUMBER[xtree])/연 TO 월) Units: 1/Month ······································· (11.3c)

최대 성장[xtree] = INITIAL(I 나무의 키[xtree] × 2 × RANDOM NORMAL(0.9, 1.1, 1, 0.1, SEED NUMBER[xtree])) Units: Cm ······················ (11.3d)

그림 11.5
나무의 평균 키

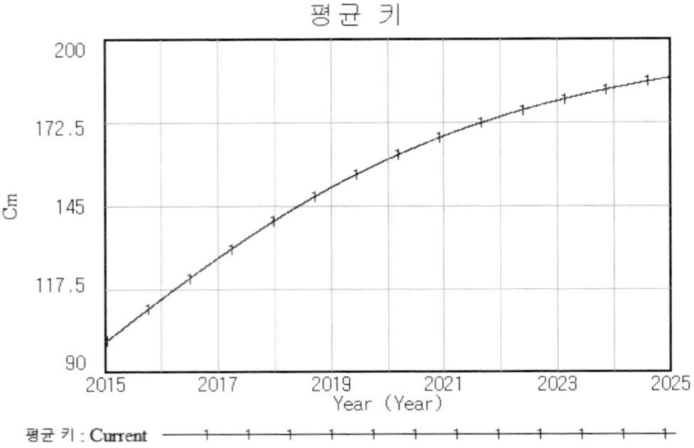

이를 시뮬레이션하면 100그루 나무 전체의 특징인 '평균 키'는 〈그림 11.5〉와 같이 나타난다.

한편, 100그루 나무 집단에서 키의 분포도 알 수 있다. 100그루 나무 집단에 대한 분포를 보기 위해서는 왼쪽의 분석 도구의 'Bar Graph'를 살펴보아야 한다. 'Bar Graph' 아이콘 위에 커서를 놓고 마우스의 오른쪽 버튼을 클릭하면 〈그림 11.6〉과 같은 대화 창이 나타나는데, 이를 〈그림 11.6〉과 같이 설정하면 〈그림 11.7〉과 같은 분포도를 볼 수 있다.

여기에서 주의해야 할 점은 첨자의 모든 요소를 활성화시켜야 한다는 점이다. 첨자 요소의 활성화는 〈그림 11.8〉에서 보는 바와 같이 '스케치sketch'★ 도구에서 'subscripts'를 클릭하고 'All'을 클릭한 후 가운데의 '〉〉'을 클릭하면 된다.

★ 'subscripts'를 클릭하고 'All'을 클릭한 후 가운데의 '〉〉'을 클릭한다.

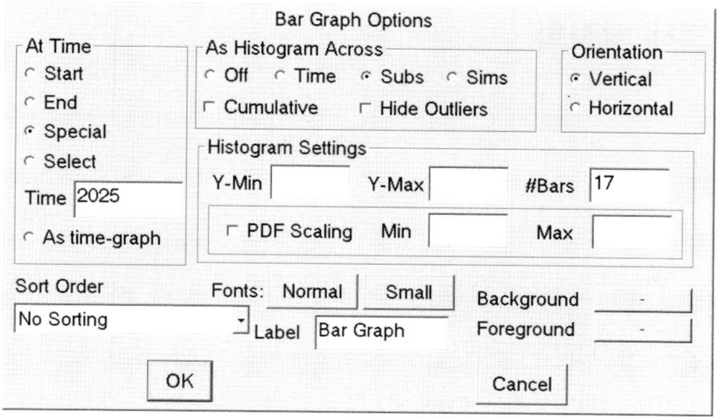

그림 11.6
'Bar Graph' 선택사항 조정

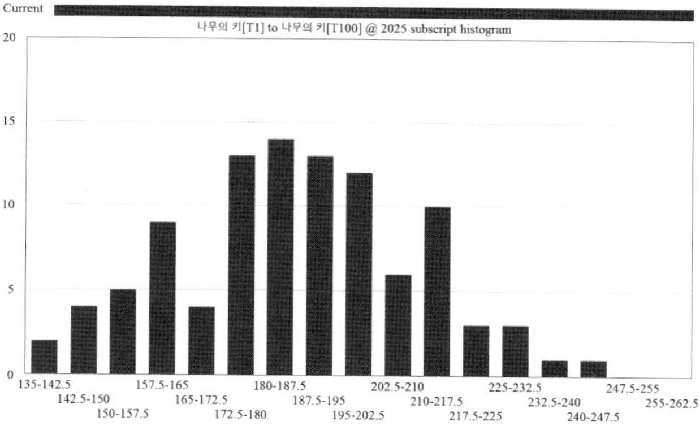

그림 11.7
첨자 요소들의 분포(2025년)

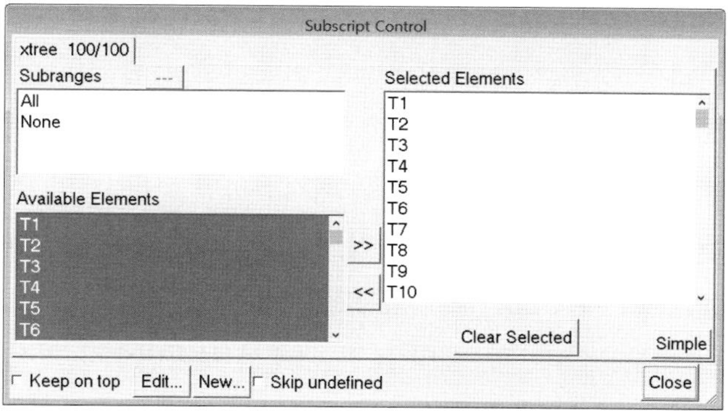

그림 11.8
첨자 요소들의 활성화

11.2 정책 최적화

11.2.1 개념

캘리브레이션은 시뮬레이션의 결과가 과거 자료와 가장 유사하도록 모델의 모수(최적화 모수)들의 값을 결정하는 방법이다. 벤심 DSS에서는 이를 자동으로 수행하도록 되어 있다.

최적화의 일반적 틀Framework은 다음과 같다.

최적화 틀

최적화하라:	목적변수 또는 목적 함수
제약 조건들:	제약 조건 1
	제약 조건 2
	……

최적화는 최대화 혹은 최소화가 된다. 목적변수가 하나일 경우는 그 목적변수를 최적화하면 될 것이고, 목적변수가 하나 이상일 때는 그 목적 함수들로 구성된 최종 목적변수(목적 함수)를 최적화하면 된다. 제약 조건Constraints은 금전적, 기술적, 사회적 제한 등을 의미하는데, 이 제약 조건들에 의사결정변수들이 들어가는 것이 대부분이다. 즉, 제약 조건 내에서 목적변수를 최적화하는 의사결정변수를 찾는 것이다.

이 문제를 포물선 시스템으로 가져오면, '가장 멀리 나가는 각도를 결정'하는 문제를 생각해 볼 수 있다. 목적변수는 '$y=0$'가 되는 x의 값이 되고, 이 값이 최대가 되도록 각도를 결정하는 문제로 해석할 수 있다.

시스템 다이내믹스는 시뮬레이션을 이용해서 값을 결정한다. 즉, 다양한 각도에 대해서 시뮬레이션을 수행하고, 그중에서 목적변수를 최대로 하는 각도를 선택하는 것이다. 이러한 각도에서 포물선에 대한 민감도 분석을 살펴보면 최적 각도는 45도가 되는 셈이다.

포물선 방정식을 이용한 정책 최적화 11.2.2

문제 정의

대포와 같은 장치로 쇠공을 날리는 문제를 가정하자. 공기의 저항이 없다면 공은 포물선을 그리면서 날아갈 것이다. 이 행태는 중력 때문에 발생하는 것으로 수평선과의 각도에 따라 포물선의 모양이 결정된다.

시스템 구성식

대포를 떠날 때 수평과의 각도를 ϑ라고 하면 $t=0$에서의 x축 및 y축 방향 속도의 성분은

$$v_x(0) = v_0 \cdot \cos(\vartheta) \cdots\cdots \quad (11.4a)$$

$$v_y(0) = v_0 \cdot \sin(\vartheta) \cdots\cdots \quad (11.4b)$$

이다.

중력 가속도$(-g)$로 날아갈 때의 작용 식은

$$v_x(t) = v_x(0) \cdots\cdots \quad (11.5a)$$

$$v_y(t) = v_y(0) + \int_0^t (-g) \cdot dt \cdots\cdots \quad (11.5b)$$

이다.

〈식 11.5a〉와 〈식 11.5b〉에서와 같이 중력 가속도는 y축에만 작용한다.

중력 가속도 앞에 음의 부호가 붙은 이유는 가속도가 아래쪽으로 작용하기 때문이다. 한편 거리는 속도를 적분하면 되므로 어느 시간 t에서의 위치는

$$x(t) = x(0) + \int_0^t v_x(t) \cdot dt \cdots\cdots \quad (11.6a)$$

$$y(t) = y(0) + \int_0^t v_y(t) \cdot dt \cdots\cdots \quad (11.6b)$$

이다.

SFD

이러한 관계를 SFD로 만들 때는 다음과 같은 규칙을 정해 만들면 된다.

- ▷ 적분 식으로 표현되는 좌변을 저량변수로 한다.
- ▷ 적분하는 변수를 유량변수로 한다.
- ▷ 나머지는 보조변수로 한다.

이러한 규칙에 따라 SFD를 만들면 〈그림 11.9〉와 같다.

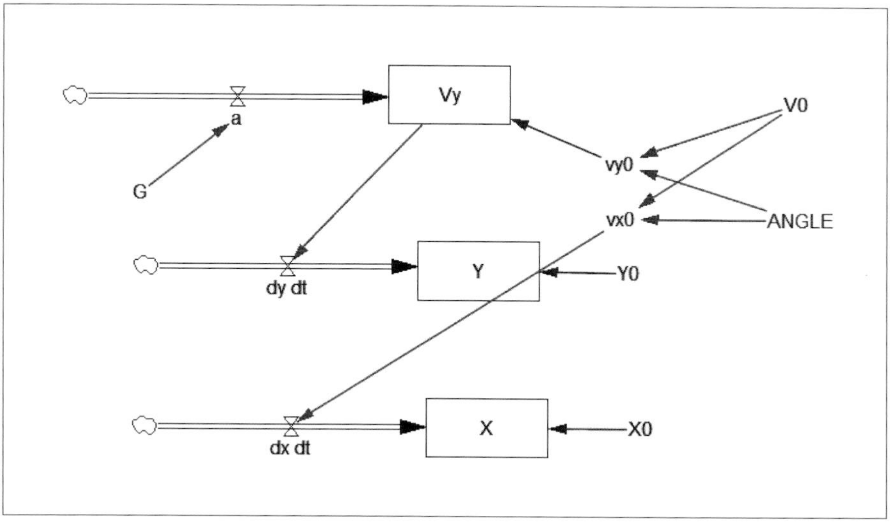

그림 11.9 SFD(포물선) 11.2.2 포물선.mdl 참조.

- a = −G
- ANGLE = 45
- dx dt = vx0
- dy dt = Vy
- FINAL TIME = 200
- G = 9.8
- INITIAL TIME = 0
- saveper = time step
- time step = 1
- V0 = 700
- vx0 = V0 * COS(ANGLE * 3.14/180)
- Vy = INTEG(a, vy0)
- vy0 = V0 * SIN(ANGLE * 3.14/180)
- X = INTEG(dx dt, X0)
- X0 = 0
- Y = INTEG(dy dt, Y0)
- Y0 = 0

〈그림 11.9〉의 SFD의 변수 'a'는 공의 y축 방향 가속도를 의미하며, 이는 중력 가속도 'g'와 같다. 변수 'Vy'는 y축 방향 속도를 의미하며 이는 〈식 11.6b〉에 의해서 결정된다. 〈식 11.6b〉는 적분에 의한 식이므로 변수 'Vy'는 저량변수로 정의되어야 한다. 이 저량변수의 초깃값을 나타내는 'Vy0'는 공의 초기 속도인 'V0'와 x축과의 각도인 'Angle'에 의해서 〈식 11.6b〉와 같이 결정된다. 공의 x축 방향 초기 속도인 'Vx0'는 〈식 11.6a〉에 의해서 결정되고 이 값은 항상 일정하게 유지된다.

x축 방향 및 y축 방향의 변위를 나타내는 변수 'X' 및 'Y'는 각각의 속도의 적분식이 되며(〈식 11.6a〉 및 〈식 11.6b〉),

이 값 역시 적분을 해야 하므로 속도(dx dt 및 dy dt)와 초깃값(X0 및 Y0)을 이용해 저량변수로 모델링하면 된다.

시뮬레이션

SFD를 시간 [0, 100] 구간에서 시뮬레이션을 수행한 다음 변수 'X'와 'Y'의 관계를 그래프로 표시하면 〈그림 11.10〉과 같다(각도 = 45도).

최적화 문제는 실제로는 한 번에 찾아지는 것이 아니다. 최적화 대상 변수를 바꿔 가면서 목적변수의 값이 가장 작거나 크도록 하는 변수를 찾아야 한다. 이때 SFD를 이용해 민감도 분석을 수행해 보는 것도 흥미로울 것이다. 〈그림 11.11〉은 여러 가지 각도에 따른 시뮬레이션 결과를 요약한 것으로, 45도일 때 가장 멀리 나가는 것을 확인할 수 있다.

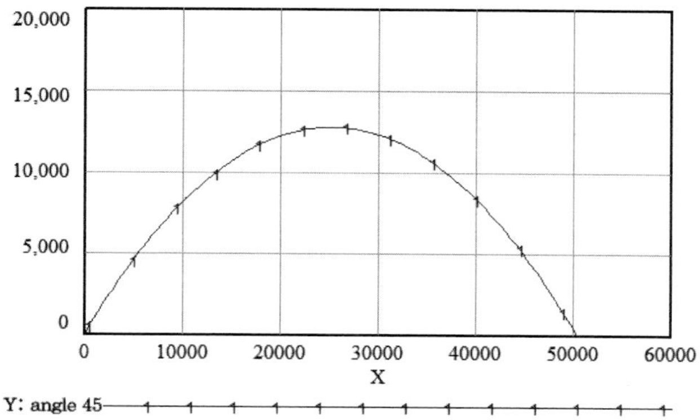

그림 11.10
시뮬레이션 결과(포물선)

그림 11.11
민감도 분석 결과(포물선)

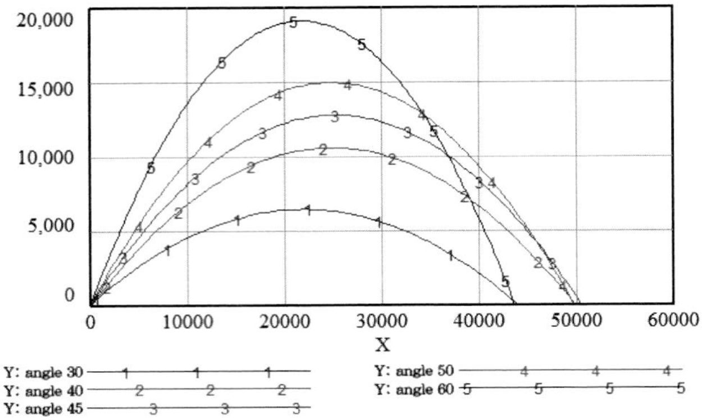

11.3 계수의 최적화(캘리브레이션)

11.3.1 개요

캘리브레이션calibration은 최적화의 기본적인 구조를 이용해서 계수 또는 모수들을 구하는 방법이다. 캘리브레이션*을 수행하기 위해서는 목적 함수를 정의하는 정보와 제약조건Constraints 정보가 필요하다. 벤심은 목적 함수 정보를 최적화 목적 함수 파일Payoff Definition에 저장하고, 제약조건에 해당하는 정보를 최적화 제어 파일에 저장한다.

따라서 캘리브레이션은 다음과 같은 단계를 거쳐 수행한다.

★ 캘리브레이션을 수행하기 위해서는 목적 함수를 정의하는 정보와 제약조건(Constraints) 정보가 필요하다.

▷ 최적화 목적 함수Payoff Definition 파일 만들기

▷ 최적화 제어Optimization Control 파일 만들기

▷ 캘리브레이션 시작

벤심 DSS는 최적화 목적 함수 및 제약조건에 관한 정보를 파일로 만들도록 하고 있다. 대부분, 캘리브레이션을 여러 번 수행하게 되는데, 파일로 되어 있는 정보는 언제든지 다시 사용할 수 있기 때문이다. 이 파일들은 텍스트 형태로 되어 있어서, 벤심 DSS는 물론 문서 편집기 소프트웨어로도 이를 편집할 수 있다.

캘리브레이션을 수행하기 위해 〈그림 11.12〉와 같은 모델을 작성한다. 이는 시스템 다이내믹스로 향후 에너

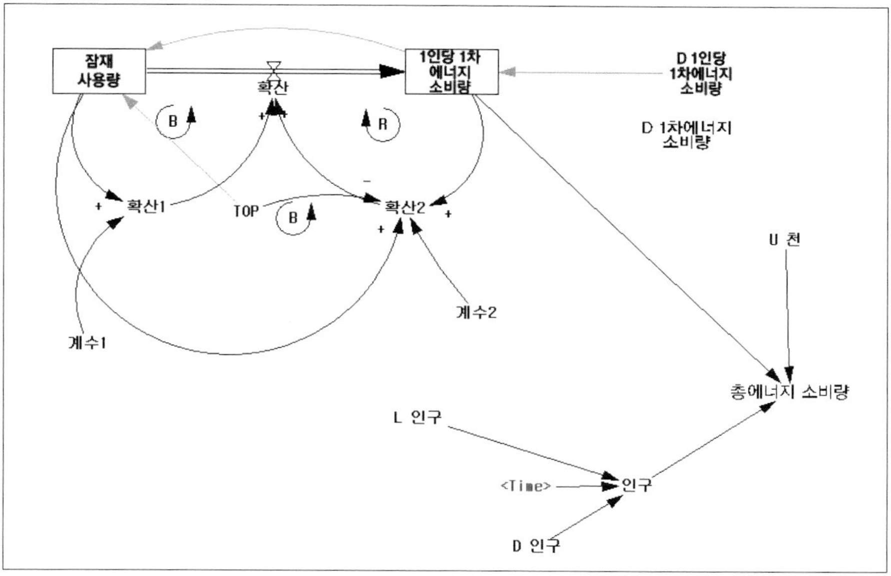

그림 11.12 에너지 수요 예측 모델 11.3 확산모델.mdl 참조.

지 수요가 얼마나 될 것인가를 예측한 모델이다. 이 모델을 따라 하면 계수를 찾는 최적화 방법을 익힐 수 있을 것이다. 이 방법은 회귀방정식에서 x축 변수 앞의 계수를 찾는 것과 같은 이치이다.

11.4 기본 준비

11.4.1 엑셀 자료의 준비

여기에서는 실자료를 이용해 계수를 캘리브레이션하는 방법을 살펴보고자 한다.

실제의 자료 값*과 모델에서 같은 의미로 사용하는 변수의 값의 차이가 최소화되도록 하는 계수의 값을 찾는 기법을 캘리브레이션이라고 한다. 따라서 모델에서 사용하는 계수의 캘리브레이션을 수행하기 위해서는 실제의 데이터가 필요하다.

★ 실제의 자료 값과 모델에서 같은 의미로 사용하는 변수의 값의 차이가 최소화되도록 하는 계수의 값을 찾는 기법을 캘리브레이션이라고 한다.

캘리브레이션 수행과 관련된 모델의 예는 1차에너지 소비량으로 선정했다. 이 자료는 통계청의 통계정보시스템KOSIS에서 쉽게 얻을 수 있다.

1차 에너지 소비량에 대한 자료는 1970년부터 2013년까지의 연간 데이터를 이용한다. 자료를 통계청에서 다운 받으면 우선 〈그림 11.13〉과 같은 형태의 엑셀excel 파일의 시트를 만들어야 한다. 자료의 방향은 가로이든 세로이든 관계없으나 A1의 셀에는 'time'★이라는 단어를 지정해야 한다. '시간' 단위가 적힌 셀은 벤심에서 엑셀 값을 호출할 때 기준이 되는 셀을 찾기 위해서 필요하다.

다음으로 모델에서 사용해야 할 변수를 지정해야 한다. 행 방향이든 열 방향이든 관계없이 벤심에서 'data'로 지정될 변수명을 입력해야 한다. 〈그림 11.13〉의 'D 1차에너지 소비량' 등이 벤심 모델의 변수명과 정확하게 동일해야만 엑셀의 값을 불러올 수 있음을 유념해야 한다.

★ 모델에 기준 시간(time base) 변수가 있다면, time 대신에 이 기준 시간 변수를 입력해도 된다.

	A	B	C
1	Time	1970	1971
2	D 인구	32,240,827	32,882,704
3	D 1인당 1차에너지 소비량	0.6103441453	0.6346193427
4	D 1차에너지 소비량	19,678	20,868

그림 11.13
엑셀 파일의 정리

그리고 엑셀 시트의 이름도 적당한 이름으로 지정해야 한다. 나중에 살펴보겠지만 엑셀 파일을 열면 값을 이식하고자 하는 데이터가 있는 시트를 지정하는 단계로 간다. 따라서 데이터 이식 시에 파일을 찾기 쉬운 시트 이름을 지정해야 한다. 이 시트의 이름으로 벤심에서 호출한 엑셀 파일의 값은 '시트 이름.vdf' 파일로 저장한다.

〈그림 11.14〉와 같은 시트 이름을 작성하면 '데이터.vdf'로 파일이 저장된다.

그림 11.14
엑셀의 시트명

캘리브레이션 모델에서의 시간 설계

다음은 모델에서의 시간 설계에 대한 것이다.

〈그림 11.13〉의 A1에서 time이라고 입력했는데 B1부터는 모델에서의 time이 되는 것이다. 따라서 모델의 time은 최소한 불러올 값의 시간 범위와 동일한 시점에서 시작하거나 그보다 더 긴 시간으로 시간을 설정해야 한다.

엑셀에서는 1970년부터 2013년까지의 연간 데이터를 사용했기에, 시작은 〈그림 11.15〉의 ❶에서 보는 바와 같이 1970년부터 시작해 2030년까지 시뮬레이션을 수행하기로 한다. 시뮬레이션은 연간 단위로 이루어지므로 〈그림 11.15〉의 ❷와 같이 연간 'year'를 시간 단위로 사용한다.

그림 11.15
시간 설정

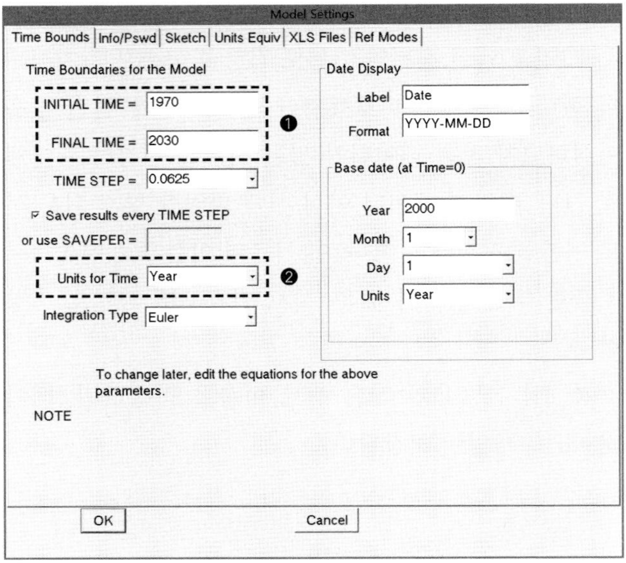

벤심에서의 준비

앞의 〈그림 11.13〉과 같은 형태의 자료는 벤심에서 무조건 호출이 가능하며, 자료를 이식할 수 있다. 그러나 벤심에서 엑셀 자료를 보기 위해서는 엑셀의 시트와 벤심에 동일한 이름의 변수가 있어야 한다.★

★ 수기로 입력하기보다는 한쪽의 변수명을 다른 쪽에 복사 및 붙이기 하는 것이 타당하다.

'D 1차에너지 소비량'이라는 변수는 〈그림 11.13〉의 엑셀 파일에도 있고 벤심 모델 파일에도 있다. 그리고 벤심에서 이 변수를 생성하고 나서 자료 형태를 반드시 〈그림 11.16〉에서와 같이 'data'로 지정해야 한다.

데이터data 형태로 지정된 변수의 수식입력기는 〈그림 11.17〉처럼 사라지며, 이것은 외부로부터 값을 받는다는 것을 의미한다. 외부로부터의 값을 공급해 주는 파일은 확장자가 vdf이며, 외부★★에서 자료를 공급해 준다는 파일을 벤심에서 지정해야만 해당 vdf 파일에서 값을 불러온다.

★★ 외부에서 자료를 공급해 준다는 파일을 벤심에서 지정해야만 해당 vdf 파일에서 값을 불러온다.

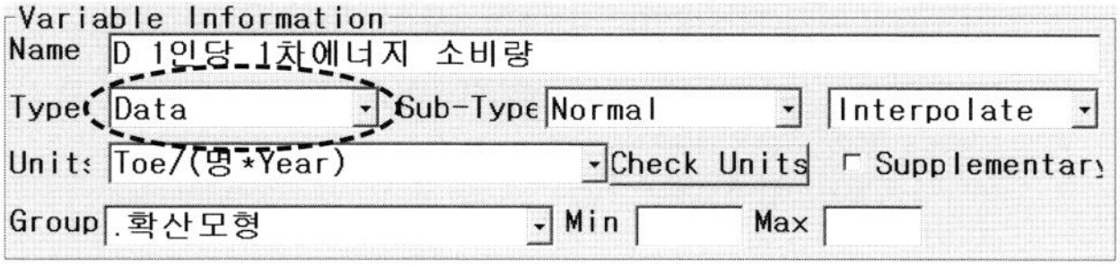

그림 11.16
외부 변수 형식의 지정

그림 11.17
데이터 형식의 수식 입력 창의 모델

11.4.2 외부 자료의 이식

기본 과정

외부로부터 자료를 이식받기 위해서는 〈그림 11.18〉에서와 같이 'Model 〉 import Dataset'을 선택해야 한다.

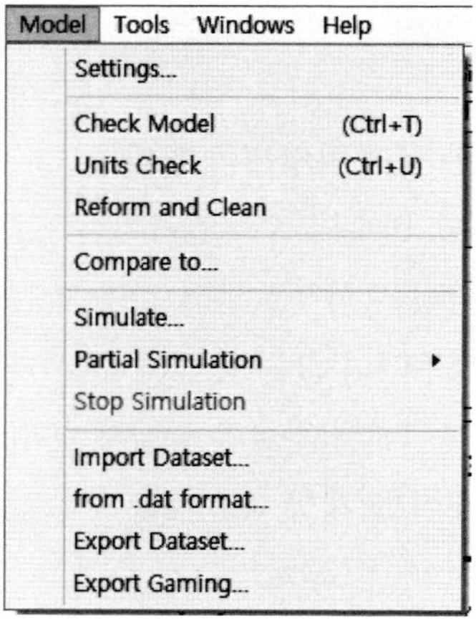

그림 11.18
자료 이식 메뉴의 선택

그리고 이식받아야 할 파일을 지정해야 하는데, 〈그림 11.19〉에서와 같이 앞에서 데이터 변환을 위해 준비한 〈그림 11.13〉의 형식을 갖춘 엑셀 파일을 클릭한다.

그림 11.19
이식할 엑셀 파일의 선택

파일이 선택된 후에는 해당 파일의 시트를 지정해야 한다. 여기에서는 데이터 시트에 관련 자료가 입력되어

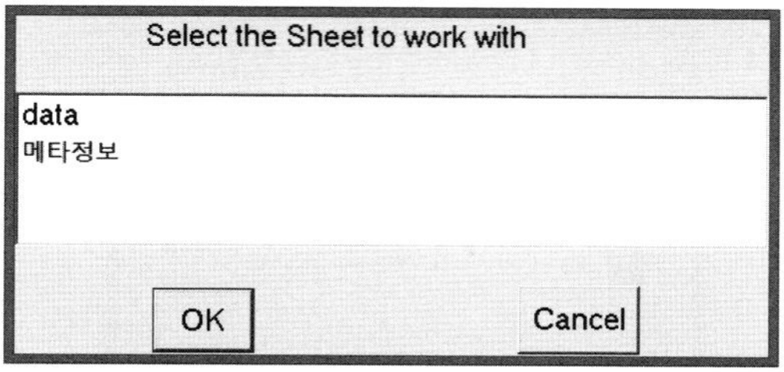

그림 11.20
엑셀 파일의 시트 지정

있으니 〈그림 11.20〉에서와 같이 'data' 시트를 지정하고 'OK'를 클릭한다.

여기까지 하면 〈그림 11.21〉과 같은 화면이 뜬다. 해당되는 데이터 셀들이 〈그림 11.21〉의 ❶처럼 나타난다. 그리고 여기에서 유의해야 할 것은, ❷와 ❸에서의 시간 관련 변수명이 동일해야 한다는 점이다.

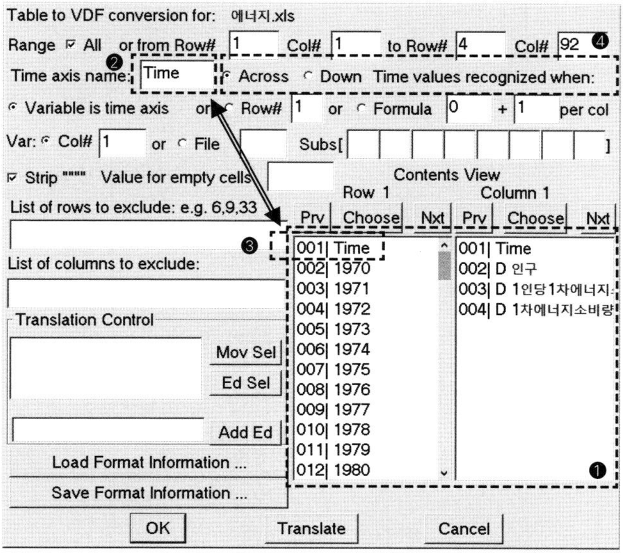

그림 11.21
자료 이식 창에서의 메뉴

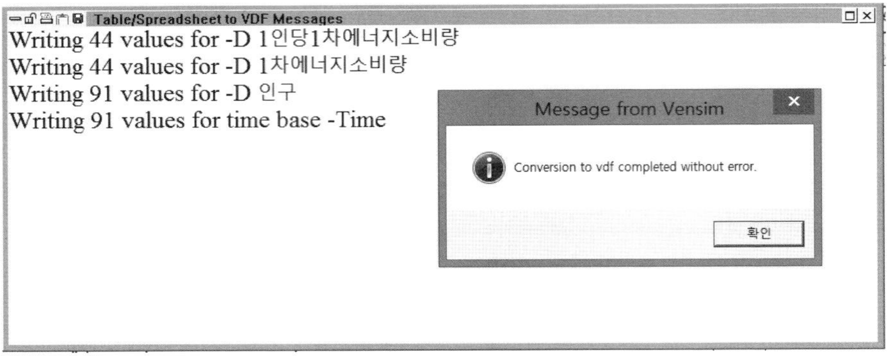

그림 11.22 자료 이식 결과 창

만약 데이터가 아래의 방향으로 있다면 〈그림 11.21〉의 ❹에서 'Down Time values recognized…'의 라디오 버튼을 클릭하면 된다. 모든 것이 준비되었으면 'OK' 버튼을 클릭한다. 마지막으로 지금까지의 과정이 정상이라면 〈그림 11.22〉와 같은 창이 뜰 것이다.

외부 자료 파일의 지정

이렇게 되면 '에너지.xls'의 'data' 시트에 있는 값들은 'data.vdf' 파일로 저장되어 벤심이 값을 호출할 수 있게 된다. 전술했지만 이 값을 호출하기 위해서는 외부로부터의 값을 공급하는 파일을 지정해야 한다. 몇 가지 방법이 있지만 우선 〈그림 11.23〉과 같은 'Sim Control'★ 을 클릭한다.

★ Sim Control

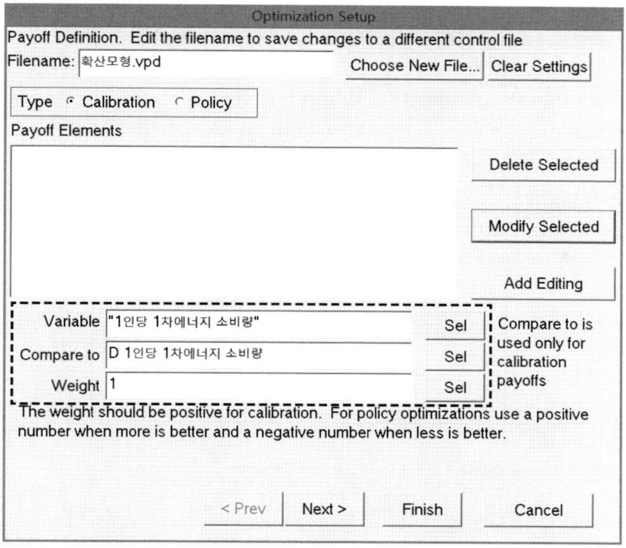

그림 11.30

calibration의 값 설정

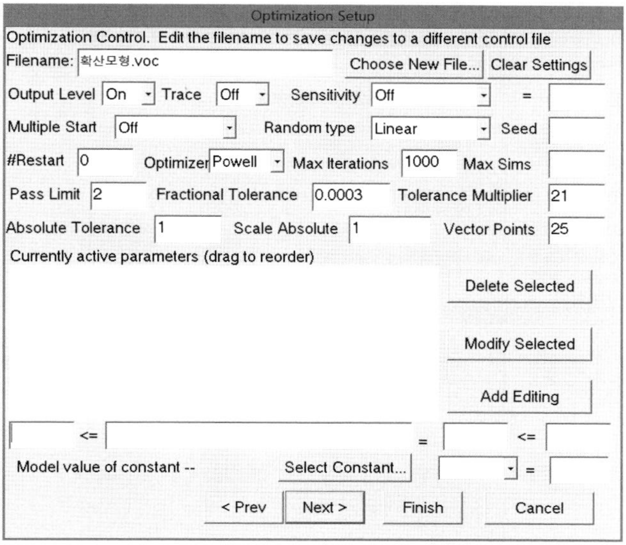

그림 11.31

캘리브레이션 데이터세트의 편집

그림 11.32

캘리브레이션 지정 계수 지정 화면

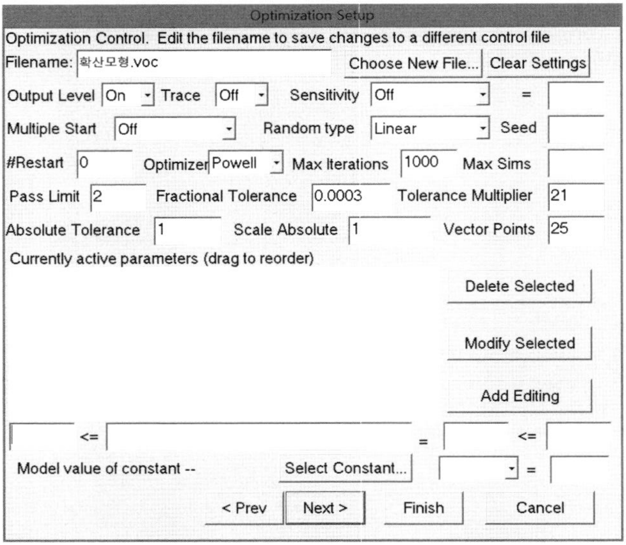

그림 11.33

계수의 지정

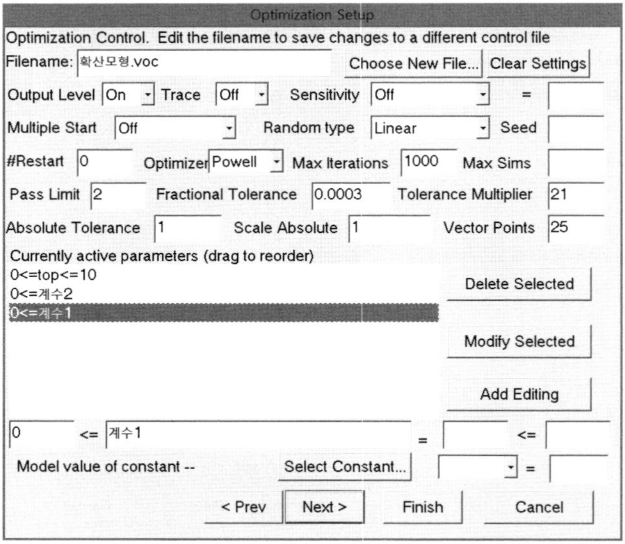

소화하기 위해 여기에서, 지정한 계수가 가져야 할 값을 찾기 위함이다.

〈그림 11.33〉에서와 같이 목적 함수를 제어할 수 있는 변수를 선택하는 단계를 거쳐야 한다. 본 예시 모델에서는 '계수', '계수1' 및 'top'의 값을 찾도록 지정했다. 계수를 지정할 때에는 계수 값의 범위를 지정할 수 있다. 양수의 경우에는 '0'보다 큰 값을 지닌다고 지정하면 된다.

결괏값의 복사

11.4.4

캘리브레이션이 102번의 시뮬레이션을 끝으로 잔차가 최소화되는, 즉 잔차의 합에 '-1'을 곱해 'payoff'의 값이 가장 크도록 만드는 계수의 결괏값을 얻었다.*

★ 이 값을 통해 R^2 값을 구할 수 있다.

계수 1 = 0

계수 = 0.0829241

top = 7.6

그리고 이 값을 벤심 모델의 변수에 입력해야 한다. 벤심은 결괏값을 자동으로 이식시켜 주지는 않으므로 일일이 수동으로 변수를 찾아 입력해야 한다. 결괏값을 입력값으로 옮길 때의 실수를 줄이기 위해 다음과 같은 순서를 지키는 것이 바람직하다.

먼저 〈그림 11.34〉처럼 결괏값을 블록 처리한 후

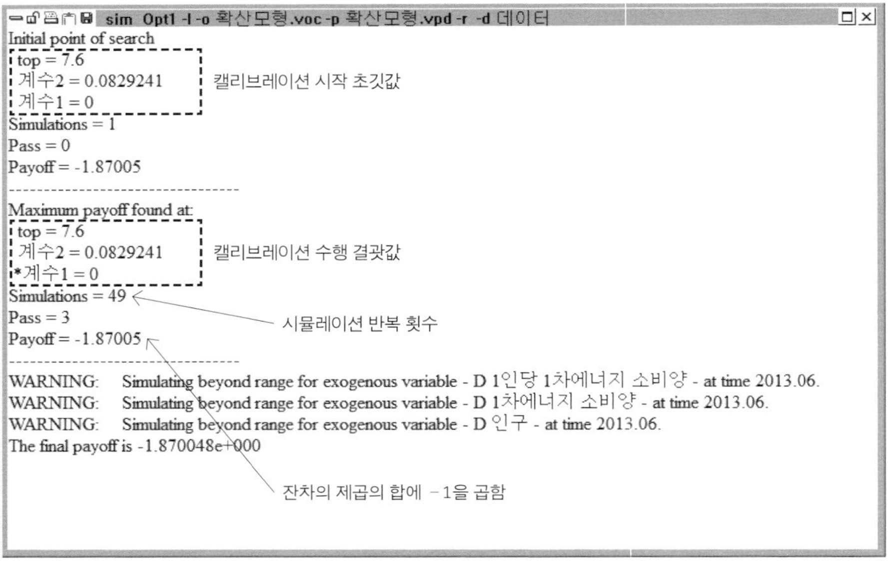

그림 11.34 캘리브레이션 결과

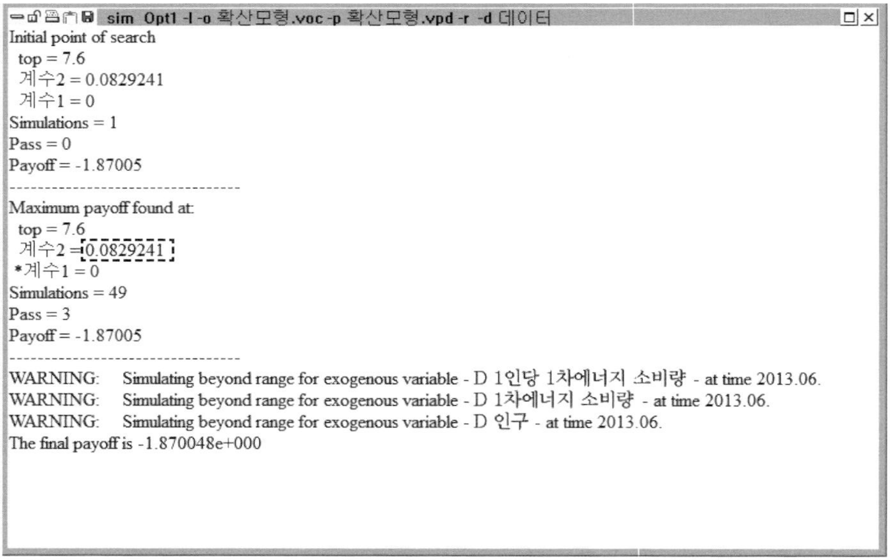

그림 11.35 결괏값의 입력

'Ctrl+C'를 해 복사한다. 〈그림 11.35〉의 '계수'를 클릭한다. 그리고 화면 좌측에서 〈그림 11.36〉과 같은 수식편집기를 클릭한다.

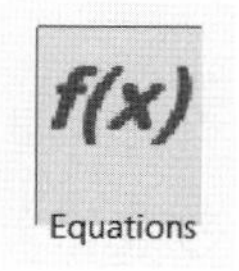

그림 11.36
수식편집기

그러면 〈그림 11.37〉과 같이 '계수'에 대한 수식편집기가 열리게 되는데, 이때에는 기존에 입력되어 있던 값이 그대로 있다. 이 값을 지우고 'Ctrl+V'를 해 클립보드에 있는 값을 붙여넣기한다.

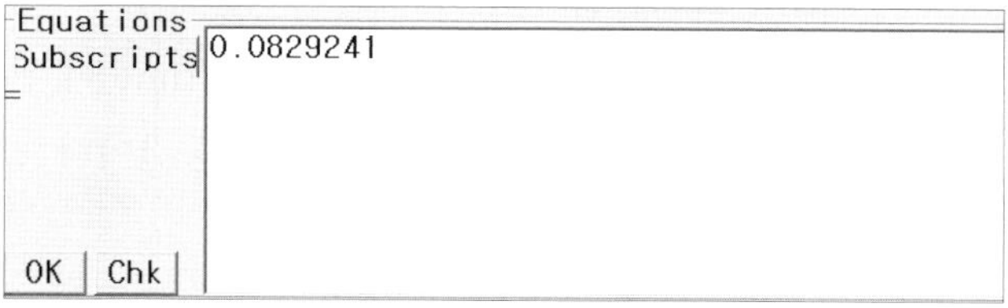

그림 11.37
수식편집기에서의 입력

다른 변수들도 〈그림 11.34〉에서 〈그림 11.37〉까지의 동일한 과정을 거친다.

11.4.5 사용자 그래프 만들기

벤심의 기본 인터페이스에 나와 있는 그래프는 주로

그림 11.38 컨트롤 패널(control panel)

하나의 변수를 보는 데에 사용된다. 물론 여러 변수를 'shift' 키를 누른 상태에서 선택하게 되면 몇 가지 변수를 동시에 볼 수 있다. 그렇지만 이것은 번거롭다.

이를 해결하기 위해서는 컨트롤 패널control panel에 있는 사용자 그래프를 이용한다. 이때 〈그림 11.38〉에서와 같이 컨트롤 패널을 클릭한다. 그러면 〈그림 11.39〉와 같은 화면이 나온다. 여기에서, 'Graphs' 탭을 클릭한 후 하단의 'New'를 클릭한다. 'New'를 클릭하면 〈그림 11.40〉과 같이 그래프를 설정하는 화면이 나오는데, 점선 ❶ 부분의 x축을 설정하지 않으면 x축은 'time'이 된다. 여기서 점선 ❷ 부분은 y축을 설정하는 공간이다.

그림 11.39
컨트롤 패널의 Graphs 탭

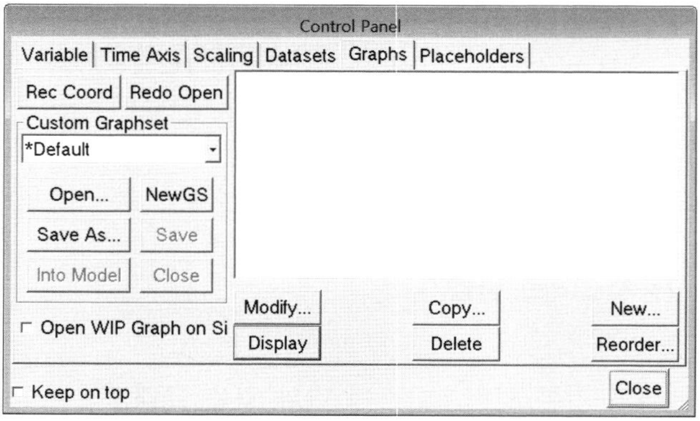

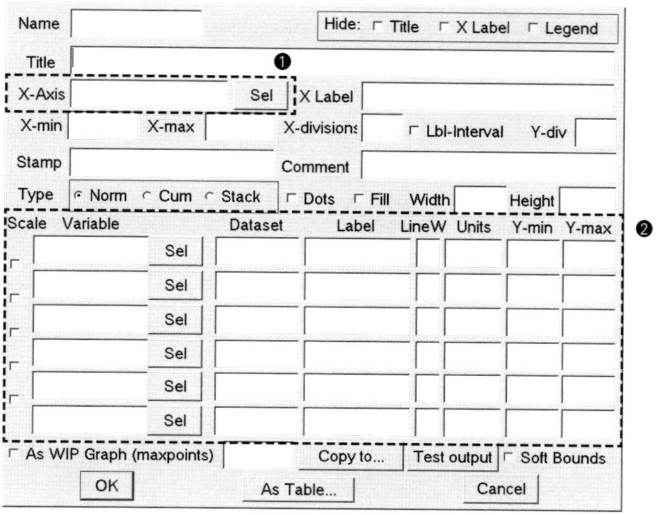

그림 11.40
시간 설정

'sel'을 클릭하면 〈그림 11.41〉과 같은 변수를 선정하는 화면이 나오는데, 여기에서는 실자료와 모델에서 나온 자료를 비교하기 위해 '1인당 1차에너지 소비량'이라는 변수와 'D 1인당 1차에너지 소비량'이라는 변수를 나란히 선택한다.

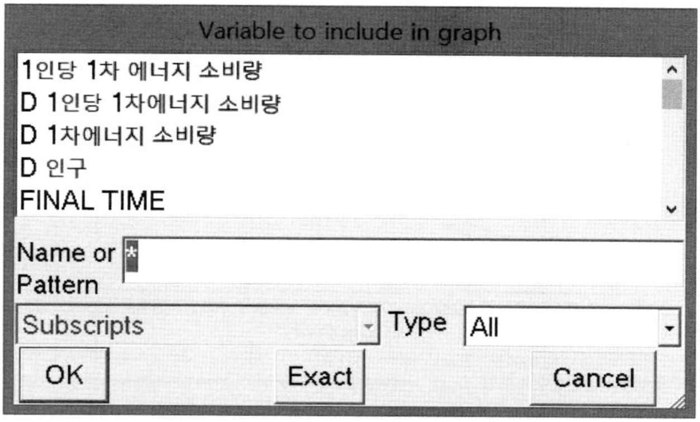

그림 11.41
사용자 그래프에서의 변수의 선택 화면

그림 11.42
y축 변수의 설정

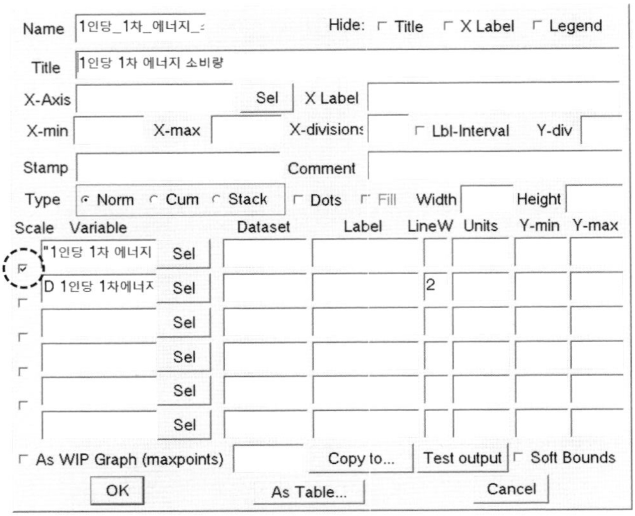

*y*축 변수 옆의 체크 박스는 두 변수의 쌍의 단위가 같을 경우에 체크한다. 두 변수의 값이 다를 경우에는 스케일 문제로 체크하지 않는 경우가 좋을 때가 많다.

변수를 선택한 후 〈그림 11.42〉의 화면에서 'OK'

그림 11.43
캘리브레이션 결과의 비교

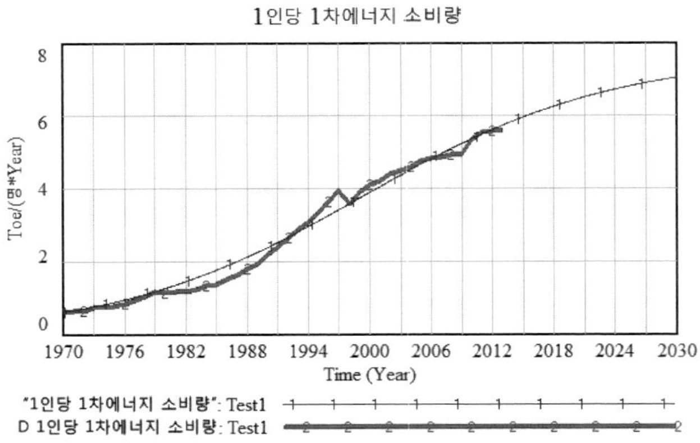

면 〈그림 11.48〉과 같다.

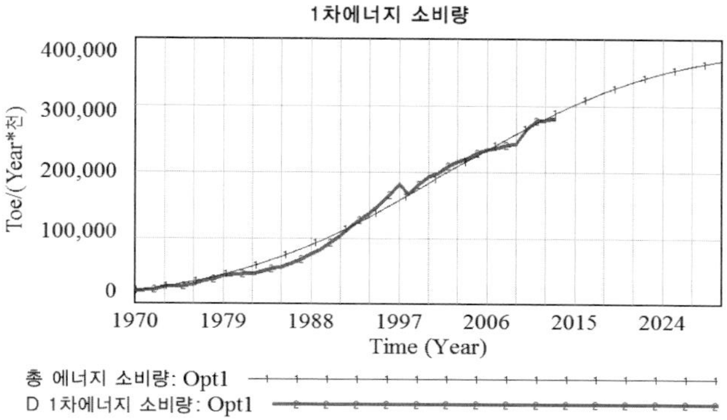

그림 11.48 캘리브레이션 결과와 실데이터의 비교

- "1인당 1차에너지 소비량" = INTEG (확산, D 1인당 1차에너지 소비량)
  Units: Toe/(명 * Year)
- D 1인당 1차에너지 소비량:INTERPOLATE: Units: Toe/(명 * Year)
- D 1차에너지 소비량:INTERPOLATE: Units: 천 * Toe/Year
- D 인구:INTERPOLATE: Units: 명
- FINAL TIME = 2030 Units: Year
- INITIAL TIME = 1970 Units: Year
- L 인구([(1970, 0)-(2030, 5.3e+007)], (1970, 3.22408e+007), (1971, 3.28827e+007), (1972, 3.35054e+007), (1973, 3.41031e+007), (1974, 3.46923e+007), (1975, 3.52807e+007), (1976, 3.58485e+007), (1977, 3.64118e+007), (1978, 3.69692e+007), (1979, 3.75342e+007), (1980, 3.81238e+007), (1981, 3.87232e+007), (1982, 3.93264e+007), (1983, 3.99104e+007), (1984, 4.0406e+007), (1985, 4.08057e+007), (1986, 4.12137e+007), (1987, 4.16217e+007), (1988, 4.20312e+007), (1989, 4.2449e+007), (1990, 4.28693e+007), (1991, 4.32957e+007), (1992, 4.3748e+007), (1993, 4.41946e+007), (1994, 4.46415e+007), (1995, 4.5093e+007), (1996, 4.55247e+007), (1997, 4.59536e+007), (1998, 4.62865e+007), (1999, 4.66167e+007), (2000, 4.70081e+007), (2001, 4.73574e+007), (2002, 4.76222e+007), (2003, 4.78593e+007), (2004, 4.80394e+007), (2005, 4.81381e+007), (2006, 4.83719e+007), (2007, 4.85977e+007), (2008, 4.89487e+007), (2009, 4.9182e+007), (2010, 4.94104e+007), (2011, 4.97794e+007), (2012, 5.00044e+007), (2013, 5.02197e+

007), (2014, 5.0424e+007), (2015, 5.0617e+007), (2016, 5.08014e+007), (2017, 5.09765e+007), (2018, 5.11407e+007), (2019, 5.12937e+007), (2020, 5.14355e+007), (2021, 5.15664e+007), (2022, 5.16855e+007), (2023, 5.17912e+007), (2024, 5.18876e+007), (2025, 5.19724e+007), (2026, 5.20421e+007), (2027, 5.20941e+007), (2028, 5.21314e+007), (2029, 5.21543e+007), (2030, 5.21601e+007)) Units: 명

- saveper = TIME STEP Units: Year
- TIME STEP = 0.0625 Units: Year
- TOP = 7.6 Units: Toe/(명 * Year)
- U 천 = 1000 Units: 천
- 계수 1 = 0 Units: 1/Year
- 계수 2 = 0.0829241 Units: 1/Year
- 인구 = IF THEN ELSE(Time<=2013, D 인구, L 인구(Time)) Units: 명
- 잠재 사용량 = INTEG (−확산, TOP − "1인당 1차에너지 소비량")
  Units: Toe/(명 * Year)
- 총 에너지 소비량 = 인구 * "1인당 1차에너지 소비량"/U 천
  Units: Toe/Year/천
- 확산 = 확산 1 + 확산 2 Units: (Toe/(명 * Year))/Year
- 확산 1 = 잠재 사용량 * 계수1 Units: (Toe/(명*Year))/Year
- 확산 2 = "1인당 1차에너지 소비량" * 계수 2 * (잠재 사용양 / TOP)
  Units: (Toe/(명 * Year))/Year

11.5 계수의 캘리브레이션

룩업 함수의 경우 어떤 변수와 변수 사이의 관계가 불확실함에도 불구하고 $X \rightarrow Y$의 관계로 고정되어 있다. 만약 두 변수의 관계를 나타내는 계수에 불확실성이 있다면 캘리브레이션 기법을 통해서 변수 간의 관계를 찾을 수 있다. 〈표 11.2〉에서 보는 바와 같이 두 변수 X와 Y의

X	Y	X	Y
1	1.058	16	15.776
2	1.908	17	18.598
3	3.051	18	18.180
4	3.868	19	17.499
5	5.060	20	19.320
6	5.742	21	18.921
7	7.658	22	21.340
8	8.344	23	22.816
9	8.955	24	23.712
10	10.220	25	27.125
11	10.384	26	26.884
12	13.164	27	28.971
13	12.935	28	27.944
14	14.112	29	31.813
15	15.330	30	32.160

표 11.2
계수 캘리브레이션 예제

관계식이 주어져 있다고 하자.

종속변수 y는 독립변수 x에 대해 다음과 같은 회귀식을 갖는다.

$$y = 1.039x - 0.3463(R^2 = 0.9882) \quad \cdots\cdots\cdots\cdots (11.9)$$

$x \rightarrow y$의 관계에 대해서는 〈식 11.9〉를 사용해 관계식을 표현할 수 있다.

룩업 함수의 대체

★ 8.1.2에서 다룬 바 있다. 10.5에서는 룩업 함수를 이용해 계절 요인을 표현하는 법을 설명했다.

한편 룩업 함수★를 1차 함수로 대체할 수 있다. 10.1에서 살펴본 바와 같이 무차원 함수가 (1, 1)을 지나도록 설계하는 것의 유용함을 배웠다. 그런데, 입력변수 x와 출력변수 y의 관계가 불확실함에도 불구하고 룩업 함수를 사용하게 되면 그래프의 패턴을 고정시키게 되므로 모델의 결과를 왜곡시킬 수 있다. 이러한 문제를 해결하기 위해서는 x와 y의 관계식을 다른 자료를 통해서 캘리브레이션을 해서 구할 수 있다.

x와 y의 관계에 대해서 정확한 실체를 모르지만 모델 중에 실데이터(D)와 일치하는 의미를, 계산 결과(C)의 차이를 최소화할 수 있는 x와 y의 관계에서 〈그림 11.49〉와 같이 캘리브레이션을 이용해 구할 수 있다.

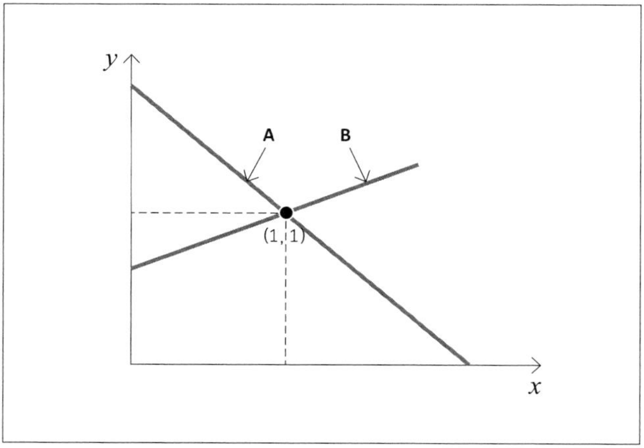

그림 11.49
계수의 캘리브레이션

우선 〈그림 11.49〉에서 (1, 1)을 지나는 1차식은

$$y = ax + b \quad \cdots\cdots (11.10)$$

과 같이 아주 간단하다.

또한 (1, 1)을 지나기 때문에

$$\begin{aligned} 1 &= a + b \\ b &= 1 - a \end{aligned} \quad \cdots\cdots (11.11)$$

과 같다. 따라서 〈식 11.10〉과 〈식 11.11〉을 정리하면

$$y = ax + 1 - a \quad \cdots\cdots (11.12)$$

가 된다.

〈식 11.12〉는 좌표 (1, 1)을 지나는 모든 1차 회귀식의 형태이다. 따라서 $min((D-C)^2)$을 위한 a 값을 찾는 것이 캘리브레이션의 목적 함수가 된다.

또한 a의 값에 최댓값 또는 최솟값을 제한함으로써 음수가 나올 수 없는 값이 음수를 갖는 것을 막을 수도 있다.★

★

시그모이드 함수(sigmoid function) 신경망 모델(neural network model)에서 이른바 전파함수로 사용되는 함수가 있다. 일반적으로 모든 실수 x에 대해 0에서의 1의 y 값을 갖는다.

이의 식은 $y = \frac{1}{1+e^{-x}}$이며 $f(x=0) = 0.5$인 S 자 형태를 갖는다.

12

민감도 시뮬레이션 & 백캐스팅

민감도 시뮬레이션 12.1

개요 12.1.1

벤심 DSS*에서 민감도 시뮬레이션sensitivity analysis은 불확실한 상수uncertain constants에 대해 난수를 이용해 시뮬레이션을 수행하는 것을 말한다. 결국 몬테카를로 방법을 사용해 시뮬레이션을 수행하는 것인데, 굳이 민감도 시뮬레이션이라고 한 이유는, 일단 발생된 난수는 시뮬레이션 기간 동안 변하지 않기 때문에, 매 타임스텝time step마다 난수를 발생시켜 시뮬레이션을 수행하는 몬테카를로 시뮬레이션과 구분하기 위해서이다.

★ 민감도 분석(sensitivity study), 불확실성 분석, 몬테카를로 시뮬레이션 등의 차이를 2.1에서 서술했다.

수행 방법** 12.1.2

민감도 시뮬레이션을 수행하기 전에 다음과 같은 두 가지를 결정해야 한다.

- ▷ 민감도 제어 파일(Sensitivity Control File, 확장명 =.vsc)
- ▷ 저장 변수 리스트 파일(Save List File, 확장명 = .lst)

민감도 제어 파일은 상수와 상수들의 분포를 정의하는 것으로, 이 파일의 정보에 따라 매 시뮬레이션 직전에 난수를 만들게 된다. 또한, 민감도 분석은 200번 정도(변경 가능) 시뮬레이션을 수행해 하나의 파일에 저장

★★ 12.1 백캐스팅.mdl 참조.

하므로 메모리를 관리하기 위해 저장 변수 리스트를 반드시 사용하도록 되어 있다.

① 민감도 제어 파일을 만들거나 지정한다.
② 저장 변수 리스트 파일을 만들거나 지정한다.
③ 민감도 시뮬레이션을 수행한다.

민감도 제어 파일 및 저장 변수 리스트 파일은 〈그림 12.1〉과 같이 시뮬레이션 제어 화면(Simulation Control 화면)*의 'Sensitivity' 탭에서 만들거나 지정할 수 있다.

★ 매뉴얼을 참고하기 바란다.

그림 12.1
민감도 시뮬레이션을 위한 화면

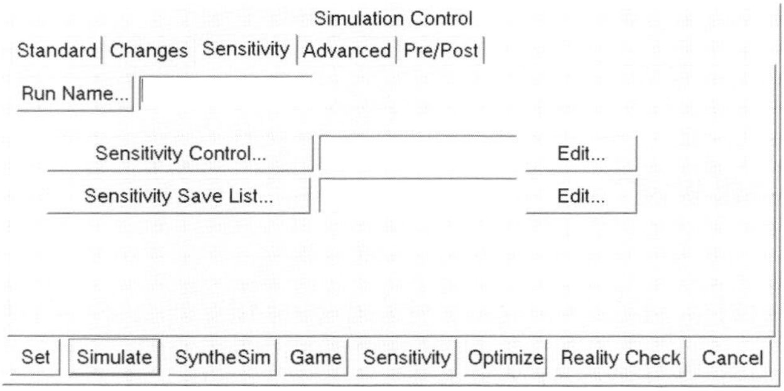

민감도 시뮬레이션은 시뮬레이션 제어 화면의 아래쪽 'Sensitivity' 버튼을 이용해 시뮬레이션하면 〈그림 12.2〉에서와 같이 된다.

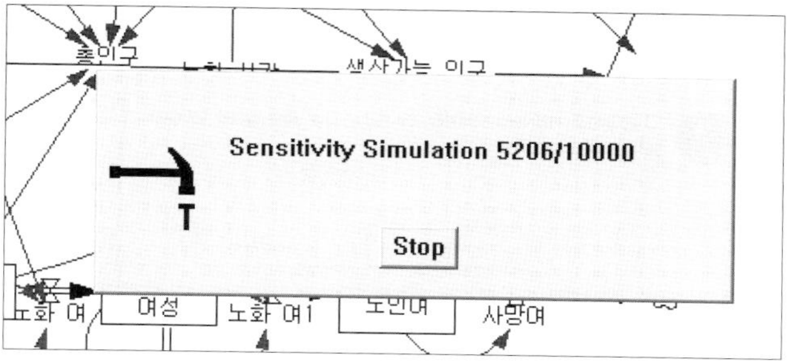

그림 12.2
민감도 시뮬레이션 중 화면

Sensitivity Simulation 결과 엑셀 파일로 만들기

벤심 DSS★는 'Sensitivity Simulation'은 반드시 저장 변수 목록을 갖고 하도록 되어 있다. 이는 200번(Default 값)의 시뮬레이션 결과를 모두 하나의 파일로 저장하기 때문에 모든 변수를 저장하고자 한다면 컴퓨터 메모리 용량을 초과할 수 있기 때문이다.

★ 벤심 DSS는 Sensitivity Simulation은 반드시 저장 변수 목록을 갖고 하도록 되어 있다.

같은 이유로 'Sensitivity Simulation'을 엑셀로 불러오기 위해서는 파일의 크기, 혹은 메모리를 관리해야 한다. 우선, 벤심 DSS는 'Sensitivity Simulation' 결과를 텍스트 형태(tab으로 구분한 파일, 확장명=.tab)의 파일로 바꾼다.

또 하나 유의 사항은 축이 시뮬레이션 번호, 시간, 변수 등 3개가 되어 엑셀과 같은 스프레드 시트spread sheet로 바꾸기에는 절대적인 문제점이 존재한다.

전술한 일반 시뮬레이션 결과를 엑셀 파일로 전환하는 것에서처럼 'Export'★★ 메뉴를 사용하는데, 〈그림 12.3〉과 같이 'Sensitivity Simulation'의 결과라는 것을 확인하도록 되어 있다.

★★ model 〉 export dataset

그림 12.3
Sensitivity Simulation 결과 파일 확인 화면

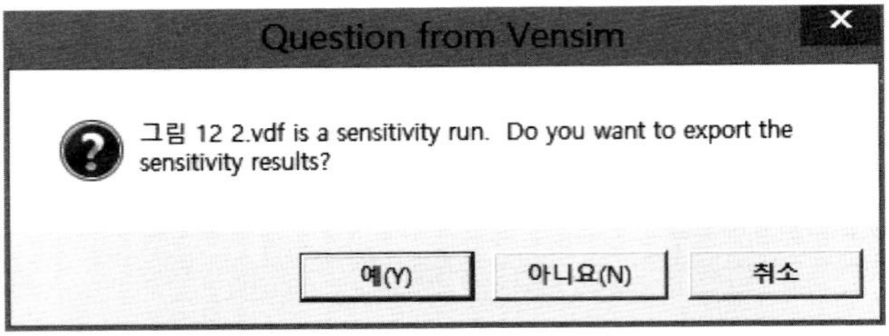

여기에서, '예(Y)'를 선택하면 〈그림 12.4〉와 같이 'Sensitivity Export Option' 화면이 나온다.

그림 12.4
Sensitivity Export Option 화면

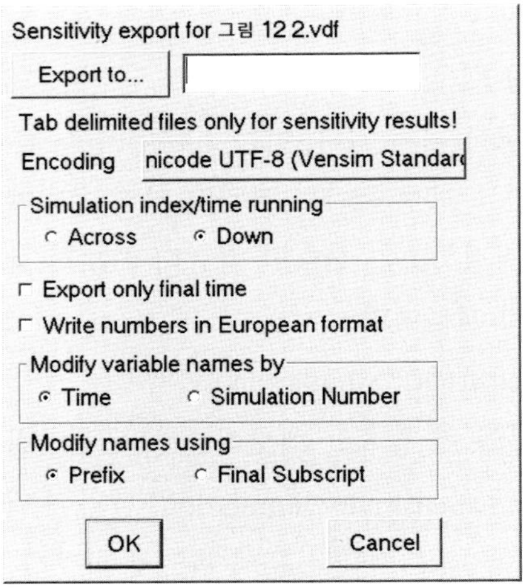

이에 대한 옵션을 조작하기 위해 우선 'Export to...' 옆에 있는 빈칸에 원하는 파일 이름을 넣는다. 만약 빈칸을 그대로 비워 두면, 변환하고자 하는 파일에서 확장명만 '.tab'으로 바꿔 이름을 결정짓는다.

언어 코딩Encoding은 한국어가 있을 경우에는 〈그림 12.5〉와 같이 'Korean'을 선택한다. 만약 'Unicode

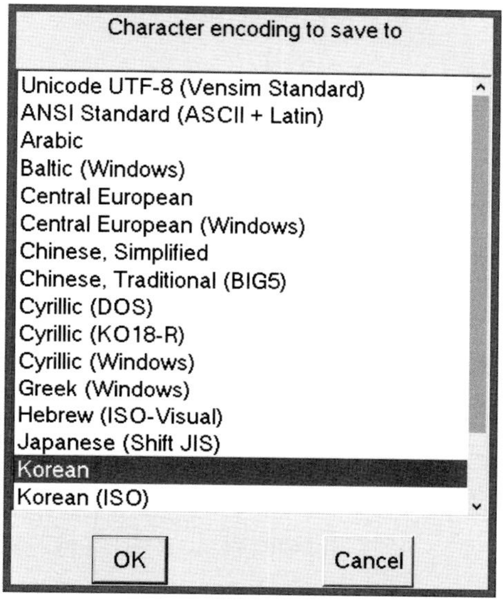

그림 12.5
Encoding 방식의 선택

UTF-8' 혹은 'Korean(ISO)' 등을 선택하면 전환했을 때 한글이 깨져 보일 수 있다.

〈그림 12.4〉의 옵션 중에서 'Simulation index/time running'과 'Modify variable names by'는 함께 설명할 필요가 있다. 민감도 시뮬레이션을 수행하게 되면 다음과 같이 3개의 축이 존재한다.

- ▷ 시뮬레이션 번호
- ▷ 시간
- ▷ 변수

즉 '시뮬레이션 번호'가 하나 더 추가된다.

따라서 엑셀과 같은 평면에 출력하기 위해서는 3개

의 축을 2개의 축으로 만들어야 한다. 벤심 DSS는 두 가지 방식을 제안하고 있는데, 'Modify variable names by'에서 'Time'을 선택하면 '변수 이름 T1', '변수 이름 T2', … 등처럼 변수 이름과 시간 값을 묶어 한쪽 축을 선택하고 다른 축은 시뮬레이션 번호를 사용해 출력한다. 여기에서 'Simulation Number'를 선택하면, 'S1 변수 이름', 'S2 변수 이름', … 등과 같이 시뮬레이션 번호와 변수 이름을 묶어 한쪽 축을 사용하고 다른 쪽 축은 시간을 사용해 출력한다.

★
변수와 시간을 묶어서 사용할 때 T1, T2는 순서를 의미하는 것이지, 'Time'의 값을 의미하는 것이 아니다.

주의 사항*은 변수와 시간을 묶어 사용할 때 T1, T2는 순서를 의미하는 것이지, 'Time'의 값을 의미하는 것이 아니라는 것이다. 즉, 다음 표와 같이 자료의 개수를 이용해 T1, T2 등을 결정한다.

표 12.1
민감도 시뮬레이션 변환 시 Tn의 의미

INITIAL TIME	FINAL TIME	SAVEPER	시간 값의 범위
0	100	1	T1-T101
0	100	0.5	T1-T201
0	100	0.25	T1-T4001

S1, S2, … 등의 의미는 시뮬레이션 번호로서, 'Sensitivity Simulation'에서 시뮬레이션 수가 200인 경우는 S1-S200까지 있게 된다.

'Export only final time'을 선택하게 되면 시간 축의 마지막 값만 출력하게 되고, 'Write numbers in European format'을 선택하면 '123,456'처럼 3자리마다

쉼표로 구분해 출력하게 된다.

마지막 'Modify names using'은 2개의 축을 하나로 만들었을 때 변수 이름 앞에 시간 혹은 시뮬레이션 번호를 넣을 것인지, 아니면 첨자변수처럼 변수 뒤에 [T1]과 같이 사용할 것인지 결정하는 것이다.

백캐스팅 12.2

백캐스팅의 개념 12.2.1

백캐스팅backcasting은 민감도 분석과 관련이 깊다. 백캐스팅을 하기 위해서 '9.10.3 상세인구모델.mdl'을 활용하기로 한다.

문제

2050년까지 인구 5,000만 명을 유지하기 위해서는 언제까지 얼마의 합계 출산율을 달성해야 하는가?

이 문제는 수많은 조건*을 바꾸어 가면서 수많은 시뮬레이션을 해야만 하는 문제이다. 입력값의 조건을 바꾸어 주는 것은 민감도 분석 문제이다.

★ 수많은 조건을 바꾸어 가면서 수많은 시뮬레이션을 해야만 하는 문제이다.

〈그림 12.6〉처럼 스케치 도구에서 'Monte Carlo' 아이콘을 클릭한다.

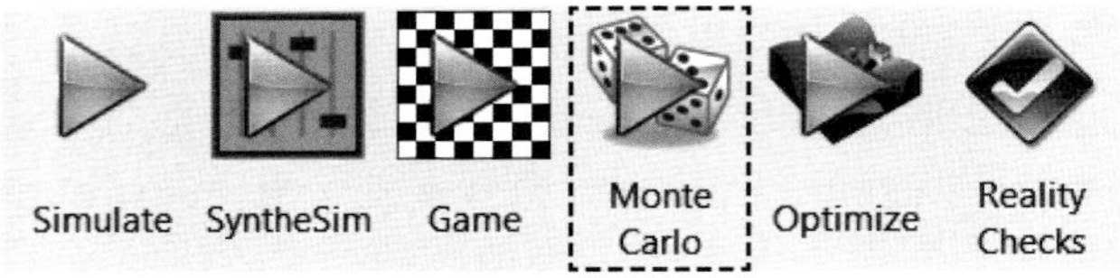

그림 12.6
몬테카를로 시뮬레이션 아이콘

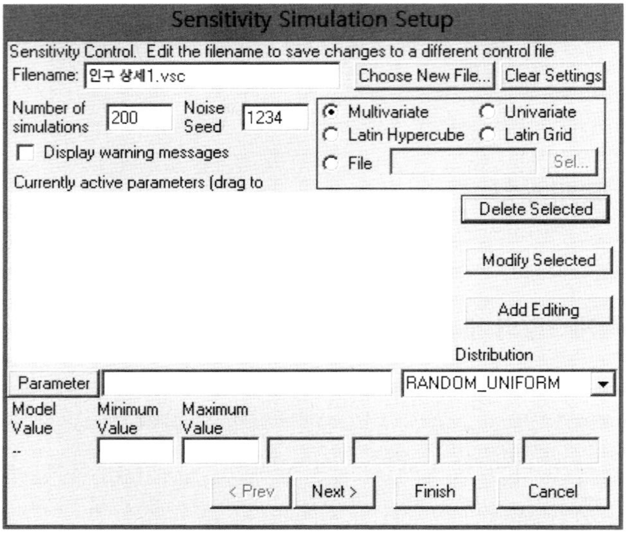

그림 12.7
몬테카를로 시뮬레이션 대화 창

그러면 〈그림 12.7〉과 같은 대화창이 뜬다. 〈그림 12.7〉의 대화창은 두 단계로 이루어지는데 첫 번째 단계는 어떤 변수에 난수를 부여할 것인가에 대한 문제이다.

여기에서는 다음 항목을 난수로 주었을 때를 가정한다.

▷ 목표 합계 출산율

▷ 목표 연도

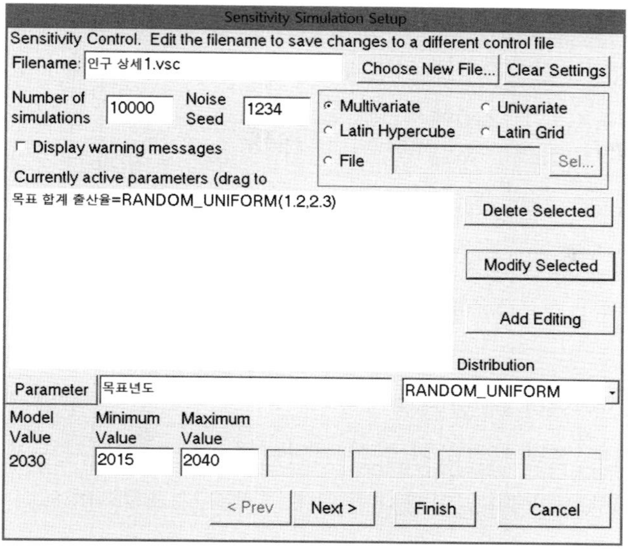

그림 12.8
몬테카를로 시뮬레이션 대상 변수의 선정

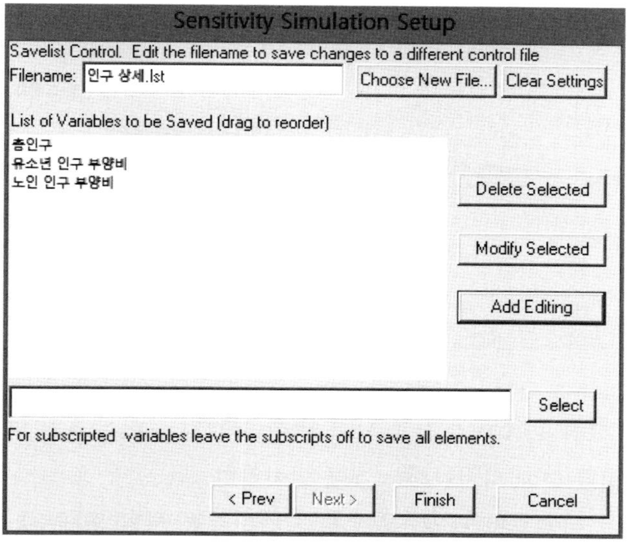

그림 12.9
몬테카를로 시뮬레이션 결과 저장 변수의 선정

매개변수의 선택은 Parameter(매개변수)를 클릭하면 대화 창이 나타나는데, 이 대화 창에서 이를 선택하면 된다. 변수가 선택되면 난수 발생 분포를 선택해야 한다. 〈그림 12.8〉에서 'RANDOM_UNIFORM'★은 난수를 생성하는 발생 분포 함수이다. 뒤의 두 숫자는 각각 난수를 발생하는 범위의 최솟값과 최댓값을 의미한다.

★ 난수 발생 범위에서 모두 동등한 확률로 난수가 선택되는 함수이다.

〈그림 12.9〉는 난수가 발생했을 때 시스템 거동을 특히 보고 싶은 변수를 선택하는 대화창이다. 이 예제에서는 '총인구', '유소년 인구 부양비', '노년 인구 부양비'를 선택했다. 세 변수 중에서 '총인구'의 민감도 분석 결과는 〈그림 12.10〉과 같이 나타난다. 이는 3차원의 분포도分布圖인데 높이에 대한 분포는 색으로 표시되어 있다.

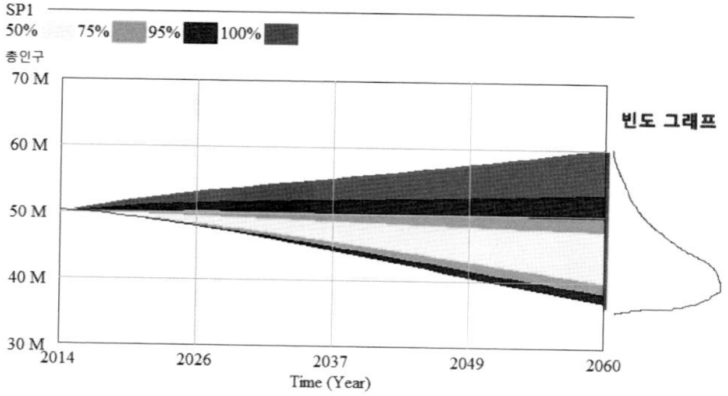

그림 12.10
몬테카를로 시뮬레이션 결과 그래프

〈그림 12.10〉은 전체 난수 발생 사건의 50%는 중앙의 넓은 면에 위치한다는 것을 의미한다.

이제부터 백캐스팅★★을 본격적으로 하기 위해서는 이 민감도 분석 결과를 엑셀 등 스프레드 시트로 옮겨야 한다. 이를 위해서는 〈그림 12.11〉에서와 같이 'Model >

★★ 백캐스팅은 벤심이 자체적으로 지원하는 기능이 아니며, 사용자가 결과물을 활용해 스스로 수행해야 한다.

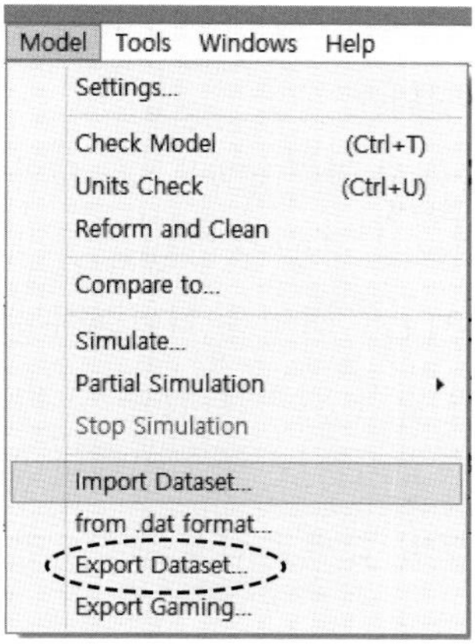

그림 12.11
몬테카를로 시뮬레이션 결과의 외부 이식

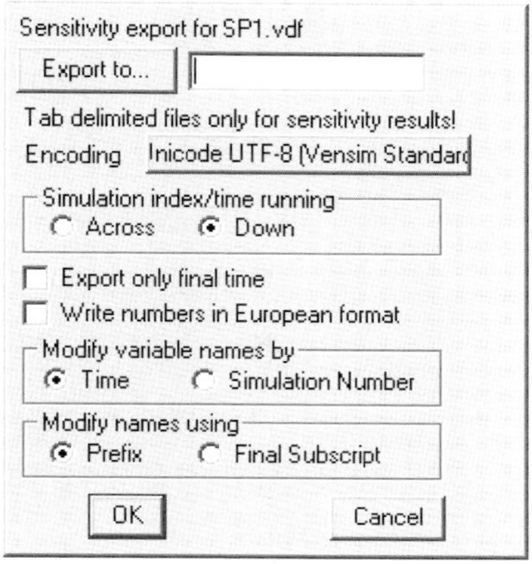

그림 12.12
몬테카를로 시뮬레이션 결과의 이식 준비

Export Dataset'을 클릭해야 한다.

그러면 〈그림 12.12〉가 나온다. 그림에서 'SP1.vdf' 파일은 민감도 분석 결과를 포함하고 있으므로 이 파일을 이용할 것이라고 맨 위에 관련 정보를 표시하고 있다. 'sensitivity export for SP1.vdf'가 이 내용을 의미한다. 여기에 시간을 행으로 할 것인지 아니면 변수명을 행으로 할 것인지에 대한 질문에 체크하고 'OK'를 클릭한다.

그러면 'SP1.vdf' 중 〈그림 12.9〉에서 지정한 민감도

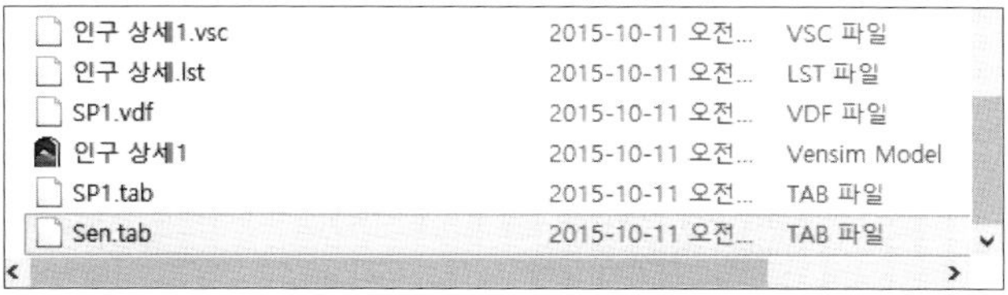

그림 12.13
vdf 파일의 tab 파일로의 전환 결과

분석 결과의 내용을 포함한 파일이 〈그림 12.13〉에서와 같이 'SP1.tab' 파일로 만들어진다.

이 탭(*.tab) 파일을 엑셀 등에서 열면 〈그림 12.14〉와 같은 빈도함수 및 누적확률 분포를 구할 수 있다.

무엇보다도 원파일, 즉 'SP1.tab' 파일을 피벗테이블 형태로 가공하면 〈표 12.2〉와 같은 결과를 얻을 수 있다. 2050년에도 5,000만 명을 유지하고 싶다면 해당되는 행과 열을 찾아서 목표 연도별 합계 출산율을 찾으면 된다.

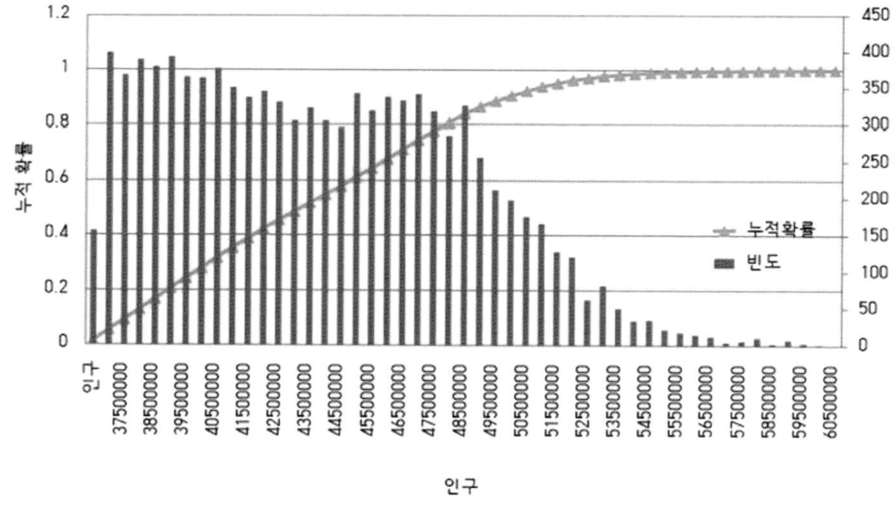

그림 12.14 tab 파일의 빈도 분석

표 12.2 tab 파일을 엑셀의 피벗테이블 기능으로 자료를 전환한 결과

연도	2050년까지의 목표 인구(백만 명)								
	40 이상	41 이상	42 이상	43 이상	44 이상	45 이상	46 이상	47 이상	48 이상
2015	1.21	1.27	1.34	1.41	1.47	1.54	1.60	1.67	1.73
2016	1.21	1.28	1.35	1.43	1.51	1.58	1.65	1.73	1.80
2017	1.21	1.28	1.37	1.46	1.52	1.60	1.68	1.75	1.83
2018	1.21	1.28	1.37	1.45	1.54	1.63	1.70	1.77	1.86
2019	1.21	1.29	1.39	1.46	1.54	1.63	1.71	1.79	1.87
2020	1.21	1.29	1.38	1.47	1.57	1.64	1.73	1.81	1.89
2021	1.21	1.29	1.38	1.47	1.57	1.65	1.75	1.82	1.91
2022	1.22	1.29	1.39	1.48	1.58	1.66	1.75	1.83	1.92
2023	1.21	1.29	1.39	1.48	1.58	1.67	1.76	1.87	1.94
2024	1.21	1.29	1.39	1.49	1.59	1.68	1.77	1.86	1.96
2025	1.21	1.30	1.40	1.49	1.60	1.69	1.78	1.88	1.98
2026	1.22	1.29	1.40	1.51	1.61	1.70	1.80	1.91	1.99
2027	1.21	1.30	1.40	1.51	1.61	1.71	1.81	1.91	2.00
2028	1.21	1.31	1.41	1.51	1.63	1.73	1.83	1.92	2.02
2029	1.21	1.30	1.41	1.52	1.63	1.73	1.83	1.94	2.04
2030	1.21	1.31	1.41	1.53	1.64	1.74	1.85	1.95	2.06
2031	1.21	1.31	1.42	1.53	1.65	1.76	1.87	1.97	2.09
2032	1.21	1.31	1.42	1.54	1.65	1.77	1.88	1.99	2.09
2033	1.21	1.31	1.43	1.55	1.66	1.78	1.89	2.00	2.12
2034	1.21	1.31	1.43	1.56	1.68	1.79	1.92	2.03	2.14
2035	1.22	1.32	1.44	1.56	1.68	1.81	1.93	2.04	2.16
2036	1.21	1.31	1.45	1.57	1.70	1.82	1.94	2.06	2.17
2037	1.21	1.32	1.45	1.57	1.71	1.83	1.96	2.08	2.20
2038	1.21	1.32	1.45	1.59	1.72	1.85	1.97	2.10	2.22
2039	1.21	1.33	1.46	1.60	1.73	1.86	1.99	2.12	2.24
2040		1.33		1.60					

연도	인구(백만 명)								
	49 이상	50 이상	51 이상	52 이상	53 이상	54 이상	55 이상	56 이상	57 이상
2015	1.79	1.85	1.91	1.98	2.03	2.09	2.15	2.21	2.26
2016	1.86	1.93	2.00	2.07	2.13	2.20	2.15		2.27
2017	1.90	1.98	2.05	2.12	2.19	2.25			
2018	1.93	2.02	2.08	2.16	2.22	2.26			
2019	1.95	2.03	2.11	2.16	2.25				
2020	1.99	2.05	2.13	2.21	2.28				
2021	1.99	2.07	2.15	2.24					
2022	2.01	2.09	2.17	2.25					
2023	2.02	2.11	2.20	2.28					
2024	2.04	2.13	2.22						
2025	2.06	2.15	2.24						
2026	2.08	2.18	2.26						
2027	2.10	2.20	2.29						
2028	2.12	2.22							
2029	2.14	2.23							
2030	2.16	2.25							
2031	2.18	2.28							
2032	2.20								
2033	2.22								
2034	2.24								
2035	2.26								
2036	2.29								
2037									
2038									
2039									
2040									

예를 들면 2023년까지 합계 출산율 2.11명을 달성 후 지속 유지 시, 2050년에 인구 5,000만 명을 유지할 수 있다. 더 정확한 예측을 위해서는 성별 · 1세 연령별 모델을 통해서 계산이 가능하다.

ABM과 SD의 관계 12.3

ABM과 SD의 비교 12.3.1

ABM Agent Based Model★의 구성요소는 다음과 같다.

★ ABM 전용 소프트웨어로는 NETLOGO가 유명하다.

- ▷ 개체agent: 자동차, 동물, 사람 등으로 변수의 형태임
- ▷ 개체의 행동규칙algorism 또는 행동조건condition
- ▷ 개체의 속성attribute: 행동의 반응도 등 매개변수의 값으로 일반적으로 상수임
- ▷ 시간time과 공간: 개체들의 행동이 발생하는 시간과 공간

시스템 다이내믹스로 ABM을 구성할 시에는 〈표 12.3〉과 같이 ABM 구성요소를 대응시킬 수 있다.

표 12.3 ABM과 시스템 다이내믹스의 차이

ABM		시스템 다이내믹스
개체(Agent)	→	Subscript의 선언 (설문 대상자들임)
행동규칙	→	저량 · 유량도
속성 또는 매개변수	→	수식의 상수 룩업 함수로 표현 가능
시간과 공간	→	ABM과 개념 동일

시스템 다이내믹스로도 ABM 모델에서와 같이 개체들의 움직임을 충분히 표현이 가능하다. 〈그림 12.15〉는 어떤 개체agent가 좌표 공간 x, y에서 이동하는 것을 표현한 SFD이다.

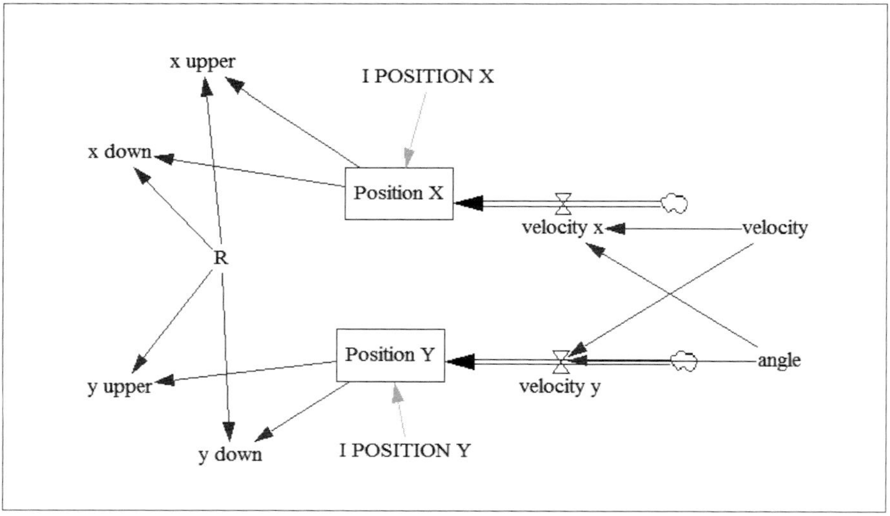

그림 12.15 개체의 좌표 공간 위에서의 이동 12.3.1 abm.mdl 참조.

- angle = RANDOM UNIFORM(0, 360, 1)
- FINAL TIME = 100
- I POSITION X = 0
- I POSITION Y = 0
- INITIAL TIME = 0
- Position X = INTEG (velocity x, I POSITION X)
- Position Y = INTEG (velocity y, I POSITION Y)
- R = 1
- saveper = TIME STEP
- TIME STEP = 1
- velocity = RANDOM UNIFORM(0, 50, 41)
- velocity x = velocity * COS(angle * 3.14159/180)
- velocity y = velocity * SIN(angle * 3.14159/180)
- x down = Position X−R
- x upper = Position X+R
- y down = Position Y−R
- y upper = Position Y+R

〈그림 12.16〉은 〈그림 12.15〉의 SFD를 시뮬레이션해 개체의 이동을 그래프로 표현한 것이다. 각 개체는 첨자로 규정할 수 있다. 이는 작은 세계small world를 만들어 그 변화를 관측하는 데에 유용하게 사용할 수 있음을 시사한다.

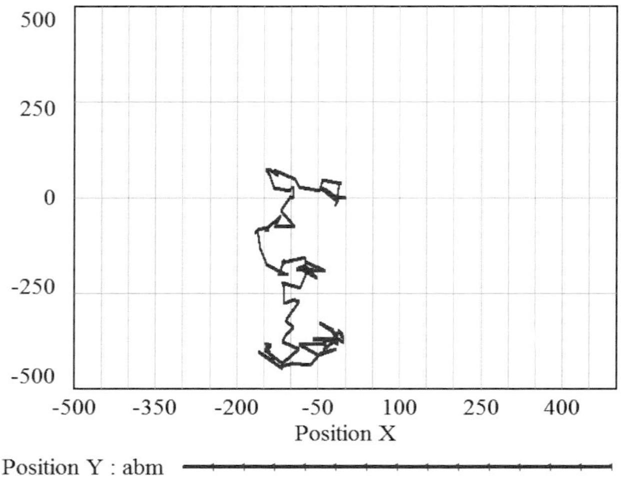

그림 12.16
개체 이동의 궤적

12.3.2 설문, ABM, 그리고 시스템 다이내믹스

개체Agent는 설문 조사 시에 설문 응답자들에 해당한다. 따라서 설문을 통해 ABM을 만들 수 있으며, 이를 시스템 다이내믹스로 표현하면 동적인 모델을 구성할 수 있게 된다.

우리는 사회 문제에 대한 원인을 파악하고자 설문을 활용해 왔다. 그러나 이 설문 조사는 동적인 방법이 아니라 어떤 특정 시점의 정지된 스냅샷snap shot이라고 할 수 있다. 그리고 설문이 타임스텝을 두고 두 번 이루어진다고 하더라도 동일한 사람을 대상으로 하지 않기 때문에 연속성이 없다는 한계가 있다.★

★ 이를 동시성이라고 한다.

동적인 문제를 해결하고, 어떤 개체의 연속적인 변

화를 살펴보고자 할 때에는 다음과 같이 시스템 다이내믹스로 에이전트 베이스 모델을 만들어 활용하면 가능하다.

구조방정식을 수립하기 위해 Time=0 시점에 설문조사를 했더니 〈표 12.4〉와 같은 결과가 얻어졌다고 가정한다.

표 12.4 설문 결과의 가정(Time=0)

T=0

ID	성별	동기	의욕	성과
1	남	1	1	1
2	남	2	2	2
3	남	3	3	3
4	남	4	4	4
5	남	5	5	5
6	남	1	1	1
7	남	2	2	2
8	남	3	3	3
9	남	3	3	3
10	남	5	5	5
	남자 평균	2.9	2.9	2.9
1	여	1	1	1
2	여	2	2	2
3	여	3	3	3
4	여	4	4	4
5	여	5	5	5
6	여	1	1	1
7	여	2	2	2

8	여	3	3	3
9	여	3	3	3
10	여	5	5	5
	여자 평균	2.9	2.9	2.9
	전체 평균	2.9	2.9	2.9

이 표를 분석하면 동기 → 의욕 → 성과 모델이 타당성이 있다고 나올 것이다.

그리고 시간이 지나 T = 100인 시점에 동일인을 대상으로, 동일 질문으로 설문 조사를 실시해 〈표 12.5〉와 같은 조사표를 얻었다고 하자.

표 12.5 설문 결과의 가정(Time = 100)

T = 100

ID	성별	동기	의욕	성과
1	남	2	3	2
2	남	2	2	2
3	남	5	5	5
4	남	3	3	3
5	남	3	3	3
6	남	2	2	2
7	남	2	2	2
8	남	3	3	3
9	남	3	3	3
10	남	5	5	5
	남자 평균	3.4	3.4	3.4
1	여	1	1	1
2	여	3	3	3

3	여	5	5	5
4	여	4	4	4
5	여	5	5	5
6	여	1	1	1
7	여	3	3	3
8	여	4	4	4
9	여	3	3	3
10	여	5	5	5
	여자 평균	3.2	3.25	3.2
	전체 평균	3.2	3.25	3.2

T=100 시점의 표를 분석해도 구조방정식 모델에서는 동기 → 의욕 → 성과의 관계는 타당도가 매우 높게 나타날 것이다.

그러나 T=0의 전체 평균은 2.9였는데 T=100 시점에서의 평균은 세 요인 모두 상향했다. 이것이 왜 변화했는가? 이는 동기 의욕이 높아져서 성과도 높아졌다고 볼 수 있다. 그러나 내생적인 변화의 요인을 잡지 못한다. 즉 무엇이 동기를 높게 했는지를 판단할 수 없게 만든다. 최초의 원인인 동기가 무엇에 의해 변화하는 것인지 구조방정식은 찾아내지 못한다.

반면에 설문 조사 결과를 ABM 형태를 띤 시스템 다이내믹스 모델로 만든다면 이러한 동적인 변화를 해석할 수 있다.

12.3.3 구조방정식과 시스템 다이내믹스

우리는 구조방정식structure equation에 의한 분석을 흔히 볼 수 있다. 이 방법론은 변수들 간의 인과관계를 분석하는 모델이기는 하나 어떤 특정한 한 시점에서의 상태를 통해 시스템의 구조적 특징을 분석하는 방법론이라고 말할 수 있다.

이를 통시성이라고 하는데 통계 방법의 일반적인 특징이다. 통시성은 〈그림 12.17〉에서 보는 바와 같이 어떤 특정 시점에서의 특징을 표시한다. 대체적으로 일시적인 설문 조사는 동태성에 대한 문제를 확인할 수 없다.

동적인dynamic 문제는 이와는 성격이 조금 다르다. 요인의 값이 시간에 따라 어떻게 변화하는가가 연구의 대상이다.

동태적 모델은 시간 0의 요인들이 시간 n에 가서 어떠한 형태로 변해 있는가가 더 중요한 관심사항이다. 〈그림 12.18〉에서 볼 수 있듯이 요인 1의 성격이 시간 n

그림 12.17
통시성

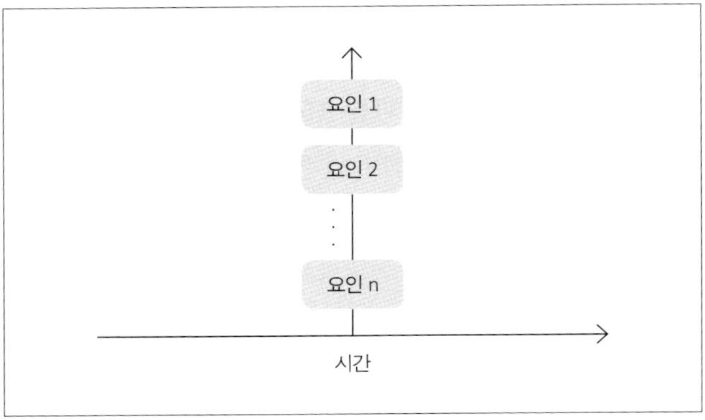

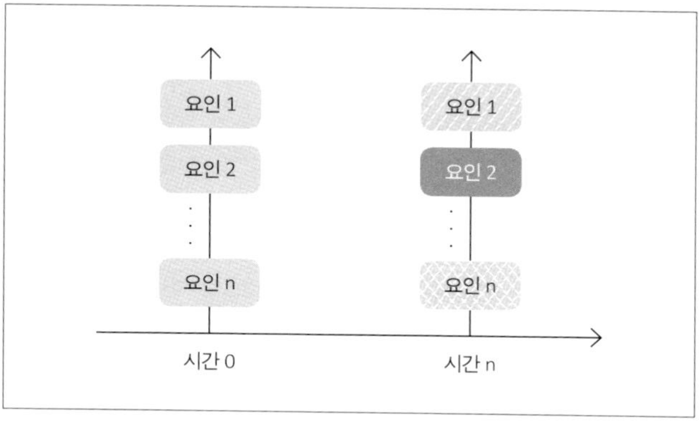

그림 12.18
구조의 시간에 따른 변화

에 가서는 체크무늬로 바뀌었다든가 요인 2의 바탕색이 노란색으로 변화했다든가 등의 무엇인가가 시간에 따라 어떤 변화를 겪었는가를 파악하는 것이다.

통시적인 방법을 사용해 얻은 결과는 시간과 관계없이 항상 변수의 값이 일정하다.

〈그림 12.19〉는 구조방정식과 유사하게 '동기 → 의욕 → 성과 → 동기'의 순환 과정을 표시한 것이다. 이는 하나의 개체만이 있을 경우의 심리적 요인의 영향을 그

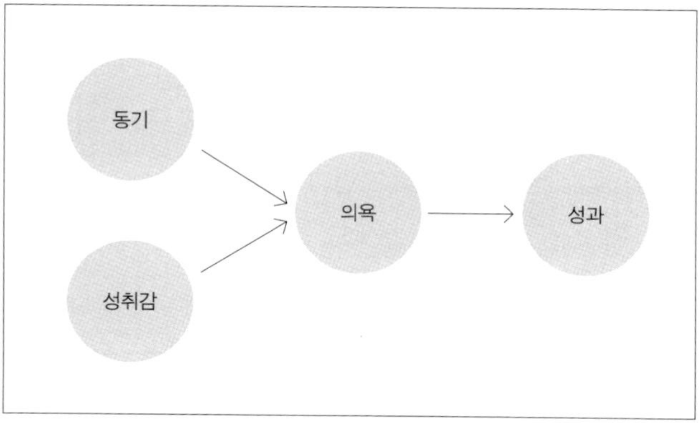

그림 12.19
행동규칙과 개체 만들기

린 것이다.

이것은 모든 사람들의 공통된 심리적 기저이며 독립적으로 이루어진다. 이것은 같은 구조를 갖는 개체를 만들 수 있다는 것을 의미한다.

여기에서는 남자, 여자 각 10명씩 설문 조사를 해 동기 수준, 의욕, 성과에 대한 설문 결과를 얻었다고 가정하자. 이것을 에이전트로 만들기 위해서는 첫째, 서브스크립트로 성별과 조사 대상자를 처리한다.

- ▷ 성별: 남자, 여자
- ▷ 조사 대상자: (sample 1 - sample 10)

둘째, SFD로 구조를 만들어야 한다. 이것은 에이전트들의 행동규칙이라고 보면 된다. 동기 의욕 성과는 모두 관성을 지닌 저량변수이다. 이를 SFD로 표현하면 〈그림 12.20〉과 같다.•

설문 값을 모델에 넣기

★
정상 상태를 만들기 위한 방법은 9.10의 욕조 모델을 참고해야 하며, 점근 모델을 이용할 수 있다.

셋째, 〈그림 12.20〉에 값을 입력해 이 시스템을 '정상 상태steady state'★로 만든다. 〈그림 12.21〉과 같이 모든 개체들의 저량은 시간의 흐름에도 불구하고 아무런 변화가

• 이한나(2016)의 논문에서는 실제 데이터와 자료로 이와 같은 방법의 타당성을 충분히 실증했다.

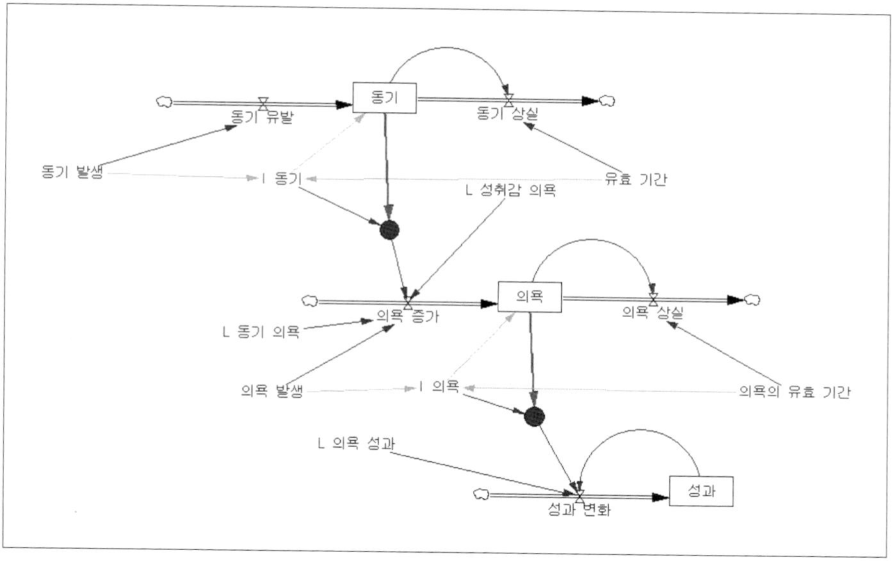

그림 12.20 **행동규칙의 SFD화** 12.3.3 구조방정식.mdl 참조.

없는 값을 유지하게 될 것이다. 설문 조사의 결과는 대체적으로 이러한 함의를 갖는다.

또한 심리적 상태는 설문으로 측정하지만 각 개체

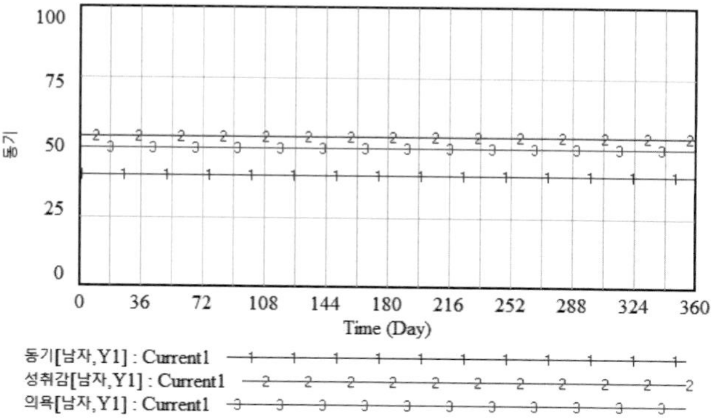

그림 12.21
시스템의 정상 상태

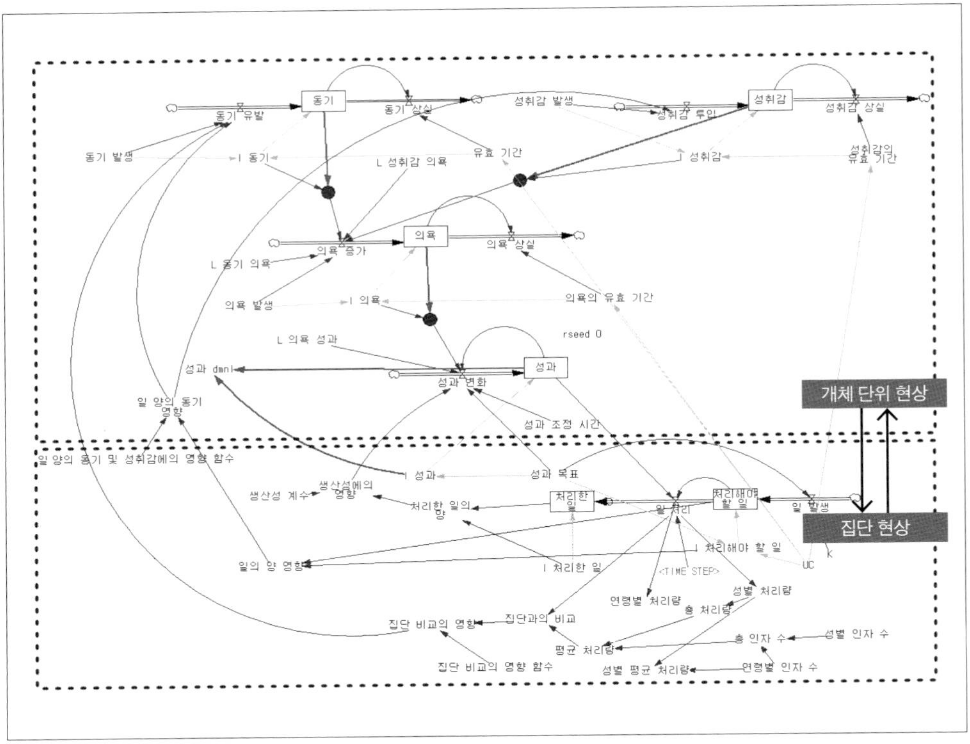

그림 12.22 개체와 집단 간의 정보 교환

들의 행태는 다른 지표로 나타난다. 피터 드러커Peter Drucker의 "측정할 수 없는 것은 관리할 수 없다."는 말처럼 보이지 않는 특성의 것들에 대한 최종 지표를 발견해야 한다. 여기에서는 어떤 일task의 양이 관리 대상이라고 가정한다.

그러면 이것은 〈그림 12.22〉에서처럼 심리적 요인과 물리적 요인으로 구분해 표현이 가능하다.

이 물리적 현상을 통해서 모든 개체들은 자신의 심

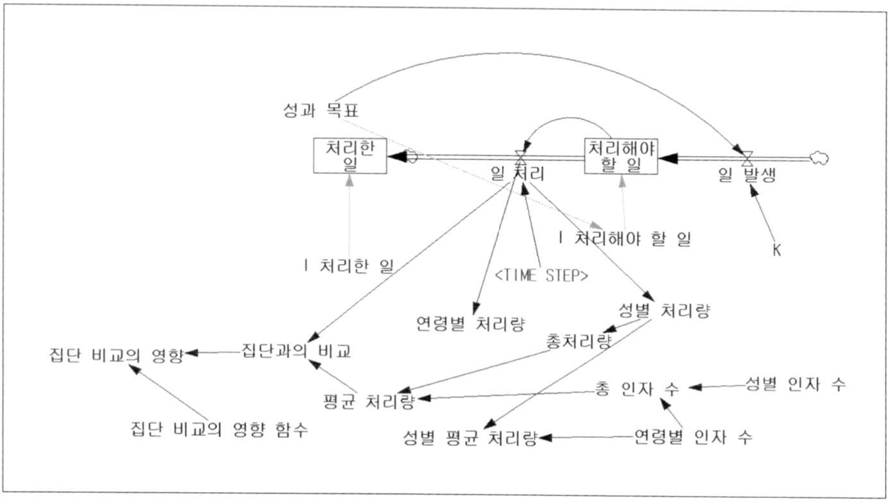

그림 12.23 집단 행동의 SFD

리적 변수들을 조절할 것이다. 물론 이러한 자기 조절적 기능을 모델에 반영할 수 있다.

개체들이 집단과의 비교를 통해서도 자기 조절을 수행할 것이다. 이를 위해서는 개체들이 소속되어 있는 집단의 상황을 모델링해야 하는데, 이것은 개체들의 속성들을 통계적으로 처리함으로써 얻을 수 있다. 〈그림 12.23〉은 이러한 통계 처리를 위한 모델의 부분이다.

여기에서, 성과에 대해서는 학습을 통한 자기 조절로 정상 상태의 조건을 제거할 수도 있다. 〈그림 12.24〉는 집단의 업무의 '평균 처리량'에 대한 값을 집단과 개인의 상호작용이 없을 때('비교 없음' 시나리오)와 있을 때('비교' 시나리오)로 나누어 살펴본 것이다.

개인과 집단의 비교가 이루어지면서 개체들이 자신

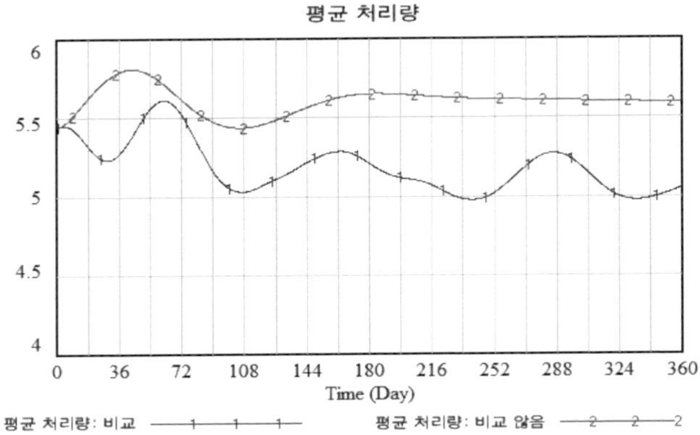

그림 12.24
집단과 개인의 상호작용이 없을 때와 있을 때의 그래프

들의 성과를 집단의 성과와 비교할 때 '평균 처리량'이 떨어지고 있음을 보여 주고 있다. 이 시스템의 경우에는 개인의 성과와 집단의 성과를 비교하지 않도록 하는 것이 보다 큰 성과를 낳는다는 점을 시사한다.

- FINAL TIME = 360 Units: Day
- I 동기[x 성별, x 연령] = INITIAL(동기 발생[x 성별, x 연령] * 유효 기간[x 성별, x 연령]) Units: 동기
- I 성과[x 성별, x 연령] = INITIAL(성과 목표[x 성별, x 연령]) Units: 건/Day
- I 성취감[x 성별, x 연령] = INITIAL(성취감 발생[x 성별, x 연령] * 성취감의 유효 기간[x 성별, x 연령]) Units: 성취
- I 의욕[x 성별, x 연령] = INITIAL(의욕 발생[x 성별, x 연령] * 의욕의 유효 기간[x 성별, x 연령]) Units: 의욕
- I 처리한 일[남자, x 연령] = INITIAL(1000)
- I 처리한 일[여자, x 연령] = 1000 Units: 건
- I 처리해야 할 일[x 성별, x 연령] = INITIAL(성과 목표[x 성별, x 연령] * 60 * UC) Units: 건
- INITIAL TIME = 0 Units: Day
- K = 1 Units: Dmnl

- L 동기 의욕[x 성별, x 연령]([(0, 0)-(2, 2)], (0.00701754, 0.175439), (0.231579, 0.210526), (0.484211, 0.298246), (0.659649, 0.45614), (0.785965, 0.631579), (0.898246, 0.798246), (1, 1), (1.09474, 1.21053), (1.22807, 1.47368), (1.33333, 1.63158), (1.4386, 1.76316), (1.64912, 1.90351), (1.83158, 1.94737), (2,2)) Units: Dmnl
- L 성취감 의욕[x 성별, x 연령]([(0, 0)-(2, 2)], (0.00701754, 0.175439), (0.231579, 0.210526), (0.484211, 0.298246), (0.659649, 0.45614), (0.785965, 0.631579), (0.898246, 0.798246), (1, 1), (1.09474, 1.21053), (1.22807, 1.47368), (1.33333, 1.63158), (1.4386, 1.76316), (1.64912, 1.90351), (1.83158, 1.94737), (2, 2)) Units: Dmnl
- L 의욕 성과[x 성별, x 연령]([(0, 0)-(2, 2)], (0, 0),(1, 1), (2, 2)) Units: Dmnl
- RSEED[남자, x 연령] = INITIAL(rseed 0[남자, x 연령])
- RSEED[여자, x 연령] = INITIAL(rseed 0[여자, x 연령]) Units: Dmnl
- rseed 0[남자, x 연령] = 1, 2, 3, 4, 5, 6, 7, 8, 9, 10, 11, 12,13, 14, 15, 16, 17, 18, 19, 20, 21, 22, 23, 24, 25, 26, 27, 28, 29, 30, 31, 32, 33, 34, 35, 36, 37, 38, 39, 40, 41, 42, 43, 44, 45, 46, 47, 48, 49, 50, 51, 52, 53, 54, 55, 56, 57, 58, 59, 60, 61, 62, 63, 64, 65, 66, 67, 68, 69, 70, 71, 72, 73, 74, 75, 76, 77, 78, 79, 80, 81, 82, 83, 84, 85, 86, 87, 88, 89, 90, 91, 92, 93, 94, 95, 96, 97, 98, 99, 100
- saveper = TIME STEP Units: Day
- TIME STEP = 0.25 Units: Day
- UC = 1 Units: Day
- x 성별: 남자, 여자
- x 연령: (Y1-Y100)
- 동기[x 성별, x 연령] = INTEG (동기 유발[x 성별, x 연령]-동기 상실[x 성별, x 연령], I 동기[x 성별, x 연령]) Units: 동기
- 동기 발생[x 성별, x 연령] = INITIAL(RANDOM NORMAL(2, 12, 5, 6, RSEED[x 성별, x 연령])) Units: 동기/Day
- 동기 상실[x 성별, x 연령] = 동기[x 성별, x 연령]/유효 기간[x 성별, x 연령] Units: 동기/Day
- 동기 유발[x 성별, x 연령] = 동기 발생[x 성별, x 연령] * 일 양의 동기 영향[x 성별, x 연령] * 집단 비교의 영향[x 성별, x 연령] Units: 동기/Day
- 생산성 계수[x 성별, x 연령] = INITIAL(RANDOM NORMAL(0.1, 0.7, 0.45, 0.45, RSEED[x 성별, x 연령])) Units: Dmnl
- 생산성에의 영향[x 성별, x 연령] = 처리한 일의 양[x 성별, x 연령]^생산성 계수[x 성별, x 연령] Units: Dmnl
- 성과[x 성별, x 연령] = INTEG(성과 변화[x 성별, x 연령], I 성과[x 성별, x 연령]) Units: 건/Day

- 성과 dmnl[x 성별, x 연령] = 성과[x 성별, x 연령]/I 성과[x 성별, x 연령] Units: Dmnl
- 성과 목표[x 성별, x 연령] = INITIAL(RANDOM NORMAL(1, 10, 5, 5, SEED[x 성별, x 연령])) Units: 건/Day
- 성과 변화[x 성별, x 연령]= (L 의욕 성과[x 성별, x 연령](의욕[x 성별, x 연령]/I 의욕[x 성별, x 연령]) * 생산성에의 영향[x 성별, x 연령] * 성과 목표[x 성별, x 연령]-성과[x 성별, x 연령])/성과 조정 시간[x 성별, x 연령] Units: 건/Day/Day
- 성과 조정 시간[x 성별, x 연령] = 5 Units: Day
- 성별 인자 수 = ELMCOUNT(x 성별) Units: Dmnl
- 성별 처리량[x 성별] = SUM(일 처리[x 성별, x 연령!]) Units: 건/Day
- 성별 평균 처리량[x 성별] = 성별 처리량[x 성별]/연령별 인자 수 Units: 건/Day
- 성취감[x 성별, x 연령] = INTEG(성취감 투입[x 성별, x 연령]-성취감 상실[x 성별, x 연령], I 성취감[x 성별, x 연령]) Units: 성취
- 성취감 발생[여자, x 연령] = 5
- 성취감 발생[남자, x 연령] =4 Units: 성취/Day
- 성취감 상실[x 성별, x 연령] = 성취감[x 성별, x 연령]/성취감의 유효 기간[x 성별, x 연령] Units: 성취/Day
- 성취감 투입[x 성별, x 연령] = 성취감 발생[x 성별, x 연령] * 일 양의 동기 영향[x 성별, x 연령] Units: 성취/Day
- 성취감의 유효 기간[x 성별, x 연령] = INITIAL(INTEGER(RANDOM UNIFORM(5, 10, RSEED[남자, x 연령])) * UC) Units: Day
- 연령별 인자 수 = ELMCOUNT(x 연령) Units: Dmnl
- 연령별 처리량[x 연령] = SUM(일처리[x 성별!, x 연령]) Units: 건/Day
- 유효 기간[남자, x 연령] = INITIAL(INTEGER★(RANDOM UNIFORM(6, 30, RSEED[남자, x 연령])) * UC)
- 유효 기간[여자, x 연령] = INITIAL(INTEGER(RANDOM UNIFORM(6, 30, RSEED[여자, x 연령])) * UC) Units: Day
- 의욕[x 성별, x 연령] = INTEG(의욕 증가[x 성별, x 연령]-의욕 상실[x 성별, x 연령], I 의욕[x 성별, x 연령]) Units: 의욕
- 의욕 발생[x 성별, x 연령] = INITIAL(RANDOM NORMAL(1, 20, 10, 6, RSEED[x 성별, x 연령])) Units: 의욕/Day
- 의욕 상실[x 성별, x 연령] = 의욕[x 성별, x 연령]/의욕의 유효 기간[x 성별, x 연령] Units: 의욕/Day
- 의욕 증가[x 성별, x 연령] = 의욕 발생[x 성별, x 연령] * L 동기 의욕[x 성별, x 연령](동기[x 성별, x 연령]/I 동기[x 성별, x 연령]) * L 성취감 의욕[x 성별, x 연령](성취감[x 성별, x 연령]/I 성취감[x 성별, x 연령]) Units: 의욕/Day
- 의욕의 유효 기간[x 성별, x 연령] = INITIAL(RANDOM NORMAL(5, 30, 10, 10, RSEED[x 성별, x 연령]) * UC) Units: Day

★ Integer는 정수를 반환하는 함수이다.

- 일 발생[x 성별, x 연령] = 성과 목표[x 성별, x 연령] * K   Units: 건/Day
- 일 양의 동기 및 성취감에의 영향 함수([(0, 0)-(2, 2)], (0, 0.4), (0.175439, 0.482456), (0.378947, 0.622807), (0.512281, 0.780702), (0.659649, 0.824561), (0.757895, 0.859649), (0.926316, 0.921053), (1, 1), (1.06667, 1.2807), (1.17895, 1.42105), (1.29825, 1.38596), (1.37544, 1.28947), (1.45263, 1.07895), (1.51579, 0.789474), (1.57193, 0.587719), (1.67719, 0.421053), (1.79649, 0.254386), (1.98596, 0.0842105))
  Units: Dmnl
- 일 양의 동기 영향[x 성별, x 연령] = 일 양의 동기 및 성취감에의 영향 함수(일의 양 영향[x 성별, x 연령])   Units: Dmnl
- 일의 양 영향[x 성별, x 연령] = 처리해야 할 일[x 성별, x 연령]/I 처리해야 할 일[x 성별, x 연령]   Units: Dmnl
- 일 처리[x 성별, x 연령] = MIN(처리해야 할 일[x 성별, x 연령]/TIME STEP, 성과[x 성별, x 연령])   Units: 건/Day
- 집단 비교의 영향[x 성별, x 연령] = 집단 비교의 영향 함수(집단과의 비교[x 성별, x 연령])   Units: Dmnl
- 집단 비교의 영향 함수([(0, 0)-(2, 2)], (0, 0), (0.287719, 0.175439), (0.414035, 0.54386), (0.519298, 0.815789), (0.624561, 1.07895), (0.842105, 1.18421), (1, 1), (1.97895, 0.605263))
  Units: Dmnl
- 집단과의 비교[x 성별, x 연령] = 일 처리[x 성별, x 연령]/평균 처리량
  Units: Dmnl
- 처리한 일[x 성별, x 연령] = INTEG(일 처리[x 성별, x 연령], I 처리한 일[x 성별, x 연령])   Units: 건
- 처리한 일의 양[x 성별, x 연령] = 처리한 일[x 성별, x 연령]/I 처리한 일[x 성별, x 연령]   Units: Dmnl
- 처리해야 할 일[x 성별, x 연령] = INTEG(일 발생[x 성별, x 연령]-일 처리[x 성별, x 연령], I 처리해야 할 일[x 성별, x 연령])   Units: 건
- 총 인자 수 = 성별 인자 수 * 연령별 인자 수   Units: Dmnl
- 총처리량 = SUM(성별 처리량[x 성별!])   Units: 건/Day
- 평균 처리량 = 총처리량/총 인자 수   Units: 건/Day

13

데이터베이스의 활용

데이터베이스에서 자료 읽기 13.1

개요 13.1.1

데이터베이스Database로부터 자료를 읽기 위해서는 다음과 같은 점을 알아야 한다.

- ▷ 데이터베이스에서 읽을 수 있는 벤심 모델 변수의 종류
- ▷ 벤심과 연결 가능한 테이블의 구조
- ▷ 연결 파일(테이블의 위치 및 구조에 대한 정보를 갖는 파일)
- ▷ 벤심에서 테이블을 읽도록 하는 명령어

벤심 모델에서 읽을 수 있는 변수의 종류 13.1.2

벤심 모델에서 읽을 수 있는 변수의 종류는 시계열 자료(벤심 용어로는 Data), 상수(벤심 용어로는 Constants) 및 룩업Lookup이다. 각 어휘에 대한 정의는 벤심 매뉴얼을 참조 바란다.

알아 두어야 할 사항은 변수의 종류에 따라 필요한 자료 및 종류가 다르다는 것이다(〈표 13.1〉 참조). 따라서 하나의 테이블에 만드는 것보다는 변수의 종류마다 별도의 테이블로 구성하는 것이 이용에 더욱 편리하다.

표 13.1
변수의 종류에 따라 필요한 자료

변수 종류	필요한 자료	비 고
시계열 자료	Time value Value	시계열 자료이므로 시간 값과 그 시간에서의 자료 값이 필요
상수	Value	숫자
Lookup	X Value Y value	함수이므로 x 값과 그 x 값에 해당하는 y 값이 필요

13.2 테이블의 설계와 연결

13.2.1 벤심 연결 가능한 테이블의 구조

벤심 DDS에서 데이터베이스의 자료를 읽어 들이는 방식은 크게 두 가지가 있다. 하나는 변수 이름으로 직접 자료를 찾는 방법이고, 다른 하나는 변수 룩업 테이블을 만들어 변수 룩업 테이블에서 변수 아이디를 찾고, 자료가 있는 테이블에서 아이디로 변수의 값을 찾는 방식이다. 후자의 방식이 보다 일반적이므로 여기에서는 후자의 방식에 대해서만 설명하기로 한다. 가장 일반적인 형태로 다음과 같이 4개의 테이블이 존재한다.

- ▷ 변수 룩업 테이블: 모델에서 사용되는 변수에 변수 아이디를 부여
- ▷ 시계열 변수 테이블: 시계열 자료(Data 변수)의 자료 저장

▷ 상수변수 테이블: 상수(Constant 변수)의 자료를 저장

▷ 룩업 변수 테이블: Lookup 변수 자료를 저장

〈표 13.2〉는 이러한 테이블의 한 예이다. 경우에 따라 필요 없는 테이블이 있을 수 있으나, 변수 룩업 테이블은 반드시 있어야 한다. 가령, 모델의 입력자료로 시계열 변수만 필요할 경우는 〈표 13.2〉의 예에서

표 13.2 입력 데이터베이스의 예

테이블 이름	필드 이름	형 식	내 용	비 고
VARIABLE_IN (변수 룩업 테이블)	VarId	정수	변수 아이디	
	*VarName	텍스트	변수 이름	
	*Sub1	텍스트	첫째 Subscript 변수	NULL 허용
	*Sub2	텍스트	둘째 Subscript 변수	NULL 허용
	Units	텍스트	변수의 단위	NULL 허용
	Comments	텍스트	기타 Comments	NULL 허용
DATA_IN (시계열 변수 테이블)	***VarId**	정수	변수 아이디	
	***TimeVal**	실수	시간 축의 값	모델의 Time과 일치
	VarVal	실수	변수의 값	
CONSTANT_IN (상수변수 테이블)	***VarId**	정수	변수 아이디	
	VarVal	실수	변수의 값	
LOOKUP_IN (룩업 변수 테이블)	***VarId**	정수	변수 아이디	
	XVal	실수	X 좌표의 값	
	YVal	실수	Y 좌표의 값	

주: * 표시는 키 필드, 굵은 글씨 필드는 반드시 있어야 함.

VARIABLE_IN 및 DATA_IN만 필요할 것이므로 다른 테이블들은 지워도 된다. 테이블 수가 늘어나는 것은 상관이 없다. 즉, 이 테이블들을 이미 만들어져 있는 데이터베이스에 추가해도 되고, 새로 데이터베이스를 정의해도 된다.

필드의 경우도 위에서 반드시 필요한 필드(굵은 글씨체) 외에도 더 많은 필드를 추가하는 것은 괜찮다. 키 필드를 정의하지 않아도 무방하지만, 이 경우 이 중 정의가 되지 않도록 완벽한 관리가 필요하다. 유의 사항은 시계열 변수 테이블에서 시간 축(〈표 13.2〉의 예에서는 TimeVal)의 값은 반드시 모델의 Time 단위가 같아야 한다는 것이다.

13.2.2 연결 파일

모델과 연결될 데이터베이스의 정보는 모두 모아서 텍스트 파일 형태로 만들도록 되어 있다. 이 텍스트 파일은 텍스트 편집기를 사용해도 되고, 워드 프로세싱 프로그램을 이용해 편집한 다음 텍스트 형태로 저장해도 된다. 다만, 확장자명은 반드시 '.vdi'로 만들어야 한다.

이 연결 파일은 크게 보아 두 부분으로 나뉘어 있다. 하나는 연결될 데이터베이스에 대한 정보이며, 다른 부분은 데이터베이스 내의 필드에 대한 정보이다. 필드에 대한 정보는 다시 변수의 종류에 따라 4개 부분으로 나누어진다.

표 13.3 연결 파일의 구조

구분	변수 종류	필드명 정의	비고
필드 및 테이블 정보	데이터 변수	변수 아이디	변수 아이디에 해당하는 필드명
		Time 변수	Time 변수에 해당하는 필드명
		변수의 값	변수의 값에 해당하는 필드명
		테이블 정보	Data 변수의 값이 있는 테이블명
	상수	변수 아이디	변수 아이디에 해당하는 필드명
		변수의 값	변수의 값에 해당하는 필드명
		테이블 정보	상수변수의 값이 있는 테이블명
	룩업 변수	변수 아이디	변수 아이디에 해당하는 필드명
		X값	X 값이 있는 필드명
		Y값	Y 값이 있는 필드명
		테이블 정보	룩업 변수의 값이 있는 테이블명
	변수 룩업	변수 아이디	변수 아이디에 해당하는 필드명
		변수명	변수 이름이 있는 필드명
		Subscript 1	첫째 Subscript 값(텍스트)이 있는 필드명
		Subscript 1	둘째 Subscript 값(텍스트)이 있는 필드명
		테이블 정보	변수 이름 값이 있는 테이블명

다음의 〈그림 13.1〉은 연결 파일의 예를 보여 준 것이다.

그림 13.1
연결 파일의 예

데이터베이스 정보

```
:CONNECT DSN=MS Access Database; ₩
DBA=c;₩ModelDBs₩SampleIn.mdb;₩
DefaultDir=c;₩ModelDBs;DriverId=25; ₩
FIL=MS Access;₩
MaxBufferSize=2048; ₩
PageTimeout=5; ₩
UID=XXX; ₩
PWD=****
```

필드 및 테이블 정보

```
:VARLOOKUP
                    :VARID=VarId
                    :VARNAME=VarName
                    :SUB=Sub 1
                    :SUB=Sub 2
                    :SELECT VARIABLES_IN
:DATA
                    :VARID=VarId
                    :TIME=TimeVal
                    :VALUE=VarVal
                    :SELECT DATA_IN
:CONSTANTS
                    :VARID=VarId
                    :VALUE=VarVal
                    :SELECT CONSTANTS_IN
:LOOKUPS
                    :VARID=VARID
                    :X=XVal
                    :Y=YVal
                    :SELECT LOOKUP_IN
```

변수 LOOKUP 구간 (:VARLOOKUP)
Data 변수 구간 (:DATA)
Constant 변수 구간 (:CONSTANTS)
LOOKUP 변수 구간 (:LOOKUPS)

데이터베이스 정보에 대해서는 데이터베이스에 대한 지식을 요구하므로 여기에서는 그 설명을 생략하기로 한다. 다만, 데이터베이스가 특정 컴퓨터에 있을 필요는 없다. 인터넷으로 연결만 되어 있다면 전 세계 어느 컴퓨터에 있어도 관계없이 사용할 수 있다.

필드 및 테이블 정보는 〈그림 13.1〉에서 보듯이 연결 파일의 작성을 위해 벤심 DSS에서 사용하는 명령어들이 있다. 이 명령어는 구간 명령어, 필드 명령어, 테이블

적 배경에 의해 식을 구성할 때도, 숫자로 표현되지 않더라도 경험적 지식soft data을 활용하게 된다. 따라서 이론식이냐 경험식이냐를 정의하려면 경험적 지식이 숫자로 나타나는 형태인가 숫자로 표현되지 않는 지식에 가까운 것인가에 따라야 한다. 두 극단적인 경우에서 어느 관계가 더 좋다, 나쁘다 정의하기도 어렵다.

시스템 다이내믹스 모델링 과정★은 상관지수가 나쁜 상관관계를 더 세밀하게 모델링해 이론적 관계로 바꾸는 과정이라고도 볼 수 있다. 가령, 자동차 수요와 GDP 성장률 간의 상관관계를 과거 자료를 이용해 구성할 수도 있지만, 자동차 수요를 대체수요와 신규수요로 나누고(이론적 관계), 대체수요는 자동차 수명과, 신규수요는 인구분포와 연계해 모델링할 수도 있다. 이렇게 할 경우 대체 수요를 폐차를 기준으로 묘사할 수 있어(이론적 관계에 가까운 상관관계) 보다 좋은 상관관계를 갖도록 모델링할 수 있게 된다.

★ 시스템 다이내믹스 모델링 과정은 상관지수가 나쁜 상관관계를 더 세밀하게 모델링해 이론적 관계로 바꾸는 과정이라고도 볼 수 있다.

14.2.2 모델의 발전성

시스템 다이내믹스 기법의 가장 큰 장점 중의 하나는 모델이 계속 발전할 수 있다는 것이다. 모델의 발전성은 모델의 구조 및 자료 모두를 포함하며, 모델의 검증 과정에서 모델의 발전성을 검토해 보아야 한다.

모델 건전성 검증★★은 모델이 모델 개발자의 의도대로 되어 있는가를 확인하는 과정이고, 객관성 검증은 모

★★ 모델 건전성 검증은 모델이 모델 개발자의 의도대로 되어 있는가를 확인하는 과정이고, 객관성 검증은 모델 개발자의 의도가 제대로 되어 있는가를 확인하는 과정이며, 모델의 발전성 검토는 앞으로 예측 오차 정도를 좁혀 나갈 수 있는 틀을 제공하는지 확인하는 작업이다.

델 개발자의 의도가 제대로 되어 있는가를 확인하는 과정이다. 모델의 발전성 검토는 모델의 현 수준이 정확하게 예측하지는 못하지만, 앞으로 그 예측 오차 정도를 좁혀 나갈 수 있는 틀을 제공하는지 확인하는 작업이다.

모델 구조의 발전성 검토

모델 구조의 발전성은 모델을 어떻게 잘 구성하는가에 달려 있고, 주로 사용하는 방법은 모듈화*이다. 따라서 모듈화 개념을 적절히 사용하고 있는가에 초점을 두고 검토해야 한다.

★ 모듈화는 유사한 개념을 하나의 작은 단독 모델로 만드는 것이다. 9.13을 보면 하나하나가 독립적으로 운용되는 단독 모델로 만들어져 있다. 모듈별로 페이지(page)로 구분해 모델을 개발하면 이해하기 쉬운 모델을 구성할 수 있다.

① 모델의 모듈화를 사전에 구상해 모델링을 실시한다.

② 각 모듈의 입력 및 출력 변수를 확인한다.

③ 모델 구조의 가정사항을 검토한다.

④ 가정사항의 변화에 따른 모듈화의 발전성을 검토한다.

⑤ 상수에 대한 민감도 분석 결과 가정된 상수에 대해서만 발전성을 검토하면 된다.

가정된 상수의 발전성 검토

① 가정된 상수 리스트를 작성한다. (상수에 대한 민감도 분석 결과)

② 가정된 상수 중 정성적 개념의 상수(Natural Unit이 없는 상수)를 구분해 정성적 상수라고 정의해 리스트를 작성한다.

③ 정량적 상수는 그 자료 수집 방법의 유무를 확인한다.

④ 정성적 상수는 앞으로 어떻게 그 정확도를 제고할 수 있는지 검토한다.

검증 수단 14.3

시스템 다이내믹스 모델이 개발자의 의도대로 개발되어 있는가를 검증하는 방법으로 다음과 같은 수단을 사용할 수 있다.

단위 점검 14.3.1

변수의 단위와 그 변수의 정의식의 단위가 차이가 나면 변수 간의 관계에서 논리적 오류가 있음을 보여 주는 것이다. 벤심 계열 소프트웨어의 경우는 단위를 점검하는 도구가 있어 간단하게 단위를 점검할 수 있다. 이 도구를 사용해 모델을 구성하는 모든 변수에 대해 단위에 대한 검토를 수행해 보면 논리적 오류의 많은 부분을 찾아낼 수 있다.

벤심의 단위 점검 도구*를 이용해 단위를 점검하는 절차는 다음과 같다.

★ Ctrl+V

① Tools 〉Analysis Tools 〉Open 메뉴를 이용해 Default2.vts를 선택한다.

② 대상 모델을 열고 왼쪽 Analysis Tool Box에서 Unit Check 아이콘을 클릭한다.

③ 오류가 보고되면 오류의 원인을 분석한다.

④ 단순한 경우에는 수정한다.

⑤ 모델 구조상의 문제인 경우에는 전면적으로 모델을 수정한다.

⑥ 이 작업을 오류가 없을 때까지 반복한다.

14.3.2 타임스텝에 대한 민감도 분석

시스템 다이내믹스는 다음의 두 가지 가정사항이 있는데, 이는 피할 수 없다.

- ▷ 타임스텝time step의 사용
- ▷ 그룹화aggregation

타임스텝은 저량변수를 계산하는 과정에서 적분하는 데 사용된다. 아무리 간단한 모델이라도 유량변수의 값이 '0'이 아닌 한 타임스텝에 따라 저량변수의 값은 다르게 된다. 따라서 어떤 타임스텝을 사용할 것인가는 매우 중요한 문제가 되고, 모델이 완성된 후에는 타임스텝에 대해 반드시 민감도 분석을 수행해 어떤 타임스텝이 적절한지 확인해 봐야 한다.

시간의 연속선 상에서 발생하는 사회 현상을 타임스

텝이라는 변수를 사용해 단속적으로 시뮬레이션을 수행하는 시스템 다이내믹스 모델(컴퓨터 모델의 일반적 특징)의 가장 기본적인 가정이 타임스텝에 포함되어 있다. 기본 원칙은 시뮬레이션 결과가 타임스텝에 관계없이 같아야 한다. 다른 말로 표현하면, 시뮬레이션 결과★가 타임스텝과 관계없이 도출되려면 타임스텝을 충분히 작게 해야 한다. 타임스텝이 작으면 시뮬레이션 기간이 길어지고 시뮬레이션 결과 파일의 크기가 커지므로 편리성 면에서는 타임스텝이 클수록 좋다. 따라서 정확성과 편리성 면에서 최적의 타임스텝이 존재하게 된다.

★ 시뮬레이션 결과가 타임스텝과 관계없이 도출되려면 타임스텝을 충분히 작게 해야 한다. 타임스텝이 작으면 시뮬레이션 기간이 길어지고 시뮬레이션 결과 파일의 크기가 커지므로 편리성 면에서는 타임스텝이 클수록 좋다.

타임스텝을 결정하는 절차는 다음과 같다.

① 목적변수를 포함해 중요 변수를 결정한다.

② 가정된 타임스텝의 값의 2배의 값을 적용해 시뮬레이션을 수행한다.

③ 중요 변수의 값이 차이가 나지 않으면(예를 들어, R^2 〉 0.95) 작업을 종료한다.

④ 중요 변수의 값이 차이가 많이 나고 다른 행태를 보이면 치명적 오류로 보고한다.

⑤ 가정된 타임스텝 값의 1/2 값을 적용해 시뮬레이션을 수행한다.

⑥ 중요 변수의 값이 차이가 나지 않으면(예를 들어, R^2 〉 0.95) 작업을 종료한다.

⑦ 이 작업을 R^2의 값이 0.95 이상이 될 때까지 반복한다.

그룹화는 변수를 정의하는 과정에서 발생하게 된다. 가령, 인사 조직의 경우는 직원을 직급별, 성별, 직군별 등으로 구분한다. 이런 경우 개인의 특성은 무시되고,

그룹에 속해 있는 모든 사람은 같은 속성으로 묘사하게 된다. 그룹에 속해 있는 구성원 수가 많은 경우는 이러한 그룹화가 문제가 되지 않지만, 구성원 수가 적을 경우는 그룹화의 가정에 문제가 될 수 있다.

14.3.3 상수에 대한 민감도 분석

모델에서 사용하는 상수는 다음과 같이 두 부류가 있다.

▷ 가정된 상수★

▷ 정의된 상수

★ 모델의 발전성 검토에서 상수의 가정을 검토해야 한다는 점과 연결해 생각해 보자.

정의된 상수는 원주율과 같이 아주 객관적인 상수이고, 가정된 상수는 우리나라의 인구 등과 같이 변할 수 있거나 잘못 추정할 수 있는 값이다. 가정된 상수는 민감도를 분석해 그 값의 변화가 모델의 행태에 어느 정도 영향을 주는지 파악할 필요가 있다.

상수에 대한 민감도 분석 절차는 다음과 같다.

① 모델의 상수 중에 가정된 상수를 파악해 리스트를 작성한다.

② 파악된 각 상수에 대해 다음 사항을 파악한다.

- 상수가 가질 수 있는 범위(최대 및 최소)
- 분포함수(분포에 대한 아이디어가 없을 경우는 Uniform으로 처리)

③ 파악된 상수를 그 특성을 고려해 10개 이내의 그룹으로 구분한다.

④ Simulation Control 화면에서 Sensitivity Tab을 클릭하고 다음 파일을 작성한다.

- Sensitivity Control 파일

⑤ 각 상수 그룹에 대한 파일을 독자적으로 만들고 모든 상수에 대한 파일도 같이 만들어 둔다.

- Save List 파일(타입스텝에 대한 민감도 분석 시 결정된 중요 변수를 사용하는 것이 바람직)

⑥ Simulation Mode 중 Sensitivity를 선택해 각 상수 그룹에 대해 민감도 분석을 수행한다.

⑦ 각 변수에 대해서도 민감도 분석을 수행한다.

단순 시뮬레이션 결과 분석 14.3.4

시뮬레이션 결과를 알 수 있는 단순 시뮬레이션 결과는 모델의 건전성을 검증하는 방법으로 사용함은 물론, 객관성의 일부를 보여 주는 귀납적 방식의 하나이기도 하다. 단순한 시뮬레이션 결과(Steady State, S-Curve, 단순 증가 혹은 감소 등)가 예상되는 시나리오를 만들고 그 결과를 관찰해 보는 방법이다.

단순 시뮬레이션을 통한 모델의 건전성 점검 절차는 다음과 같다.

① 모델을 구조적으로 구분한다.

② 각 하부 구조의 연결 부분을 끊어 독립적으로 만든다.

③ 각 하부 구조의 시뮬레이션 결과가 모델에 가정된 시나리오 중에서 단순 시나리오를 작성한다.

④ 시뮬레이션을 수행한다.

⑤ 시뮬레이션 결과를 분석한다.

14.4 시스템 다이내믹스 모델의 객관성 검증 방법

객관성 검증은 모델의 구성이 논리적이고 객관적인가를 판단하는 작업이다. 방법론으로는 다음과 같은 두 가지가 가능하다.

- ▷ 귀납적 방법
- ▷ 연역적 방법

귀납적 방법은 다양한 시나리오에 따른 모델의 행태behavior를 확인해 모델을 검증하는 방법으로, 목적 함수에 대한 자료가 충분하거나 문제에 대한 전문가가 많을 경우에 사용한다. 시뮬레이션의 결과가 올바른지에 대한 객관적인 결론을 얻을 수 있을 경우에 사용하는 방법이다.

연역적 방법은 모델을 구성하는 각 변수들에 대한 논리적 검토를 중심으로 모델을 검증하는 방법으로, 목적 함수에 대한 자료가 부족하고 문제의 전문가가 부족할 경우 사용하는 방법이다.

부록

벤심 DSS 관련 파일 확장자명 부록 A

확장자명	형 태	내 용
cin	텍스트	시나리오 파일
lst	텍스트	저장 변수 목록
mdl	텍스트	모델 파일
out	텍스트	최적화 결과 파일
tab	텍스트	민감도 텍스트 전환 파일
vdf	바이너리	시뮬레이션 결과 파일
vdi	텍스트	데이터베이스 연결 파일(읽기)
vdo	텍스트	데이터베이스 연결 파일(쓰기)
vgd	텍스트	사용자 그래프 정의
vgf	바이너리	민감도 텍스트 전환 파일
vmf	바이너리	저장 변수 목록
voc	텍스트	최적화 제어 파일
vpd	텍스트	최적화 목적 함수 파일
vpm	텍스트	패키지
vsc	텍스트	민감도 제어 파일

부록 B 어휘

1. 한국어 → 영어

한국어	영 어
개념적 동적 행태	Reference Mode
결정변수	Decision Variables
기준 시간	Time Base
난수	Random Numbers
내생변수	Endogenous Variables
대푯값	Representative Values
델파이 설문 조사	Delphi Survey
로그 스케일	Log Scale
로그 정규분포	Log Normal Distribution
룩업	Lookups
마크로	Macro
멘탈 모델	Mental Model
모수	Parameters
목적변수	Objective Variables
몬테카를로 방법	Monte Carlo Method
몬테카를로 시뮬레이션	Monte Carlo Simulation
민감도 시뮬레이션	Sensitivity Simulation
민감도 제어 파일	Sensitivity Control File(.vsc)
민감도 분석	Sensitivity Analysis

한국어	영 어
배스의 확산 모델	Bass Diffusion Model
백캐스팅	Backcasting
보조변수	Auxiliary Variables
부분집합 첨자변수	Subsets Subscript
불확실성 분석	Uncertainty Analysis
사용자 그래프	Custom Graph
상수변수	Constants
선형 스케일	Linear Scale
스케치 모드	Sketch Mode
시계열 변수	Data
시뮬레이션	Simulation
시뮬레이션 제어 화면	Simulation Control Screen
시스템 다이내믹스	System Dynamics
시스템적 사고	Systems Thinking
시행착오	Trial and Error
양의 피드백	Positive Feedback
양의 피드백 고리	Positive Feedback Loop
외생변수	Exogenous Variables
유량변수	Rates
음의 피드백	Negative Feedback
음의 피드백 고리	Negative Feedback Loop
인과지도	Causal Loop Diagram
저량변수	Levels
저량변수	Stocks

한국어	영 어
SFD	Stock Flow Diagram
저장 변수 목록	Save List
정규분포	Normal Distribution
정상 상태	Steady State
정의역	Domain
정책변수	Decision Variables
제약조건	Constraints
지수 수명	Exponential Lifetime
지수함수 모델	Exponential Model
천이 모델	Decay Model
첨자 관리 화면	Subscript Control
첨자변수	Subscript Variable
첨자변수 이름	Range
첨자의 인수	Elements of Subscript Variables
최적화 모수	Optimization Parameter
최적화 목적 함수	Payoff Definitions
최적화 제어	Optimization Control
최적화 제어 화면	Optimization Control Screen
치역	Codomain
캘리브레이션	Calibration
텍스트 모드	Text Mode
피드백	Feedback
합의 법칙	Sum's rule
현재 상태	Status Quo

한국어	영 어
확률밀도함수	Probability Density Function
확률분포함수	Probability Distribution Function
확산 모델	Diffusion Model
환경변수	Environmental Variables
회귀식	Regression Equation
흐름도	Flow Chart

2. 영어 → 한국어

영 어	한국어
Auxiliary Variables	보조변수
Bass Diffusion Model	배스의 확산 모델
Backcasting	백캐스팅
Calibration	캘리브레이션
Causal Loop Diagram	인과지도
Codomain	치역
Constants	상수변수
Constraints	제약조건
Custom Graph	사용자 그래프
Data	시계열 변수
Decay Model	천이 모델
Decision Variables	결정변수

영 어	한국어
Decision Variables	정책변수
Delphi Survey	델파이 설문 조사
Diffusion Model	확산 모델
Domain	정의역
Elements of Subscript Variables	첨자의 인수
Endogenous Variables	내생변수
Environmental Variables	환경변수
Exogenous Variables	외생변수
Exponential Lifetime	지수 수명
Exponential Model	지수함수 모델
Feedback	피드백
Flow Chart	흐름도
Levels	저량변수
Linear Scale	선형 스케일
Log Normal Distribution	로그 정규분포
Log Scale	로그 스케일
Lookup 또는 Lookups	룩업
Macro	마크로
Mental Model	멘탈 모델
Monte Carlo Method	몬테카를로 방법
Monte Carlo Simulation	몬테카를로 시뮬레이션
Negative Feedback	음의 피드백
Negative Feedback Loop	음의 피드백 고리
Normal Distribution	정규분포

영 어	한국어
Objective Variables	목적변수
Optimization Control	최적화 제어
Optimization Control Screen	최적화 제어 화면
Optimization Parameter	최적화 모수
Parameters	모수
Payoff Definitions	최적화 목적 함수
Positive Feedback	양의 피드백
Positive Feedback Loop	양의 피드백 고리
Probability Density Function	확률밀도함수
Probability Distribution Function	확률분포함수
Random Numbers	난수
Range	첨자변수 이름
Rates	유량변수
Reference Mode	개념적 동적 행태
Regression Equation	회귀식
Representative Values	대푯값
Save List	저장 변수 목록
Sensitivity Analysis	민감도 분석
Sensitivity Control File(.vsc)	민감도 제어 파일
Sensitivity Simulation	민감도 시뮬레이션
Simulation	시뮬레이션
Simulation Control Screen	시뮬레이션 제어 화면
Sketch Mode	스케치 모드
Status Quo	현재 상태

영 어	한국어
Steady State	정상 상태
Stock Flow Diagram	SFD
Stocks	저량변수
Subscript Control	첨자 관리 화면
Subscript Variable	첨자변수
Subsets Subscript	부분집합 첨자변수
Sum's rule	합의 법칙
System Dynamics	시스템 다이내믹스
Systems Thinking	시스템적 사고
Text Mode	텍스트 모드
Time Base	기준 시간
Trial and Error	시행착오
Uncertainty Analysis	불확실성 분석

EPILOGUE

에필로그

지금까지 벤심을 이용해 시스템 다이내믹스로 모델링할 수 있는 여러 패턴과 팁, 그리고 최적화 방법 등을 살펴보았다. 이 책에서 제시한 모델을 충분히 이해한다면 어떤 어려운 문제도 모델링할 수 있을 것이다.

그러나 이 책은 어디까지나 안내서일 뿐이다. 모든 문제에 적용 가능한 사례를 언급했지만, 구체적인 사례는 이 책을 읽는 독자들의 문제임을 명심해야 한다.

필자들은 몇십 개의 변수에서부터 수천 개의 변수에 이르는 문제까지 모델링을 수행한 경험이 있다. 그러나 가장 중요한 것은 문제를 문제로 보는 시야이다. 만약 이것이 없다면 이 책은 보물이 될 수 없다. 문제를 모델링해야 함은 제1장에서 충분히 강조했다. 시스템 자체★를 모델링하지 말고 문제에 초점을 맞추어 모델링을 실시해야 한다. 책을 통해서 모델링을 미래를 예측하는 방법으로 이용하든, 불확실성 제거에 사용하든 그것 역시 독자들의 몫이지만 문제가 무엇인지를 모델링의 처음 순간에서부터 끝까지 확인해 보아야 한다.

★ 문제를 모델링하고, 데이터 기반의 시뮬레이션까지 수행하는 것이 시스템 다이내믹스를 진정으로 활용하는 것이다.

여기에서, 다시 한 번 더 강조하고 싶은 것은 시뮬레

이션 없이 CLD만으로는 시스템 다이내믹스를 한다고 말할 수 없다는 것이다. 시스템 다이내믹스는 시뮬레이션을 위해 만들어진 것이므로 데이터 기반의 시뮬레이션 단계에까지 가야 한다.

최근 유행하는 미래 예측이라는 분야에서 정량적인 미래를 제시해 주는 방법론으로 시스템 다이내믹스가 활용되고 있음은 저자들의 입장에서도 매우 고무적인 일이다. 그러나 제대로 된 방법으로 시스템 다이내믹스를 미래 예측에 활용할 때에 그 활용 의의와 해석의 타당성이 있는 것이다.

이 책을 읽는 독자들은 저자들이 전달하려는 바를 충분히 연마한 후에 미래 예측 부분에 시스템 다이내믹스를 적용하기를 바란다. 그렇지 않으면 현재를 합리화하거나 미래를 위한 전략을 합리화하기 위한 예측이 될 뿐이다.

시스템 다이내믹스 모델링 기술을 향상시키기 위해 읽어 볼 만한 책들을 소개하고자 한다. 우선 국내서로는 다음이 있다.

▷ 김도훈 · 문태훈 · 김동환(2001), 《시스템 다이내믹스》, 대영문화사.

▷ 김동환(2004), 《시스템 사고》, 선학사.

▷ 김기찬 · 정관용 · 김성원(2014), 《Vensim을 활용한 System Dynamics》, 서울경제경영.

김도훈 교수 등(2001)이 지은 책은 시스템 다이내믹스에 대한 이론적 소개로는 제격이다. 특히 초심자들에게 무엇을 모델링할 것인가에 대한 지적 자극을 주기에는 충분하다.

김동환 교수(2004)의 책 역시 시스템 사고 훈련에 매우 도움이 되는 책이다. 여러분이 지금까지 생각하지 못했던 방식으로 세상을 보는 법을 익히고자 한다면, 이 책을 일독해 보기를 권장한다.

김기찬 교수 등(2014)이 지은 책은 벤심의 사용자 매뉴얼을 가장 충실히 소개한 자료이다. 이 책에서 다루지 못한 벤심의 운용과 관련된 내용에 대해서는 이 책을 참고한다면 벤심 기능에 입각한 모델링에 큰 도움이 될 것이다.

그러나 무엇보다도 시스템 다이내믹스로 모델링을 한다면 다음의 책을 꼭 읽어보길 바란다.

- ▷ Meadows, Donella H., Dennis Meadows, Jorgen Randers(2004), *Limits to Growth: The 30-Year Update*, Chelsea Green Publishing Company.
- ▷ Sterman, J. D. (2000), *Business Dynamics*, McGrowHill.

대부분의 독자들은 1972년판 《성장의 한계》*Limits to Growth* 원문을 구하기는 어려울 것이다. 최근에 발간된 위의 책이라도 다시 읽어 보길 권장한다. 이 책이 전달하는 내용도 중요하지만, 모델러의 입장에서는 'World 3'가 어떻게 모델링이 되었는가를 공부할 수 있는 책이다. 무엇이 모델을 움직이는 핵심 원동력이며 어떤 상호작용을 할 수 있는가를 공부할 수 있다. 현상을 분해해 다시 결합하고 그것을 온전한 시스템으로 재생시키는 탁월함을 이 책을 통해서 볼 수 있을 것이다. 물론 'World 3' 모델은 벤심의 예제 파일로 있으니 벤심의 무료 버전인 PLE를 다운로드해 모델을 학습해 보기를 권장한다.

스터만Sterman(2000)의 저서는 수학적 기반이 탁월하다. 미분 · 적분에 대한 충분한 이해를 다질 수 있는 저서임은 분명하다. 이 밖에도 모델링과 관련된 훌륭한 책들이 많이 있으나 일일이 그 책들을 거론하지 못한 점은 필자들 능력의 한계이다.

모델링이 기술technique과 예술art의 결합 과정임은 앞에서 말한 바와 같다. 이 책은 기술과 관련된 것을 전달해 줄 뿐이며 예술적인 영역까지 전달하는 데에는 한계가 있다. 시스템적 사고systems thinking와 문제 인식 능력을 키우기 위해서는 세상의 현자賢者들이 지은 책과 늘 함께해야 한다. 독자들이 세상과의 교감 능력을 얻는다면 이 책에서 전달하지 못하는 모델링의 예술적 측면도 연마가 가능하다. 모델링의 예술적 측면을 익히기 위해서는 수학, 공학, 문학, 경영, 역사, 심리 등에 대한 다양한 분야의 전공도 함께 공부해야 할 것이다.

REFERENCE
참고문헌

국회입법조사처(2012), 《입법 · 정책 수요예측모델 개발》, 입법 · 정책수요예측 시리즈 2012-1, 정책보고서 제15호, 국회입법조사처.

곽상만(1996), "학습조직과 시스템 역학", 《학습조직의 이론과 실제》, 삼성경제연구소, pp. 211-254.

권설필(2011), "IT 기반의 선진 미래연구 체계 수립 방안", 《미래한국의 새로운 도전과 기회》, 법문사, p. 484.

김근수 외(2013), 《경기도 정책 시뮬레이션 모형 개발 연구 정책연구》, 경기개발연구원: GRI, 2013-33.

김기찬 · 정관용 · 김성원(2014), 《Vensim을 활용한 System Dynamics》, 서울경제경영.

김도훈 · 문태훈 · 김동환(2001), 《시스템 다이내믹스》, 대영문화사.

김동환(2004), 《시스템 사고》, 선학사.

김명직 · 장국현(1995), 《금융시계열분석(제2판)》, 경문사, pp. 171-174.

노버트 위너(2011), 《인간의 인간적 활용: 사이버네틱스와 사회》(*The human use of human beings: cybernetics and society*), 이희은 · 김재영 옮김, 텍스트.

박영구(2006), "온실가스 감축잠재량 분석을 위한 기술평가모델 개선에 관한 연구", 아주대학교 박사학위논문.

유재국(2007), "기술 변화의 불확실성을 고려한 신재생 전력 기술의 경쟁력 분석", 아주대학교 대학원 박사학위논문.

유재국 · 최기련(2007), "록아웃 현상 완화를 위한 신재생에너지 기술 개발 전략", 《에너지기후변화학회지》, 제2권 2호, 한국에너지기후변화학회,

pp. 140-152.

이광형(2015), 《3차원 미래 예측으로 보는 미래 경영》, 생능.

이창주 외(2009), "리스크 커뮤니케이션 인과지도 분석을 위한 시스템 다이나믹스 모델링", KINS/RR-717, 한국원자력안전기술원.

이한나(2016), "ABM을 활용한 성인초기 비만 인지행동 시스템 다이내믹스 모델 개발 및 평가", 경희대학교 일반대학원 박사학위논문.

최상영(2010), 《국방 모델링 및 시뮬레이션 총론》, 북코리아.

최윤식 · 정우석(2011), 《부의 정석: 한국인의 6가지 걱정에 답한다》, 지식노마드.

필립 볼(2014), 《모양: 무질서가 스스로 만드는 규칙》, 조민웅 옮김, 사이언스북스.

한국정보화진흥원(2011), 《미래연구백서》.

Bazykin, A. (1998), Nonlinear dynamicsof interacting population, in: A.I. Khibnik, B. Krauskopf (Ed.), *World Scientific Serieson Nonlinear Science*, Series A. Vol. 11, World Scientific, River Edge.

Boulding, Kenneth E. (1956), "General Systems Theory: The Skeleton of Science," *Management Science*, Vol. 2, pp. 197-208; Scott, W. Richard (1998), *Organizations: Rational, Natural, and Open Systems*, Prentice Hall.

Forrester, Jay W. (1961), *Industrial Dynamics*, Pegasus communication, INC..

Kann, Antje and Weyant, John P. (2000), "Approches for performing uncertainty analysis in large-scale energy/economic policy models," *Environment Modeling and Assessment*, Vol. 5, pp. 29-46.

Knight, Frank (1921), *Risk, Uncertainty, and Profit*, Boston: Houghton Mifflin.

Köhler, J. H. (2003), "Long Run Technical Change in an Energy-Environment-Economy (E3) Model for an IA System: A model of Kondratiev Waves," *Integrated Assessment*, Vol. 4, pp. 126-133.

ㅂ